本书获得以下资助：

1. 国家自然科学基金项目，项目批准号：51578507，
项目名称：《基于系统化动态效度的城市规划评估技术与协作式规划决策工具研究》；

2. 浙江省哲学社会科学规划课题，项目批准号：16NDJC203YB，
项目名称：《全过程多主体的城市规划评估框架与机制研究》；

3. 国家自然科学基金青年项目，项目批准号：51108405，
项目名称：《基于社会选择的城市多中心空间结构优化研究》；

4. 国家社科基金重大课题，项目批准号：16ZDA018，
项目名称：《海绵城市建设的风险评估与管理机制研究》。

多中心
城市空间结构
概念、案例与优化策略

MULTI CENTER URBAN
SPATIAL STRUCTURE
CONCEPT CASE
AND OPTIMIZATION
STRATEGY

吴一洲◎著

U0383465

中国建筑工业出版社

图书在版编目（CIP）数据

多中心城市空间结构 概念、案例与优化策略 / 吴一洲
著 . —北京：中国建筑工业出版社，2018.9
ISBN 978-7-112-22246-9

Ⅰ . ①多… Ⅱ . ①吴… Ⅲ . ①城市空间－空间结构－研究
Ⅳ . ①TU984.11

中国版本图书馆CIP数据核字（2018）第105603号

本书内容包括多中心城市的概念解析与分析框架；国内外多中心城市发展案例解读；多中心城市空间演化的微观机理；多中心城市空间绩效评估与影响因素研究；多中心城市空间结构的多尺度优化策略等。全书可供广大城市规划师、城市管理人员、高等院校城市规划专业师生学习参考。

责任编辑：吴宇江　孙书妍
书籍设计：锋尚设计
责任校对：王　瑞

多中心城市空间结构　概念、案例与优化策略
吴一洲　著

*

中国建筑工业出版社出版、发行（北京海淀三里河路9号）
各地新华书店、建筑书店经销
北京锋尚制版有限公司制版
北京建筑工业印刷厂印刷

*

开本：787×1092毫米　1/16　印张：19½　字数：472千字
2018年6月第一版　2018年6月第一次印刷
定价：89.00元
ISBN 978 – 7 – 112 – 22246 – 9
　　　（32029）

我们正处于一个特殊的年代：现在全球人口大约有一半居住在城市中，而且到了2050年，大约有三分之二的人口会迁移到城市居住。随着全球的快速城市化，目前在许多国家中，尤其是亚洲，出现了规模1000万人以上的超大城市（megacity），包括纽约、伦敦、东京、首尔、上海以及北京等等。全球快速城市化以及其所带来的种种问题俨然成为21世纪人类所面临的巨大挑战之一。面对这样的挑战，我们对城市的理解以及对规划的思维必须有所调整。

由于递增报酬（increasing returns）的关系，城市规模不断增长。理论上，在均质的平原上，且没有科技及交通成本的限制下，人口的迁移最终会形成一个唯一的超大城市；而实际上，由于地景的变化以及科技和交通成本的限制，我们看到了大小不一的城镇及聚落分散在各地。但是每个国家都形成了一个超大城市，这个事实间接证明了上述观点。然而，超大城市是如何形成的？以1000万人口的超大城市为例，如果该城市是由每个个人组成，而每个人迁移到该城市的平均概率是0.5，那么该超大城市形成的概率便是$0.5^{10000000}$，几乎等于零。但是为何世界上却仍有超大城市的出现？原因在于组成超大城市的是区块，不是个人。假设这个超大城市是由10个100万人口的区块所组成，而每个区块组成超大城市的概率也是0.5，那么这个超大城市形成的概率便增为$0.5^{1000000} \times 0.5^{10} = 0.5^{1000010}$，这个概率虽然不高，但显然比由个人组成的超大城市高出许多。以此逻辑类推，我们便可以推论，超大城市的形成必然是由不同层次的多个区块所组成，而这些区块构成了该城市的次中心。因此，超大城市必然是多中心的结构。

虽然以上例子将事实简化了许多，但是这样的结构也说明了复杂系统的特性，即赫伯特·西蒙（Herbert Simon）所称的"几乎可分解系统"（nearly decomposable systems）。在这样的系统中，子系统形成了阶层的关系，而子系统内的元素互动要比子系统间的元素互动更为密切。因此，我们可以看到在超大城市中，次中心自组成互动密切的单元，而单元与单元间又不乏人流及物流的互动。面对复杂巨系统的超大城市，规划者的思维要如何调适？传统单核心城市的规划强调的是针对整个城市制定一个综合性的计划。然而面对多中心的超大城市时，由于中心的多样性以及城市规模的增加，城市显得更为复杂，此时规划的力度、频率以及数量都必须强化。因此，传统以单个计划控制整个城市的思维并不适用于多中心超大城市的发展，取而代之的是制定许多因地制宜且范畴大小不一的计划，形成计划的网络，并进而协调这些计划之间的关系，以改善城市环境。

我们才刚开始以复杂系统的观点来理解并规划城市，而多中心城市正好是复杂巨系统的典型例子。吴一洲教授进行城市的多中心空间结构研究有多年的积累，并将研究成果集结整理成书，十分及时。在本书中，吴教授从理论上深入探讨城市发展的源由，进而循序解析多中心城市的概念，并以实际案例详细说明多中心城市的宏观及微观实证，最后将这些理论与实证总结为多中心城市规划的方法依据。相信本书的出版，将有助于规划专业人士面对全球快速城市化带来的种种挑战。

赖世刚　谨志于　上海

2018年5月

前言

　　城市的发展过程是一个长期的动态变化，人口、经济和用地的组合拓展使得城市呈现出规模增加与结构变化两大空间发展趋势。在现代城市发展过程中，传统单中心城市在达到一定规模后，开始体现出结构性的集聚不经济现象，许多国外城市在传统城市中心（CBD）以外出现了新的"极核"。传统单中心结构逐渐被更大地域空间的多中心结构所取代。在全球化和信息化的推动下，城市经济结构的变迁和经济活动的地域分散化与郊区化进程、人口增长与迁移、家庭类型的变化等，都与城市多中心结构的发展演化有密切关系。

　　当前随着大城市人口和用地规模的不断扩张，北京、上海、杭州、深圳等特大城市都相继采用多中心的城市空间结构，如北京是圈层式的，深圳是带状的，杭州是跨江组团式的，等等。从西方国家的经验和我国大中城市的现状看，多中心结构是未来大城市发展的必然空间形态。大城市的经济、社会和环境结构多元复杂，因此当下对于多中心城市的内涵解析、空间特征、运行机制和管理体制的研究显得必要且迫切。

　　本书第1章主要介绍了当前城市空间演化的新趋势，也是多中心城市发展的多角度背景解读。第2章从理论视角出发，对多中心城市演化的阶段性特征进行了解析，包括从地域空间结构、人口分布形态、功能体系转型等视角的抽象理论性概述。在国内外研究综述和对比的基础上，对多中心城市的内涵进行了系统解读，并提出了多中心城市的分析框架。第3章为案例分析与比较，将案例城市类型分为国际中心城市、区域中心城市和国内发达城市三类，包含十余个城市的经验性对比，并总结提出了当前多中心城市演化的外部表象特征。第4章以杭州为例，分析了多空间尺度上的多中心城市空间特征及其演变机制。第5章以宁波为例，从功能区块的空间特征定量测度为核心，分析了案例城市功能体系变化的多中心特征。第6章从微观区位选择的角度，探讨了多中心城市空间演化的微观机理。第7章以杭州和北京为例，探讨了多中心城市的空间发展与规划控制绩效的评价方法及其影响机理。第8章提出了基于情景规划和GIS技术，从空间维度和时间维度分别对多中心城市战略规划优化技术进行了讨论。第9章以杭州为例，提出了城市中心体系构建的分析框架和技术方法。第10章从都市圈、都市区和中心城区三个空间尺度，城市新主中心、副中心等不同等级中心，提出了多中心城市空间结构的多尺度优化策略。第11章提出了中心体系构建的行动方案与体制机制优化建议。

　　希望本书的出版，以更加全面和深入的视角来思考未来多中心城市的发展策略，激发对于多中心城市发展的研究热情和观点讨论。本书在撰写过程中得到了很多项目合作单位的帮助，如杭州市城市规划编制中心、宁波市建委、杭州市规划局；也得到了许多良师益友的支持，如浙江工业大学的陈前虎教授、浙江大学的吴次芳教授和叶艳妹教授、美国密歇根州立大学的范蓓蕾副教授、台北大学的赖世刚教授、清华大学的岑晓腾博士后、成都高新区的李波博士等；还获得了我的学生们的热心贡献，如蒋迪刚、顾怡川、王金金、徐丹等。

最后，由于大城市本身是一个复杂巨系统，限于知识、能力和水平，在本书付梓出版之际仍有不少遗漏、错误和不当之处。仍望理论研究与设计领域的前辈、专家及同行拨冗指正，万分感谢。

吴一洲

于浙江工业大学屏峰校区

目录

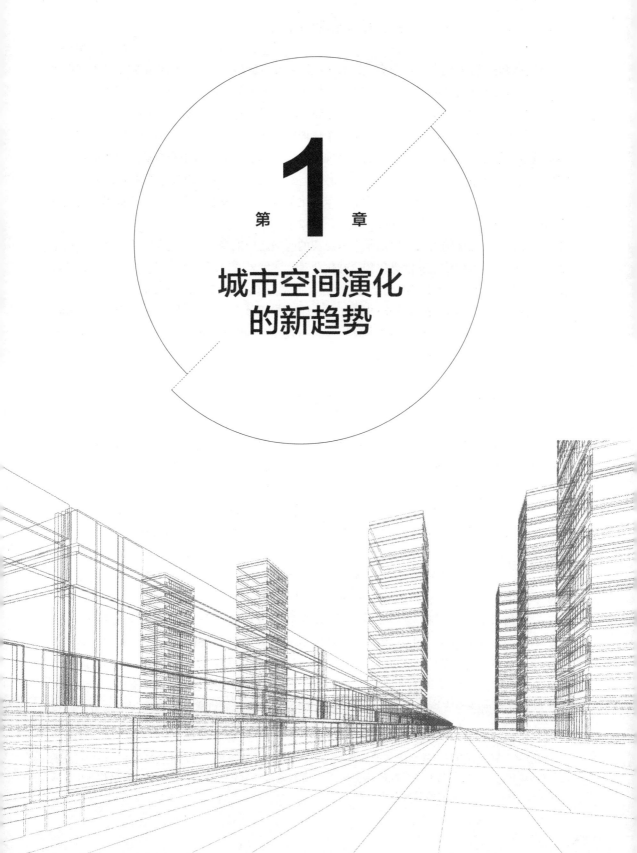

第 **1** 章

城市空间演化
的新趋势

1.1　网络城市

1.1.1　基于"流空间"[①]的世界城市网络体系

信息和通信技术的发展不断突破，城市的发展及其经济活动的空间变化越来越受到世界和区域空间群体性以及网络化发展的影响，城市和区域内部经济活动及其控制网络都在进行重组，世界经济核心正在被世界城市（World City）或全球城市（Global City）所掌握。确定城市发展的性质和规模，更加需要考虑个体城市与区域的关系及其在区域发展中的地位。决定城市竞争力和发展潜力的因素由城市规划、自然禀赋等转为城市在全球生产、消费链中的地位及由此确立的在世界城市体系中的等级位置。而在世界城市体系中的众多低等级城市，在全球劳动分工网络中，可以凭借其专业化优势而产生发展活力，转变为世界城市网络体系中的节点城市（吕晓明，2013；董超，2012）。

因此，城市之间的关系可以用基于信息流的网络结构来表征，这也在一定程度上弱化了基于空间距离的区位论。在信息化和全球化背景下，世界城市网络体系已初步形成。普雷维什（Raúl Prebisch）等人提出的"发展主义"、弗兰克（Andre Gunder Frank）等人的"依附论"、沃勒斯坦（Immanuel Maurice Wallerstein）的"世界体系"，以及斯塔夫里亚诺斯（Leften Stavros Stavrianos）的"全球分裂结构"，都共同证明了城市在全球范围内存在等级化的空间结构体系以及网络化的空间联系。

1.1.2　巨型城市区域：全球化背景下新的空间形态

巨型城市区域源于戈特曼（Jean Gottmann）提出的"大都市连绵区"（megalopolis）。美国区域规划协会（ARPA）认为，巨型城市区域是全球化背景下的基于信息网络和快速交通体系的一种以大城市为核心的空间组织形式，是一种在功能组织、基础设施建设、环境协调等方面相联系的城市共同组成的空间集聚体（吕晓明，2013）。彼得·霍尔（Peter Hall）认为，当前高速城市化地区正在形成多中心巨型城市区域（Mega-City Region，MCR）。多中心巨型城市区域由10~50个功能性城市区域（FUR）组成，每个功能性城市区域围绕一个城市或城镇，依赖新的功能性劳动分工发展经济，形成空间上分离、功能上相联系的网络（霍尔等，2008）。

由彼得·霍尔领导的欧洲多中心巨型城市区域可持续发展管理项目（Sustainable Management of European Polycentric Mega-City Regions，POLYNET），主要研究欧洲英格兰东南部、巴黎地区、莱茵—鲁尔区、莱茵—美因区、比利时中部、荷兰兰斯塔德、瑞士北部，以及大都柏林地区等欧洲八大巨型城市区域的形成和发展过程。以"流空间"为出发点，以大量数据作为支撑，来分析巨型城市区域内部各城市节点之间的联系程度，进而衡量

---

① "流空间"是由社会学家曼纽尔·卡斯特（Manuel Castells）提出的一种新的空间形态，即"通过流动而运作的共享时间的社会实践的物质组织"。在信息经济时代，空间的区域壁垒被以信息化、网络化为特征的"流动空间"所取代。

八大巨型城市区域的多中心化程度。

从内部联系来看，巨型城市区域中的城市不仅承担着同一等级城市间的信息、物质流动，还承担着组织下一等级城市的信息网络结构。巨型城市区域中的核心城市，往往是全球城市网络的主要连接点，是国家的经济、文化和政治中心，同时又是创新的发源地，它决定着所在区域甚至国家未来的发展。

1.1.3　"多中心网络化"空间结构

"多中心网络化"空间形态具有相对性，某一尺度上的多中心可能是另一尺度上的单中心。如在欧盟层面，"欧洲空间发展展望"（ESDP）中的多中心指的是在由伯明翰、巴黎、米兰、汉堡和阿姆斯特丹构成的西北欧五边形以外，培植更多的新"门户"型中心城市（罗震东等，2008）。在巨型城市区域层面，多中心指的是由核心城市和周边城市共同构成并向外扩散，形成新的城市等级和网络体系，使得较低层次的服务功能由核心城市向等级较低的城市扩散。在大都市区层面，多中心指随着城市中心功能的疏解和城市建设用地的扩张，次级中心逐步兴起，城市空间结构发生变化，由"单中心"向"多中心"模式发展。

"网络化"包含两方面含义：首先，从城市的等级规模及其联系来看，城市间水平联系加强，水平和垂直联系形成的网络联系将取代传统的规模等级规律。其次，从空间关系来看，城市空间结构将融入城市网络结构之中，对于网络中的单一城市，其运行和发展更多地依赖网络的运行和发展。其中的交通枢纽和节点地区成为城市、区域功能转型中最具活力的地区，如高新技术园区、港口、航空港、出口加工区以及区域性的游憩地带等（鲁晓勋，2006）。

1.1.4　轨道交通支撑的多中心结构

轨道交通与城市空间相互支撑，必须保持两者的高度关联（潘海啸 等，2005）。我国大城市发展趋向于多中心网络化，多中心网络化空间结构的实现取决于经济功能和社会活动的多中心分布，以及相应的交通模式支持（宋博 等，2011）。轨道交通能促进城市土地开发利用，为多中心网络化提供支撑。"多中心"城市空间结构主要依托以下三种轨道交通网络（图1-1）：第一种为轴向空间组织结构，多见于"指状"发展的城市空间结构；第二种为"放

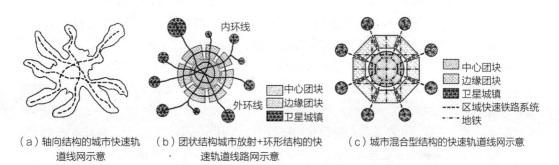

（a）轴向结构的城市快速轨　（b）团状结构城市放射+环形结构的快　（c）城市混合型结构的快速轨道线网示意
　　道线网示意　　　　　　　　速轨道线路网示意

图1-1　不同的大城市空间结构应采用的快速轨道交通线网布局

图片来源：过秀成 等，2001

射型+环状网"的轨道空间组织结构，多见于"团状"发展的城市空间结构；第三种是与道路网络紧密联系的快速轨道线网，多见于混合型的城市空间结构（过秀成 等，2001）。

1.2 创新城市

1.2.1 信息化与新产业空间

在一些大城市中，信息和通信技术的发展催生了以高新技术产业为主体的新产业空间。新产业空间的形成主要受到来自信息化的三方面影响：一是信息化为新产业发展提供了具备一定科技知识和知识自主学习能力的智力型劳动力支撑；二是信息化促进创新氛围的形成，如高校科研机构集聚区域、高新技术产业的特殊区位等；三是信息化为产业调整和新产业发展提供了快捷的市场信息反馈与灵活的调整机会（图1-2）（吕晓明，2013）。

总之，随着城市信息化发展和创新环境的逐步形成，在改变城市经济发展方式和社会生活的同时，城市内部产业结构逐步更新，伴随着高新技术产业而形成的新产业空间，将使得整个城市呈现出智慧城市的雏形。

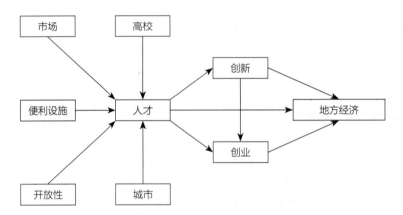

图1-2 创新城市的理论框架
图片来源：Qian，2010

1.2.2 高新技术发展与城市经济空间重构

在信息化时代，高新技术产业正逐步取代制造业的主导地位，它的类型选择和空间布局，直接影响城市经济发展方向及其空间发展模式。随着新技术的发明与应用，以知识和技术为基础的新产业机制将在各个行业领域延伸。对企业经济合理性和空间属性之间的协调，将影响企业的发展模式和空间选择，最终对城市新空间逻辑的形成及其在区域和国际劳动分工中承担的角色产生影响。

高新技术产业在城市产业结构高级化的过程中，呈现出较强的竞争力，是城市产业结构调整和经济空间重构的主要推动力量。一般而言，当新技术未被开发应用于城市第二产业时，城市产业内部和空间结构发展都较稳定，维持现状并惯性扩展；而当城市第二产业受技术创新和产品研发的影响而发生更迭时，由于城市传统空间结构无法满足城市产业更迭的新空间需求，城市空间结构将会按照新的功能空间类型进行更新或重构，劳动力、资本、技术等要素，加上制度和政策的组织引导，在城市地域空间上开始重组。

　　高技术和创新型经济的发展促进城市新兴服务业的发展和产业结构的调整，实现经济发展方式由劳动密集型转向知识和技术密集型、经济结构从二元转向多元。随着城市生产性服务业的迅速崛起，新兴知识技术密集型服务业相对比重趋于提高，而传统劳动密集型服务业相对比重下降。这一经济发展趋势促成了城市经济空间结构的转变，高层次的产业和服务业趋向于集聚在区位条件优越的中心地区，并由于功能差异形成两个或多个城市核心。第二产业迁移到城市周边地区，形成卫星城、新城、工业组团的专业化产业支撑格局，原先的城市棕地生产中心则随着创新人才的引入和技术的支撑而发展为组织创新中心和第三产业的生产中心。在某种意义上，技术进步推动了产业结构升级，进而产生功能空间组织结构的调整，逐步形成多中心的城市空间布局（图1-3）（董超，2012）。

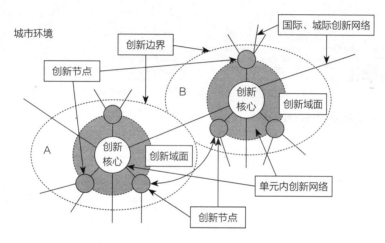

图1-3　城市技术创新组织一般空间结构
图片来源：孙丽杰，2007

1.2.3　经济空间重构提升城市空间效益

1. 有机疏散

　　城市经济空间重构使得原来高度密集的单中心城市形态通过有机疏散逐步向多中心转变。随着以高新技术产业为主的新产业空间在城市外围的布局，以及部分成熟的制造业的转移，依托新技术的部分城区企业和新引进的企业向各类园区集中，为了方便居住与就业，园区内部及周边配套建设各类居住、生活服务设施。同时，生产性服务业在高新区的不断集聚产生对商务服务专门化功能空间的需求，从而促使商务功能从城市中心分离出来，城市空间趋向多中心化。城市功能的有机疏散避免了包括交通、环境等一系列"城市病"。

2. 集约发展

　　城市功能的有机疏散引导人口、产业和各类基础设施、服务设施集中于特定区域，在土地利用形态上，人力、资本、技术、物资在特定城市空间投入水平呈现持续增长的趋势，空间利用密度和土地收入增加，这些都反映了城市土地的集约利用，即土地投入最优化和土地效益最大化（何芳，2003）。不同产业空间边际效益和产出水平也不同，由此产业根据不同的空间选择自由度，受土地竞标地租的影响，在城市空间中呈现差异化集聚（江曼琦，2001）。高等级服务业的发展受物质空间限制较小，办公区位自由度更高。而高经济价值的地段，倒逼空间投入和投入产出比增大，土地集约利用度不断提高。

3．旧城保护

新产业布局在城市外围，降低空间开发成本，减少大规模建设对老城产生的负面影响，较好地保存了旧城的历史文化。我国大城市在建设高新区时，很多都采取了避开旧城、建设新城的开发模式，在有效保护旧城时，城市外围形成了具有新竞争力的产业空间，重构了城市外围的空间结构与形态（阳建强 等，1999）。例如西安高新区的建设，就选在了西安西面南北向的纵轴上，一方面邻近科教创新密集区，另一方面在空间上延续了古城具有丰富的轴向体系的布局特点。而西安的旧城区则通过保护，成为行政办公、旅游、商业贸易的聚集地。

1.3　智慧城市

1.3.1　基于信息流的网络空间

20世纪90年代，人类开始步入信息社会，这对传统的基于地理位置和距离的空间产生较大的影响。传统的工农业经济生产、流通和消费，主要表现为"物质流"的特征，依赖交通运输系统。而知识经济的运作，主要通过信息网络系统来实现"信息流"的传输和转化。

在研究城市空间结构时，距离是一个重要指标。在知识经济时代，信息技术和远程通信技术的广泛应用，高速交通设施的不断完善以及信息化基础网络的建立，使得社会团体以及个体享受到了时空距离的大幅缩减，城市发展受到空间距离的约束大大下降，城市功能的分布、社会活动的内容和方式以及城市空间结构也发生改变。

（1）城市中心功能从以商品为中心转向以知识和信息为中心。企业的发展模式将更加扁平化，基于信息通信网络的企业逐渐小型化、专业化、分散化。同时，特色化、个性化、非物质化生产与服务将处于主流（王战和，2006）。

（2）城市呈现新的集聚与扩散趋势。一方面，信息化的发展使得中心城区和郊区、城市和外围区域联系受到距离的影响降低，城市随着通勤距离的变化，其边界将进一步扩张，城市与周边区域在空间和功能上成为一个互补的动态弹性整体；另一方面，商务活动等专业化活动进一步集聚在要素组合较佳的地区，如在中心区，商务活动的集聚程度将高于以往，以科技创新为主的高新技术产业则集聚在外围依托智力密集区发展（图1-4）。

（3）信息化将带来更高的灵活性、混合性和兼容性，这也是网络城市的基本特征。特定区域内城市功能趋向灵活分布，生活、工作、生产、游憩等功能边界模糊化；城市土地使用呈现兼容化，综合式功能区将成为城市功能整合的重要空间载体，城市功能实现方式转型导致城市空间结构走向网络化（图1-5）。

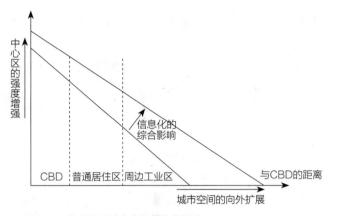

图1-4 信息化对城市空间结构的影响
图片来源: Zhao et al., 2014

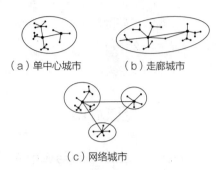

图1-5 城市空间结构的网络化
图片来源: Batten, 1995

1.3.2 信息技术对城市空间结构的影响

信息技术的创新与应用对区域生产模式与产业结构的影响也改变了城市、区域的空间结构。其对城市空间结构的影响依赖于城市发展的各个系统，即社会系统、经济系统、基础设施、环境系统、自然资源等，其中，对相应的产业、组织、基础设施等的影响更深远。这正是信息技术影响城市空间结构的作用机制（廖天佑，2006）（图1-6）。

具体来说，信息技术对城市空间结构的影响主要有以下几点（廖天佑，2006）：

（1）信息技术通过改变传统生产方式，提高生产效率，促使传统产业进行空间转移，进而重构产业结构。

（2）信息技术催生新的生产体制，信息发展模式（information development mode）的广泛应用促进了生产组织的弹性布局和管理。这种弹性制造业体制（Flexible manufacturing networks，FMNs）重构公司内部的组织关系和公司间的产业链和空间格局。

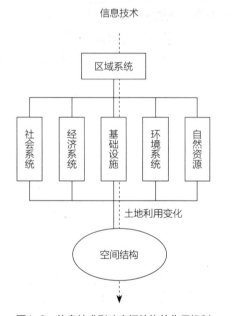

图1-6 信息技术影响空间结构的作用机制
图片来源: 廖天佑，2006

（3）信息技术改善基础设施的运行和管理效率，进而增强城市空间的机动性与流动性。

（4）信息基础设施的出现，改变了原有基础设施的空间拓扑结构，从而影响城市空间结构的组织与运行。电信港（teleport）凭借其优秀的内外联络能力将成为新的空间增长点，相关研究和实践证明，与远程通信网络的可达性成为导致区域差异的关键要素。

（5）信息技术提升了工作、休闲、居住的空间灵活性，远程工作（teleworking）模式模糊了居住区与工作地的空间界限。

（6）信息传播的便捷性和网络性将影响原有城市空间结构的稳定性。等级扩散模式将会加强，而网络扩散模式将成为新的发展趋势，这必然会带来城市空间结构的转型。

（7）信息技术应用于政府决策与空间管理，加强了核心与边缘的空间互动，政府的信息将得到更好的反馈，同时提供更加优质的公共服务，有利于加强控制，实现协调发展（冒亚龙 等，2010）。

1.4　低碳城市

1.4.1　生态城市与城市建设

联合国教科文组织在1971年发起"人与生物圈"（MAB）计划，提出要将城市视作一个生态系统，并于1984年确定了生态城市的五项原则，即生态保护战略、生态基础设施、居民生活标准、文化历史的保护、将自然引入城市（刘海龙 等，2005）。

仇保兴（2011）依据中国国情，提出生态城市的六大原则：一是混合紧凑的用地模式，建成区人口密度至少1万人/km²；二是可再生能源在城市能源消耗中的占比不小于20%；三是绿色建筑占建筑总体类别比例不小于80%；四是生物多样性；五是绿色交通出行在出行方式中的占比应达65%以上；六是拒绝高耗能、高排放、高污染的工业项目。以上六条缺一不可。

生态城市是社会、经济、文化和自然高度和谐的复合系统，将生态化的城市环境组织模式贯彻到各个城市空间尺度上，疏密有致的城市结构网络化表现为城市地域单元的多通道、多途径贯通（张衔春 等，2011）。从空间形态上看，生态城市超出一定规模后，如要保证生态空间的连续性和完整性，满足城市生态安全格局的要求，则必定要向多中心或者组团式的形态进化。

1.4.2　可持续发展与紧凑城市

可持续发展理念可以从经济、社会、生态、科技等多角度进行阐释，其被应用于城市规划领域且被普遍接受，主要针对日益严峻的城市问题。其中，"经济可持续"是指在不损害后代人的经济利益前提下，保持当代人的经济利益增加；"社会可持续"是指在生态系统负载能力内，改善人类生活品质；"生态可持续"则强调自然资源的开发利用在生态的承载力之内，使生态发展获得持续平衡；"科技可持续"是指利用科技进步，减少自然资源消耗，同时通过清洁能源的使用和循环技术的应用，实现零排放（仇保兴，2012）。

城市的可持续发展是可持续发展理论具体化的内容之一，城市的可持续发展与城市空间结构形态相关。目前普遍认为建设紧凑型城市，发展多层次公共交通，打造步行城市，促进社交的宜居环境是实现城市可持续发展的重要途径。此外，也有学者认为紧凑城市存在不足，城市中心和周围分散的社区应通过公共交通系统联系。总之，可持续的城市空间应该是各种模式相通的，是紧凑的、多中心的、空间发展受控的。紧凑多中心是可持续发展应用于城市空间结构设计的一种重要理念。紧凑首先意味着节约资源、能源和各项成本；其次，紧凑的多中心结构有利于提高生活质量，紧凑的布局模式可以提高各类设施和服务的可得性，而多中心的空间模式也将创造更加优质的城市生态空间；再次，紧凑性是建立在中高密度和混合利用的基础之上，提升城市土地利用效率；最后，多中心和网络化能疏解中心区人口和功能的过分集中，又较好地牵制了分散可能带来的用地不经济（吕晓明，2013）。

1.4.3　低碳城市与多中心结构

低碳城市源于英国2003年提出的"低碳经济"，对其较为认可的表述如下：城市在高速发展经济的同时，将能源消耗和二氧化碳排放维持在较低水平。

低碳城市追求以更少的资源消耗、更少的碳排放和对气候的影响等，获得更高效的经济运作与回报，倡导绿色交通与市政体系及绿色建筑，构建高效的城市发展与土地利用模式，在城市发展方式转变、城市空间结构优化方面具有积极意义。

多中心城市空间结构大大降低了因城市"摊大饼"式发展而带来的长距离通勤交通，通过将城市功能向各个次中心和组团的疏解，使得大量的就业和居住远离拥堵的城市中心，在各中心内部即可实现职住平衡，大幅度缩短了通勤距离和通勤时间，从而降低了交通总量和碳排放，符合低碳城市的发展目标。同时，多中心的城市空间结构提供更多的绿地，各组团间形成连续的绿色基础设施网络，控制大城市蔓延，减轻城市中心的"热岛效应"。

但就目前多中心城市建设上，普遍存在次中心吸引力不足的问题，这导致了预期的目标难以实现。因此，城市主中心合理的功能疏解，以及城市次中心和组团结合各自优势及特点的功能配置成为关键，同时，倡导以公共交通为主导的出行模式，构建地铁、轻轨、郊区铁路、快速公交等复合化的公共交通网络，配置满足需求的服务设施也成了必要的支撑。

1.5　消费城市

1.5.1　消费时代来临

第二次世界大战后，西方社会从生产社会进入消费社会[①]，消费成为社会生活的重心。随着消费者需求的多样化，商品种类呈现多样化特征，消费也出现新的特征。从内容上看，消费的趋势由满足基础需求的物质消费转变为非物质商品消费。消费的内容不仅包含了基本的购物，同时延伸到以享用劳务（他人所提供的服务）和体验为主的教育、社交、旅游、健身、休闲等活动；从消费目的上看，符号价值[②]消费逐渐取代使用价值消费而成为主流，相比于商品的实用功能，消费者更关心商品所包含的符号意义，即商品所代表的个人身份和品

[①] 消费社会（Consumer society）是一个有计划、有组织、大规模刺激消费的社会。一般认为起源于20世纪20年代左右的美国，以大规模消费兴起为特征，并在20世纪中叶随着消费文化的全球化向世界各国扩张。

[②] 符号价值的含义分为两方面：一是区别于其他商品的独特性符号，包括设计、形象、口号等表现方式；二是商品所附加的社会地位、品质象征、社会认同等价值。

位等。从消费性质上看，消费从经济活动延伸至社会文化活动后，消费不仅是一种买卖行为，更是情感体验、身份区分、自我认同的文化行为。目前，随着生活水平的提升和全球化的推进，文化消费和体验消费正逐渐向世界各地蔓延，不同形态的消费也成了时代发展的特征（季松，2009）。

1.5.2　消费形式与空间载体

符号消费意味着人们的追求不再停留于物质需求，而更多地转向精神、情感等层面的需求。商家利用人们的这种"心理需求"，将其注入商品之中，人们也愿意为这种附加的利益付出额外的代价，阿尔文·托夫勒（Alvin Toffler）将这种现象称为经济体系的"心理化"过程，即体验经济（托夫勒，1996）。

"追求体验"成了体验经济时代人们消费心理和行为获得满足的一种高级形态。人们的消费更倾向于追求情感上的满足和愉悦；更倾向于满足个性化需求、彰显身份地位的产品和服务；更倾向于体验文化、历史等方面未知的知识和情节，以满足猎奇心理和提升自我的诉求；同时也更倾向于"参与式"消费，即自身参与到商品的生产过程中，亲手制作或设计、反馈等。总体而言，由于体验消费可以满足自我精神的需求，实现自我认同和对个性的追求，所以提升商品附加价值最重要的是要激发人们体验消费的需求。

在人们需求的提升和市场的推动下，空间消费的内容已由简单的使用、购买拓展到享受、体验等方面，城市空间和建筑为了迎合这种需求，以"一站式"、"综合体"的形式来提供多样化的商品和服务，以满足不同人群的购物和体验，如城市中大型商业综合体的出现，不仅创造了商业价值，同时进一步引导和改变着人们的日常生活和选择，使人们的出行和消费更倾向于在此类空间的集聚，这在一定程度上改变了城市空间结构。

1.5.3　商业综合体对城市空间结构的影响

《中国大百科全书》中对城市综合体的定义是"由多种功能组成而形成不同空间复合的建筑"，即城市综合体是具有居住、商业、办公、娱乐、酒店、休闲等复合功能，且各类功能集聚于同一建筑或同一组建筑中，高效运行的复杂却又统一的整体。

基于对城市综合体的认识，商业综合体则是以满足物质和精神的体验消费为主，并结合文化和交通等相关功能单元组成的整体。商业综合体一般包括酒店、商务办公、停车系统；购物中心、商务会议和公寓等各种城市功能空间，可以由"HOPSCA"（Hotel、Office、Park、Shopping mall、Convention、Apartment）来描述。商业综合体营造了满足人们生活和消费，同时又顺应城市发展的建筑实体空间。通过构建"一站式"、"多元化"的体验消费空间，引导人的行为和生活方式，并对城市肌理和空间结构进行延续和发展（黄亚平，2002）。

从商业空间与居住空间布局的关系来看，商业综合体周边往往聚集居住空间，这种特征同样表现在城市中心地带。由于受城市经济、人的生活方式、道路交通发展的限制，商业综合体在发展初期先在城市中心集聚，随着中心的发展，受地租效应影响，逐步向城市外围扩

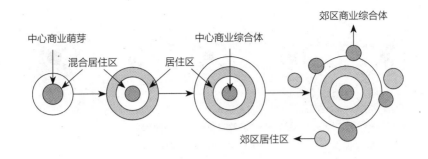

图1-7　商业综合体带动的城市空间扩张模式
图片来源：作者根据《区域经济学》（赫寿义等，1999）绘制

散并重新集聚，形成新的以大型商业综合体为核心的集中式城市商业中心区发展模式（图 1-7），从而改变并引导城市空间结构的有序扩张。

1.6　无界城市

1.6.1　区域一体化演进

　　区域空间结构是社会经济在空间上非均衡运动的结果，区域经济活动强度大，则可以形成较"密"的经济空间格局，反之，则形成较"疏"的经济空间格局。区域空间结构的演变影响区域经济的发展，同样，区域空间结构也随着经济结构的演化而不断调整优化。合理配置空间资源使经济要素最优化利用，使区域中的要素流动在经济发展过程中支出最小化，区域经济获得相对平衡的发展，从而实现区域整体效益的最优化。

　　我国现阶段区域空间结构发展正从"极核发展"的非均衡阶段（图1-8）向"扩散的多核"非均衡阶段（图1-9）演变，城市的大规模开发和经济的迅速发展使得区域内城市普遍得到快速发展，其中大城市的资源环境压力较大，集聚成本也随之上升，继续集聚可能会引发城市发展的不经济。因此，"极核发展"开始向"扩散的多核"转变，其中较高层次的经济活动如商务办公、金融等继续向大城市集聚，较低层次的经济活动则扩散至外围城镇和郊区，第二、第三级等级城市加速发展。"极核发展"的非均衡阶段所形成的以大城市为主导的核心-外围结构逐渐被网络化的多中心结构取代。其中，基本部门的扩散加强了各级核心

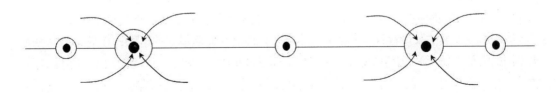

图1-8　"极核发展"的非均衡阶段
图片来源：李建波，2012

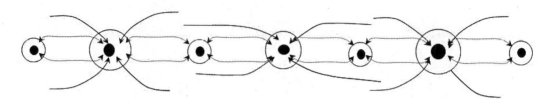

图1-9 "扩散的多核"非均衡阶段
图片来源：李建波，2012

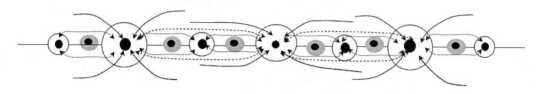

图1-10 "区域空间结构一体化"的高水平均衡阶段
图片来源：李建波，2012

的职能分工与等级体系形成，而信息通信技术的进步，区域综合交通网络的逐步形成，为多中心结构的发展成熟提供了必要的保障（耿明斋，2006）。

随着区域一体化的空间演进，"扩散的多核"非均衡阶段将逐步迈向"区域空间结构一体化"的高水平均衡阶段（图1-10）。该阶段，区域空间结构，包括同等级中心间的水平联系和不同等级中心间的垂直联系趋于稳定，形成多中心网络结构。在这种结构内部，常以一个综合性大城市为核心，其他城市与之形成职能分异、互为补充的关系，形成空间结构均衡的有机体。同时，作为支撑的区域综合交通体系也已发展完善，区域交通网络趋向稳定，信息和通信技术广泛应用于生活、工作的各个领域。此外，区域经济发展水平和人群的就业、收入、消费水平差异开始缩小，而生态环境也成了人们关注的重点。

1.6.2 城乡一体化演进

我国城乡发展差距较大，且正不断扩大，据世界银行的统计分析，一般而言，城乡居民的收入比例低于1.5∶1，极少超过2∶1，但中国1990年城乡收入比例便达到2.20∶1，1995年又扩大到2.71∶1，2000年进一步扩大到2.79∶1，而2006年已经达到了3.33∶1（宋洪远 等，2003）。考虑城镇居民享有各种实物性补贴，而农村居民则不享有，一些学者认为目前中国城乡居民收入的实际差距还要大。这严重影响到我国城乡经济协调发展和社会的稳定和谐。应构建城乡互动的空间结构，以改变城乡二元经济结构导致的城乡差距不断拉大的现状。

我国城乡发展的政策背景差异很大，由于管理体制和发展模式的不同，在空间上也表现出不同的特征，如大城市面临人口、功能和交通过度集中的问题；而乡镇的土地利用较为粗放，在分布上相对分散。在区域一体化发展思想的基础上，"城市—城郊—农村"之间的协调变得尤为重要。通过发展双向需求，积极引导城市功能和人口的向外疏散，同时合理推进农村地区的城市化进程，在不同的空间层次和尺度形成多中心空间结构，使相对集中的开敞

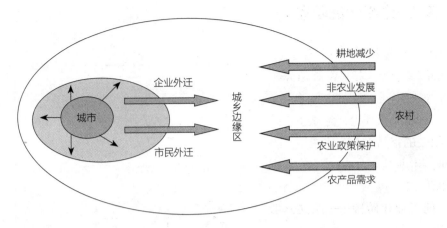

图1-11 "城市—城郊—农村"一体化的空间演进模式

图片来源：王世豪，2009

空间系统与城镇化空间体系紧密融合，引导区域空间形成"多中心"功能组团，实现"城市—城郊—农村"三元空间的一体化发展（图1-11）。

1.7 城镇群地域空间演化阶段

城镇群地域空间演化主要有分为以下5个阶段：

1. 商业城市时期（Mercantile City）

资本主义早期商业时期，城镇之间联系较少，呈现为以港口和交通枢纽地区为核心的沿海城市和以资源密集地区为核心的内陆城市紧凑分布的城镇群体空间特征。

2. 传统工业城市时期（Classic Industrial City）

工业成为区域经济发展和城镇群体空间演变的主导力量。城镇群体空间按照生产要素接近原则进行组合，乡村地区成为生产要素输出的边缘。

3. 大城市时期（Metropolitan Era）

进入大工业生产时期后，大城市占据城镇等级体系中的主导地位。放射状大容量交通体系支撑大城市向外扩散，郊区中心逐渐形成。

4. 郊区化成长时期（Suburban Growth）

第二次世界大战后经济恢复并快速增长，科技迅速发展，城市人口和功能的不断集聚产生一系列大城市问题，郊区的生态和经济价值优势得到重视。另一方面，居住和就业的分散和转移，也加速了城镇群空间结构与形态的一体化趋势。

5. 银河状大城市时期（Galactic City）

20世纪80年代后，城镇群空间规模继续向外扩散，城市多中心模式逐渐取代传统的单中心发展模式，形成城乡一体化、区域协调发展和地域连绵的"星云状"大都市群体空间（董晓峰 等，2005）。

1.8　核心-边缘理论阶段

美国城市规划师弗里德曼（J. Friedmann）综合罗斯托（W. Rostow）的经济发展阶段理论和佩鲁（F. Perroux）的增长极理论，建立了与技术进步相关的空间组织演化模型。将城镇空间结构演化划分为以下4个发展阶段（图1-12）：

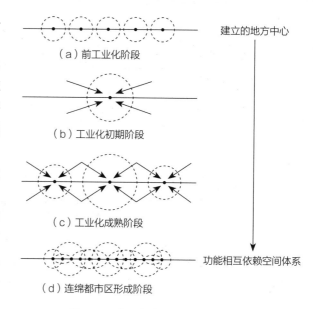

（a）前工业化阶段

（b）工业化初期阶段

（c）工业化成熟阶段

（d）连绵都市区形成阶段

建立的地方中心

功能相互依赖空间体系

图1-12　弗里德曼的城市空间演化模式
图片来源：茅欢元，2009

1. 前工业化阶段——孤立分散发展阶段

受生产力水平的限制，经济结构以农业生产和农产品加工为主体，同时发展少量的为本地服务的商业和小型制造业，城镇分布较为孤立、分散，发展水平较低，影响范围较小。

2. 工业化初期阶段——分散的集聚阶段

工业化的发展导致产业中心规模扩张，但一般只有少数能成为区域经济的增长极。此阶段城市中心地区的集聚经济效应增强，城市规模不断扩大。但由于此阶段的城市中心辐射吸引范围有限，且各中心的联系不强，在空间上呈现为分散的多中心集聚特征。

3. 工业化成熟阶段——集中的分散阶段

随着城市经济活动范围的扩展，经济中心的规模不断扩大，空间上更为接近。另一方面，受到规模经济效益的影响，某些中心的扩散效应增强，经济中心之间以及中心与外围地区之间的经济联系逐渐增强，形成都市区及由多个都市区组成的区域城市体系，区域空间结构趋向复杂化和有序化。

4. 连绵都市区形成阶段——集聚分散的均衡阶段

当城市化经济发展到较高水平，城市间的联系越来越紧密，并产生相互吸引和反馈作用。区域城市中心体系在空间上呈现出不同规模中心较均衡分布的格局，集聚和扩散作用在不同层次的空间同时存在，都市区内各层级中心数量增多，规模增大，区域空间发展趋向一体化（陈明，2008）。

1.9　城市人口动态变化阶段

克拉森（H. Klaassen）和希梅米（G. Scimemi）根据城市核心-外围人口变动的相互关系和强度特征，提出"空间循环假说"（spatial-cyclical hypothesis），将大都市圈人口空间格局变化划分为"城市化→郊区化→逆城市化→再城市化→城市化"的阶段性循环过程（图1-13）。

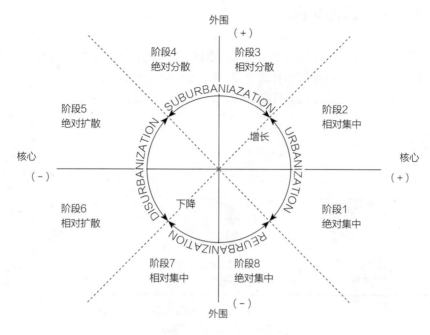

图1-13 "空间循环假说"的人口城市化空间路径
图片来源：毛新雅 等，2012

1. 城市化（urbanization）阶段

城市化阶段对应阶段1（绝对集中型）和阶段2（相对集中型）。阶段1为中心城市人口和整个大都市圈增加，外围地区人口减少。阶段2为中心城市和整个大都市圈人口大幅度增加，外围地区人口增加。

2. 郊区化（suburbanization）阶段

郊区化阶段对应阶段3（相对分散型）和阶段4（绝对分散型）。阶段3为中心城市人口增加，外围地区和整个大都市圈的人口大幅增加。阶段4为中心城市人口减少，外围地区和整个大都市圈人口增加。

3. 逆城市化（disurbanization）阶段

逆城市化阶段对应阶段5（绝对扩散型）和阶段6（相对扩散型）。阶段5为中心城市和整个大都市圈人口减少，外围地区人口增加。阶段6为中心城市和整个大都市圈人口大幅度减少，外围地区人口减少。

4. 再城市化（reurbanization）阶段

再城市化阶段对应阶段7（相对集中型）和阶段8（绝对集中型）。阶段7为中心城市人口减少，外围地区人口大幅度减少。阶段8为中心城市人口增加，外围地区和整个大都市圈人口减少。当整个大都市圈的人口开始增加时，就进入了新一轮的城市化（毛新雅 等，2012）。

1.10　离心扩大理论阶段

富田和晓（1988）的离心扩大理论将大都市圈分为中心城市、内圈和外圈，并依据各圈层占大都市圈总人口比例的增减指标确定如下5个发展阶段（图1-14）：

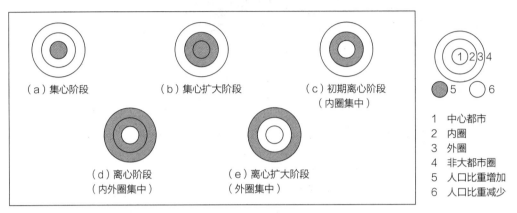

图1-14　离心扩大理论模型
图片来源：彭际作，2006

（1）集心阶段：中心城市人口比例增加，内、外圈人口比例减少。

（2）集心扩大阶段：中心城市和内圈的人口比例增加，外圈人口比例减少。

（3）初期离心（内圈集中）阶段：中心城市人口比例减少，内圈人口比例增加，外圈人口比例减少。

（4）离心（内外圈集中）阶段：中心城市人口比例减少，内圈和外圈人口比例增加。

（5）离心扩大（外圈集中）阶段：中心城市和内圈人口比例减少，外圈人口比例增加（彭际作，2006）。

1.11　都市圈生命周期阶段

小长谷提出都市圈生命周期的概念，针对大都市圈空间结构的变化，从建成区的形成、衰退以及再生的过程来划分大都市圈发展阶段，具体分为以下几个阶段：

（1）都心形成阶段：表现为城市中心建成区的形成。

（2）内城形成阶段：表现为城市中心和内城建成区的形成。

（3）内郊区形成阶段：表现为城市中心、内城、内郊区建成区的形成。

（4）外郊区形成阶段：表现为城市中心、内郊区、外郊区建成区的形成，内城开始走向衰退。

（5）内郊区老化阶段：表现为城市中心、内城的再生和内郊区的衰退，以及外郊区建成区的形成。

（6）外郊区老化阶段：表现为城市中心、内城、内郊区的再生以及外郊区的衰退（石忆邵 等，2007）。

1.12　人口空间循环阶段划分

从中心城市和外围地区人口增长比率的大小关系出发，大都市圈发展分为5个阶段（图1-15）：

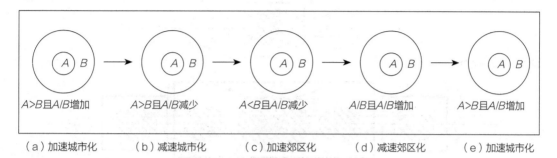

图1-15　人口空间循环模型
图片来源：彭际作，2006

（1）加速城市化阶段：中心城市的人口增长率（A）大于外围地区的增长率（B），并且两者的比率（A/B）处于增加状态。

（2）减速城市化阶段：中心城市的人口增长率（A）大于外围地区的增长率（B），并且两者的比率（A/B）处于减小状态。

（3）加速郊区化阶段：中心城市的人口增长率（A）小于外围地区的增长率（B），并且两者的比率（A/B）处于减小状态。

（4）减速郊区化阶段：中心城市的人口增长率（A）小于外围地区的增长率（B），并且两者的比率（A/B）处于增加状态。

（5）加速城市化阶段：中心城市的人口增长率（A）大于外围地区的增长率（B），并且两者的比率（A/B）处于增加状态。

1.13　城镇空间组合形态阶段划分

胡序威等人（2000）从城镇空间组合形态的角度，将城市空间演化划分为以下5个阶段：

1. 中小城市独立发展阶段

中小城市各自集聚发展，城市不断扩张，与周边地区的联系方式主要是吸引各种经济要素为主，城市之间的联系较弱，如图1-16（a）所示。

2. 单中心都市区形成阶段

个别城市依靠特定的优势在区域经济发展中处于有利地位，城市规模超前发展，并将周围的中小城市纳入自己的范围之内，如图1-16（b）所示（图中2、3成为1的边缘部分）。大城市膨胀蔓延，出现郊区化现象，形成单中心都市区。

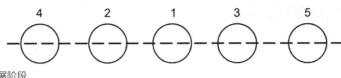

（a）中小城市独立发展阶段

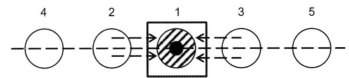

（b）都市区形成阶段

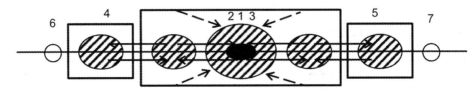

（c）都市区轴向扩展形成联合都市区阶段

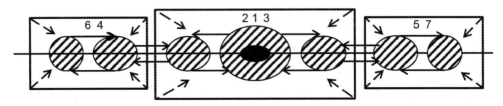

（d）都市连绵区雏形阶段

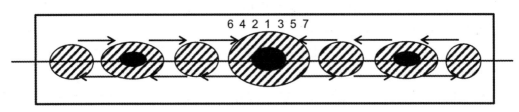

（e）都市连绵区成型阶段

图1-16　都市连绵区形成发展模型

图片来源：胡序威 等，2000

3．都市区轴向扩展形成多中心都市区阶段

随着核心城市的扩张和周边小城市的发展，区域内具有特定指向的交通轴线出现，大部分城市形成了都市区且沿交通轴线方向扩展，各个都市区之间、都市区和外围县之间的联系逐渐加深，开始出现多个都市区空间相连形成多中心都市区的现象。同时，人口和各种发展要素在轴线两侧的集聚导致新的聚落中心出现，如图1-16（c）所示（图中6、7）。

4．都市连绵区雏形阶段

在由多种运输方式构成的综合交通走廊形成之后，都市区沿着轴线方向扩展融合，建立起具有密切联系的功能性网络，初步形成区域一体化的整合形态，如图1-16（d）所示。

5．都市连绵区成形阶段

都市连绵区的强大吸引力促使各种生产要素向这一地区集聚，雏形阶段的枢纽城市发展为国际性城市。两个甚至多个都市连绵区结合成为更大规模的连绵区，发挥着国际性政治经济社会核心城市作用。进一步发展则表现为内部组织的不断优化、走向动态均衡的趋势，如图1-16（e）所示。

1.14　都市圈成长阶段划分

陈小卉（2003）将都市圈成长划分为以下几个阶段：

1. 雏形期

核心城市首位度较低，辐射能力较弱，影响腹地规模较小，与外围城市核心的联系较少。工业主导区域社会经济组织和空间结构，城镇按照生产要素接近或功能互补的原则进行自由组合。都市圈空间呈现中心集聚同时向外扩散的特征。

2. 成长期

大城市核心区域逐渐形成，并形成强大的集聚主导效应，放射性快速交通系统形成。城市发展以郊区化的扩散模式为主，出现郊外区域性副都心圈。

3. 成熟期

核心都市圈与外围都市圈进一步发展，通过集聚和扩散作用使得都市圈内部结构和功能逐步合理化，都市圈与都市圈之间的联系更加紧密，表现为多核心的均衡化发展。

1.15　都市空间成长过程阶段划分

薛俊菲等人（2006）将都市空间成长过程划分为以下4个阶段：

1. "核心-放射"状雏形期

该时期工业成为城市经济发展的主要动力，推动着城镇群体空间的演化，随着资源的开发利用，城镇按生产要素接近原则形成组合，乡村地区成为生产要素净流出边界。城市间以及城市与乡村间通过铁路等交通设施相互联系。之后，交通工具的转变促使"卧城"的出现，都市圈的雏形开始形成。此阶段的空间结构呈现出"核心-放射"的特点，城市主要沿轴线扩展，一般不具备圈层扩展的能力，如图1-17（a）所示。

2. "核心-圈层"状成长期

随着工业化的快速发展，城市规模不断扩大并形成主导地位。同时，放射性快速交通体系的建成促使城市放射状扩展，产业和人口的郊区化催生了郊区副都心，都市圈进入成长发育期。此阶段城市扩散效应逐步显化并得到加强，从轴向扩展过渡到圈层扩展为主，都市圈呈现为"核心—圈层"结构，如图1-17（b）所示。

3. "郊区化"发育期

第二次世界大战后，随着城市化的进一步推进，大城市人口规模迅速增加，城市持续蔓延，由于城市中心环境的恶化，人们认识到了郊区的生态和经济价值。交通和通信技术的发展以及交通基础设施等的建设促使居住、就业向郊区扩散，郊区化趋势更加明显，都市圈进

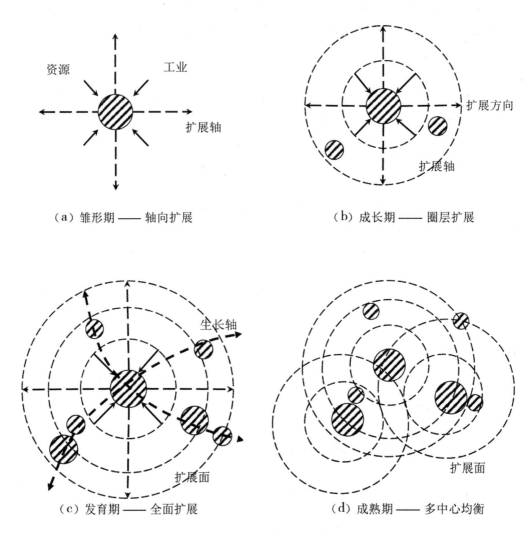

（a）雏形期——轴向扩展　　　　　　　（b）成长期——圈层扩展

（c）发育期——全面扩展　　　　　　　（d）成熟期——多中心均衡

图1-17 都市区空间成长过程模型

图片来源：薛俊菲 等，2006

入全面发育期。此阶段都市圈空间以向外围低成本区域的圈层式扩展为主，中心城市的功能体系与空间结构开始重构，重化工业和制造业外迁并形成集聚。副都心逐渐成熟并形成新的圈层，新的增长点和增长轴出现，城镇群体空间一体化趋势增强，一体化都市圈空间逐步形成，如图1-17（c）所示。

4."网络型"成熟期

20世纪80年代后，信息化和全球化给城市区域的发展带来新的契机，城市产业结构高端化，生产性服务业快速发展。在区域层面，城镇群体空间表现为大分散趋势，借助于轨道交通、高速公路等形成的综合交通网络，构筑区域融合、地域连绵的"星云状大都市"群体空间。多中心模式取代传统的以单中心为主导的城市形态，都市圈进入生长点的成熟发展阶段。都市圈之间通过联合、融合和改造，走向更高层次的均衡发展。多个城市的圈层结构交错重叠，形成新的空间模式，表现出多核心网络化的特征（薛俊菲 等，2006）。

第 **2** 章

多中心城市的概念
解析与分析框架

2.1　多中心城市兴起的背景

　　城市的发展过程是一个长期的动态变化，人口、经济和用地的组合拓展使得城市呈现出规模增加与结构变化两大空间发展趋势。在现代城市发展过程中，传统单中心城市在达到一定空间规模后，开始体现出结构性的集聚不经济现象，许多国外城市在传统城市中心（CBD）以外出现了新的"极核"，如北美出现的"郊区核化"（suburban nucleation）。随着大城市建成区空间的拓展，城市边界不再清晰，使得几乎所有特大城市的传统单中心结构逐渐被更大地域空间的多中心结构所取代（韦亚平 等，2006a）。在全球化和信息化的推动下，城市经济结构的变迁和经济活动的地域分散化、郊区化进程、人口增长与迁移、家庭类型的变化等，都与城市多中心结构的发展演化有密切关系。Bertaud的研究表明，多中心结构更适合大城市。对于500万人口以上的特大城市，多中心空间结构是交通成本和集聚效益最优化的形态（孙斌栋 等，2008）。总之，多中心是我国大城市发展的必然趋势，而由于发展背景的差异性与城市本身的复杂性，国内外多中心城市的形成机制和特征表现出较大的不同。

　　随着我国城镇化的深入发展，大城市发展的重心逐步开始从"规模扩张"转向"结构调整"，在此过程中，多中心城市（polycentricity）被广泛作为空间规划策略的核心。但从当前实践看，单中心的锁定作用仍显著高于多中心的疏散"磁力"。一方面，主中心不堪重负，效率低下；另一方面，外围次级和三级中心发育滞后，诸如人口膨胀、交通拥堵、城市蔓延、环境恶化、资源短缺、城市贫困、社会矛盾激化等"城市病"不断涌现。事实证明，城市多中心体系的形成仅靠空间规划的引导是无法实现的，目前对于多中心城市的规划策略仍流于其空间形式，对多中心城市的特征和形成机制尚缺乏深入与全面的理解。本书通过对大量国内外多中心城市的已有研究成果进行了综合述评与借鉴，旨在解析多中心城市的系统内涵，并探索适合的分析框架，为国内相关城市的空间发展与优化提供依据（吴一洲 等，2016）。

2.2　多中心城市的研究综述

2.2.1　多中心城市的研究脉络

　　在不同时期的规划历史中常被提到的多中心城市的相关概念，最早能追溯到19世纪末和20世纪初。这一时期的多中心城市的相关概念主要从缓解城市过度拥挤和缓解恶化等"城市病"角度出发，沙里宁（Saarinen）希望以疏散的方式来引导城市发展，初期多中心城市主要指其空间拓展的形态。霍华德1898年在其《明日的田园城市》（Garden Cities of Tomorrow）中讨论了城市和乡村的优缺点，提出了一组城市群体——"田园城市"的概念：城市达到一定规模后应该停止增长，要安于成为更大体系中的一员，在其附近建设新城以接纳过量部分。之后，在《城市进化》（Cities in Evolution）中，格迪斯（Patrick Geddes）将"城市区域"（city-region）视作"组合城市"，即多中心城市区域发展的阶段性标志。将多中心城市概念第一次作为标准提出是刘易斯·芒福德（Lewis Mumford），在《城市的文明》中他建议"打破传统的功能联系弱、人口过度增长"，提出需要一种新的组合城市形态——"具有充分的空间和明显界限的簇群社区"，叫作"多核心城市"（Poly-nucleated City）。现代城市空间结构研究以美国芝加哥学派为代表，运用折中社会经济学理论强调城市用地分析，其中哈里斯（C. D. Harris）和乌尔曼（E. L. Ullmann）最早于1945年提出了城市空间结构的多核心理论（Multi-Nuclei Theory）。

20世纪80年代开始，随着信息和交通技术的发展，城市专业化中心和郊区化不断演化，多中心城市的概念被放置到区域竞争与功能联系上，该时期多中心城市主要指其专业化功能的空间分布。当时，"多中心城市"（Polycentric City）和"就业次中心"（Employment Sub-center）作为城市发展的新形态首先在部分欧美地区出现。许多主要依赖于通信联系的服务业，开始摆脱"面对面"接触的区位要求，迁出CBD，而在郊区地价较低的区域重新集聚，空间趋于"破碎化"（fragment）。许多学者发现，北美、欧洲和日本等发达国家城市和地区的空间不断变化，单核心结构已无法描述其空间格局，西方的城市学者便将其注意力转移到都市区内部各种城市要素分布的多中心结构及其随时间的变化上来。发展至今，多中心结构的城市在西方已屡见不鲜，彼得·霍尔（Hall，1997）认为目前所有的后工业城市都是多中心的，其特点就是居住区位的扩散格局和就业及服务业分布的多中心状态。

在研究方法方面，从20世纪90年代早期开始，欧美的学者以定义城市功能要素的空间格局和解释其形成机制为目的，尝试使用各种方法研究城市空间结构的多中心演化。可以将已有的实证研究归纳为4个方面：①构建多中心数学模型及其实证检验；②利用就业密度函数来判别多中心空间形态；③利用产业空间格局来解析次中心对其附近的人口密度、土地价值、住房价格和就业密度等产生的影响；④从人口变化、城市用地形态演化、房地产市场等角度探讨城市发展的多中心特征（吴一洲 等，2016）。

现代城市规划诞生以来，产生了大量理论以指导城市"多中心"结构的优化。面对大城市问题，霍华德1898年提出了"田园城市"的多中心新城体系、沙里宁1942年提出了"有机疏散"的多组团分散发展理论。20世纪后期，针对大城市的无节制蔓延，西方规划界提出了"新城市主义"、"紧凑城市"、"精明增长"、"多中心网络结构"等类似多中心分散化的局部集中发展思路。在多中心空间规划评价方面，可达性、公平性、选择性、多样性、土地利用密度的合理分布等多个指标，逐渐成为衡量的重要因素（Boarnet et al.，2001）。

可见，国外由于发展阶段的关系，关于多中心城市的研究由来已久且较为深入，而在国内近二十多年来，通过对发达城市化国家的成果引介，多中心城市的相关实证研究也不断涌现，但相较于国外研究仍较为薄弱。如城市人口空间分布形态（曹广忠 等，1998；冯健 等，2003；蒋丽 等，2009）、土地利用结构与城市形态（崔功豪 等，1990；姚士谋 等，2001；刘盛和 等，2000；张京祥 等，2002；何春阳 等，2003；韦亚平 等，2006a；熊国平，2006；石忆邵，2010；杨俊宴 等，2012）、大城市产业空间格局的变化（仵宗卿 等，2000；许学强 等，2002；管驰明 等，2003；李王鸣 等，2003；吴志强 等，2006；方远平 等，2008a；甄峰 等，2008；赵群毅 等，2007）、城市社会空间结构的变化（李云 等，2005；李志刚 等，2007；冯健 等，2008）等。

2.2.2　多中心城市演化的理论推导

　　多中心城市理论从单中心城市经济理论的不断扩展和演化而来。起初是单中心城市经济理论：Thunen的经典土地利用模型，从成本最小化的假设出发，推导出了土地利用的同心圆结构；Alonso则结合土地市场均衡分析，将其引入到城市地租和地用的区位研究中，提出了单中心的竞标地租模型。之后，出现了多中心城市经济理论：Henderson提出在厂商集聚经济、就业与居住中心集聚不经济、居住与交通成本约束的驱动下，城市发展将会趋向多中心；藤田昌久等改进了传统经济学中的单中心城市模型，推导了新的"内生式中心"的城市土地利用模型。当离心力（集聚成本）较向心力（集聚收益）不断增长并超过一定限度时，多中心的空间格局取代单中心集聚模式，且人口的增长也会产生相类似的结果（王旭辉 等，2011）；克鲁格曼（Paul Krugman）在"跑道经济体系"假设下，基于规模报酬递增和循环积累因果机制，采用"收入方程→名义工资方程价格方程→真实工资方程→区位的市场潜能→区位合意度→演化规则→选择过程（正负溢出作用）→多中心城市结构"的分析逻辑，建立起了多中心城市空间结构自组织演化模型，他认为城市发展将从"自下而上"的离散非线性形态，演变成宏观上"有序"的多中心城市空间结构，衍生出副中心城市或卫星城市（黄泽民，2005）。

　　在多中心城市演化机制方面，除了上述集聚经济、报酬递增和区位均衡外，蒂布特选择模型（Tiebout Model）和政府政策变量作用也得到了关注，认为居住区位和企业选址的"迁移"，会优先考虑到相对同质的区位"集聚"（居民为社会属性趋同，企业为产业联系），并逐步形成存在不同公共品效率的多中心城市空间结构（吴一洲 等，2016）。

2.3　多中心城市的概念与内涵

　　根据尺度的不同，可将多中心城市的相关概念划分为两个层次：第一个是区域尺度的多中心城市区域（Polycentric City Region，PCR），如长三角区域正在形成苏锡常、杭绍甬、宁镇扬、江苏沿海等以不同城市为地域中心的多中心城市区域；第二个是城市尺度的内部多中心城市结构（Polycentric City，PC），如上海中心城市或杭州中心城市范围。前者，主要指已有研究中的多核心大都市地区（Polynucleated Metropolitan Regions）、多中心大都市（Polycentric Metropolis）、多中心城市区域（Polycentric Urban Regions,PUR）、全球城市区域（Global City-regions）、多中心巨型城市区域（Polycentric Mega-City Regions）等概念，是区域层面的城镇群或城市群研究尺度。Taylor等在宏观层面通过对英国高级生产服务公司的空间分布的模糊聚类分析和连锁网络分析模型，总结了英国和伦敦两个尺度的多中心城市区域发展趋势。而本书的研究对象主要指后者，即单个城市或大都市内部的多中心结构。

　　多中心城市结构，或称城市多核心空间结构，对城市内部而言，它是指在多个不同等级的城市中心主导下，城市人口和经济活动的群簇分布格局（urban pattern of clustering），人口增长与迁移、家庭户类型的变化、郊区化进程、经济活动的分散化以及经济结构的变迁等，都与多中心城市结构的发展演化有着密切关系（Kloosterman et al.，2001）。在西方学者的研究中，"边缘城市"（edge cities）（Garreau，1991）、"郊区磁力中心"（magnet areas）（Stanback，1991）、"郊区闹市区"（suburban downtowns）（Hartshorn et al.，1989）、"郊区次级就业中心"（suburban subcenters of employment）（McDonald，1987）等概念不断兴起，在这种"新郊区化"（new suburbanization）的分散过程中，充分体现了大都市区空间形态多中心化和经济形态一体化并行的发展趋势（Coffey et al.，2001）。

虽然多中心城市（PC）和多中心城市区域（PUR）是不同尺度的城市现象，但其内在发展特征有着共通之处，国外学者对多中心城市区域的理解多是从空间组织角度进行的，重点强调功能上的相互联系（Ipenburg et al.，2001；Kloosterman et al.，2001）。Parr（2004）认为多中心城市是一群离散的规模相近的居住地，被开放空间所隔离，具有超过平均水平的相互作用，并且每个都有专业化的经济结构。Champion（2001）在此概念上附加了居住地之间存在的相互作用特征。而Spiekermann等人（2004）则提出了基于居住地规模的多中心等级分布位序（rank-size distribution）。

借鉴国外对于多中心城市概念的讨论和Bourne（1982）对城市空间结构的研究，本书认为多中心城市可以定义为在特定的城市经济功能区域内，具有两个或两个以上要素集聚中心，且各中心之间构成分工协作的功能体系、等级均衡的开发规模和联系密切的有机整体等基本特征，并具有空间和经济一体化的演进态势。而多中心城市空间结构的内涵可以从3个方面进行定义：第一，是由城市内部各要素（fixed elements）的空间分布格局形成的城市形态（urban form），比如人口分布密度、就业岗位分布密度、企业（或产业）分布密度和土地利用类型分布形态等物质型要素的多中心特征；第二，是不同中心和区域之间的相互作用（urban interaction），比如指居民通勤、企业生产网络以及通信信息等"流"型要素在不同城市中心和区域之间的流动特征，如通勤交通流、网络信息流和生产关联等；第三，是城市形态和功能联系的动态变化特征，即前两者之间的组织和演化规律。因此，多中心城市的完整内涵应同时包括"具有外在静态的多中心格局"、"内在的多中心互动关系特征"与"符合多中心动态演化规律"，只有静态的多中心，没有中心间动态互动的联系，只能称作城市/城镇聚落，而不能称之为多中心城市，同时，在"城市主中心—副中心—地区级中心—片区级中心—邻里中心"的空间层级结构下，还隐含着水平分工和垂直分工相结合的专业化功能体系（吴一洲 等，2016）。

2.4　多中心城市的基本特征

2.4.1　多中心城市的空间形态特征

多中心城市最为直观的表象便是空间形态的多中心，区别于单中心城市，多中心城市呈现多个集聚"区块"的形态特征，这里的"区块"是一个多义和广义概念，可以是城市建成区用地的多个组团，可以是多个人口密度的峰值区域，可以是多个就业密度的峰值区域，也可以是产业高密度集中区域。根据多中心所指概念的不同，许多学者也提出了不同的定量测度方法：

用地分布的多中心特征研究方面：杨俊宴等（2011a）以广州为例，根据墨菲指数、地价、功能和交通网络等因子，划出了广州城市各级中心的用地边界范围。Bertaud（2004）采用建成区平均密度（人口密度）、密度剖面的梯度（显著的波峰便是中心所在区域）和日常出行模式来反映城市空间形态的多中心程度。韦亚平和赵民（2006a）进一步提出了以绩效密度、绩效舒展度、绩效人口梯度以及绩效OD比来测度多中心城市空间结构的方法。冯健（2002）通过对杭州工业用地的变化分析，识别了杭州在工业郊区化进程中形成的多个外围工业中心。

人口和就业密度的多中心研究方面：Giuliano等人（1991）采用计算就业人口或就业密度的方法，将每个超过一定门槛值的地理单元定义为城市中心。Cervero等人（1997）利用就业分布密度，鉴别了旧金山地区的22个就业中心区。Wang和Meng（1999）提出沈阳的城市人口向外扩散导致郊区化和多中心城市形成的主要原因；冯健和周一星（2003）通过人口密度变化的计算，分析了北京的多中心郊区化现象。孙斌栋等人（2010）采用分街道的居住人口密度和就业岗位密度及其演变，对上海的多中心城市结构进行测度，显示出明显的单中心蔓延趋势，而基于居住和就业功能的多中心结构尚未形成。Wu（1999a；1999b）通过就业密度的分析，得出广州是由就业次中心、多核心和多圈层组成的多中心城市；韦亚平等人（2006b）通过分析广州1990—2000年人口密度的变换与城市土地开发利用的关系，进一步提出广州是一个"极不均衡式的多中心网络结构"，大量的通勤集中在中心城区的外围与核心区之间，以及外围产业区与中心城区之间，土地空间与交通基础设施方面结构性低效。

业态分布的多中心特征研究方面：O'hllallacháin等人（2007）通过对美国菲尼克斯（Phoenix）城市生产性服务业公司的圈层分布区位的研究，分析了部分服务业的郊区化现象，并提出了次级CBD的发展趋势。吴一洲等（2009b，2010d）通过计算写字楼服务业的莫兰指数，识别了杭州城市生产性服务业的集聚中心，认为杭州城市内部已经出现了专业化中心的发展趋势。

2.4.2　多中心城市的规模等级特征

城市中心的规模也呈现等级序列的特征，体现出类似于城镇等级的幂次分布特征。由于受集聚不经济、交通成本和交易效率等影响，每个城市中心都会有不同的功能类型和辐射范围，也即为城市居民和企业提供的特定服务的总量，维持在一个经济的空间尺度和服务规模上，超量的需求和服务供给将会由其他更有区位优势的中心承担。多中心有利于社会公正，减少通勤量，避免过度集聚带来的消极影响（昆斯曼，2008）。多中心城市的等级特征存在于两个方面，一是主次中心提供的服务水平有明显的高低端分布，二是结构等级差异还体现在中心空间规模的等级化。

在规模等级的测度方面，主要包括人口容量的规模等级、用地面积的规模等级和业态容量的规模等级。克里斯泰勒的中心地理论最早定义了区域层面的中心规模等级特征，根据城镇或城市向周边乡村地区提供零售服务的能力，提出7层级的城市等级体系（Christaller，1966；Dickinson，1967）。杨俊宴等人（2011a）以广州为例，以各级中心区的用地和建筑面积作为规模变量，计算了广州多中心城市的首位度，认为广州主次中心之间的规模等级关系不明显。吴一洲（2011a）以杭州为例采用服务业用地面积和建筑面积测度了杭州中心体系规模等级特征，显示出杭州的主中心和外围次中心的规模等级过于悬殊，存在中心区过度拥挤和外围区域发育滞后的现象。

2.4.3　多中心城市的功能体系特征

城市中心功能的郊区化趋势已经十分明显。多中心城市的形成本质上是城市功能"集中式的分散"过程，在广阔的城市区域尺度上扩散，同时又在特殊节点上重新集聚。在这个多中心结构中，随着越来越多的专业化功能出现，传统的城市中心重要性下降，从单一集聚点逐渐变成更广泛地域中劳动分工的一部分（霍尔 等，2008）。

伴随着功能郊区化"次中心"的发展，城市中心体系的专业化也愈发显著。在城市层面，西方的办公区位论认为就业次中心不仅在地价方面占有优势，还可能减少交换时间的消耗，也能促进次中心人口密度和房地产价格的增长（McMillen et al.，2003）。芝加哥的20个就业次中心按功能体系可分成六类：老卫星城市、老工业郊区、第二次世界大战后的工业郊区、新的工业零售郊区、边缘城市和服务和零售中心（McMillen et al.，1998）。以广州为例研究发现，"就业次中心"和"多中心城市"已出现在中国大城市，与西方不同，其形成来源于第二产业（蒋丽 等，2009）。

多中心城市的功能体系的效应取决于中心之间的功能联系紧密度和互补关系。在多中心城市区域（PUR）层面，多中心城市网络往往与协同配合相联系。前提是各个城市合作互补、功能协同，使整体大于部分之和。功能上的多中心则强调信息流动和公司组织的多中心性，多中心城市网络概念的意义在于不同城市拥有专门化、互补功能，一般出现在经济高度一体化的城市区域（罗震东 等，2008）。

2.4.4　多中心城市的"互动流"特征

城市中心体系具有空间分散、功能集中的特征。各级中心以交通流、信息流和资金流等方式实现互动与联系。"多中心"是建立在各种独立城市元素的"流动空间"基础上，其内在联系更加紧密。戈登等人（Gorden et al.，1996）对洛杉矶1970年、1980年、1990年3个阶段的就业密度和通勤距离进行了研究，发现通勤距离的增加速度比就业密度的增加速度更快，因此定义洛杉矶的发展为"蔓延"，而非"多中心都市"。多中心和单中心城市区域的根本区别在于城市区域的各个中心之间的联系是否多向且均衡（罗震东 等，2008）。

研究表明，目前多中心城市的联系强度仍以中心间的交通流为主。20世纪50年代开始，发达国家城市人口分布和企业选址开始分散化发展，空间结构趋向多中心化。而随着各个中心之间的联系增强，原本在中心区集聚的交通量开始扩散，日常通勤模式由放射型向切线型转变（孙斌栋 等，2008）。

城市的多中心化更加提升了个体的私人机动出行率。Schwanen等人（2001）将荷兰多中心城市区域内的日常通勤交通分为四类：向心型（central）、离心型（de-central）、交叉型（cross-commuting）和潮汐型（exchange-commuting）。交叉型出行距离相对较短，而潮汐型通勤系统由于居住、就业的空间分离需要更长的通勤距离。分散化使荷兰的小汽车使用率提高，而公共交通和非机动交通出行方式比例下降。Cervero和Landis（1991）在对旧金山湾区就业中心分散化的研究中发现，居住在市区的居民通勤距离明显增加，而迁往郊区的居民通勤距离也比之前有所延长。首尔大都市区新城盆堂（Bundang）建设后，新城居民的平均通勤时间增加了12%～70%不等，新城居民的平均通勤距离为18.2km，远高于老城居民的11.6km。外围中心对老城存在高度依赖性，因而反倒延长了通勤距离（孙斌栋 等，2008）。

但多中心的空间结构有利于缩短通勤总量（Giuliano et al.，1993）。戈登等人根据区位再选择假设（Co-location hypothesis）认为，居住和就业在周期性地调整区位以实现通勤流在更大区域中的分散和平衡，以减少通勤距离和时间。

2.4.5　多中心城市的区域协同特征

多中心城市常常与协同配合、合力发展的概念相联系，这种联系存在于包括多中心城市区域（PUR）和多中心城市（PC）在内的各个空间尺度，多中心城市区域以协同的方式达到整体大于部分之和。协同配合需要区域的组织能力、相关的合作精神以及互补性作为支持。由于城市区域的功能上和行政管辖的空间范围通常是不一致的，因此，多中心城市之间的功能体系作用的发挥受到区域体制机制特征的明显影响。迈耶尔什（Meijers，2005）将协同配合的方式分为两种，一种为合作型（Co-operation）的水平协同（Horizontal Synergy），一种为互补型（Complementarity）的垂直协同（Vertical Synergy），且在荷兰的兰斯塔德地区（Randstad region）的实证研究中，证明水平协同的作用明显强于垂直协同的作用（纳普等，2008）。在我国，跨界治理正日益成为影响城市区域协调发展的主要因素，由于中国垂直型的管理方式十分明显，因而垂直型协同程度比水平型协同程度要高，由于规制的不健全以及缺乏相应的财政调控体系的约束，中国的地方政府是一种非理性的发展型地方政府，如长三角内很多城市出于自身利益，导致城市之间出现消极竞争和无序发展（张京祥 等，2008），以至于水平分工的效益难以充分发挥。因此，当前的利益冲突格局赋予新时期中国多中心城市与区域发展的核心任务是做好区域发展的综合协调。

欧洲经验表明，多中心的实现需要国家对市场进行大规模的长期干预。将郊区纳入中心城市的政策范围内，经济上往往是中心城市，而不是郊区获益。因此，将公共基础设施、支柱项目分散在区域中的城市或小城镇，使之发展为独立的、有吸引力的疏解中心。但是，欧洲几乎没有城市是通过在大都市边缘的处女地上建设高容积率的卫星城来实现多中心，巴黎和罗马只是两个特例（昆斯曼，2008）。

2.4.6　多中心城市的演化过程特征

关于多中心城市的空间演化机制，本书认为可以从两个视角进行理解：宏观视角体现为城市空间结构维度的形态组织结构变化，而微观视角则体现为微观个体社会选择的离散过程。换句话说，可以将多中心城市理解成无数个企业和居民等微观个体对时间成本和空间成本约束下的空间效用进行权衡，并做出离散型的区位决策，而这些巨量的离散型决策最终又

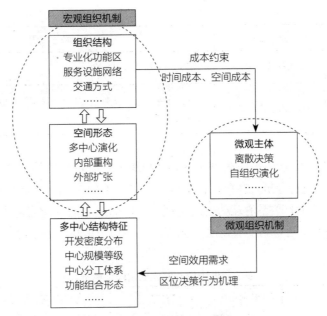

图2-1　多中心城市形成机制示意

图片来源：吴一洲 等，2014a

形成了多中心的宏观现象。具体机制如图2-1所示。

　　关于多中心城市演化的阶段性特征，国内外学者从不同研究视角对其进行了划分，几乎所有模式都涉及了城市化、郊区化和逆城市化过程，同时在地域上都体现出城市核心区与边缘区的基本空间关系（表2-1）。

国内外学者对城市空间演化阶段的主要划分方式　　　　表2-1

代表性学者	研究视角	演化阶段划分
耶茨 （Yeates，1989）	城镇群地域空间演化	商业城市时期（mercantile city）→传统工业城市时期（classic industrial city）→大城市时期（metropolitan era）→郊区化成长时期（suburban growth）→银河状大城市时期（galactic city）
弗里德曼 （Friedmann，1966）	核心-边缘理论	工业化前分散的城市阶段→工业化初期的城市集聚阶段→工业化成熟阶段→连绵都市区形成阶段
克拉森等人 （Klaassen et al.,1981）	城市人口动态变化	城市化→郊区化→逆城市化→再城市化
胡序威等人（2000）	城镇空间组合形态	城市独立发展阶段→单中心都市圈形成阶段→多中心都市形成阶段→成熟的大都市圈（带）阶段
富田和晓（1988）	离心扩大理论	集心型→集心扩大型→初期离心型→离心型→离心扩大型
川岛	人口空间循环	加速的城市化阶段→减速的城市化阶段→加速的郊区化阶段→减速的郊区化阶段→加速的城市化阶段
小长谷	都市圈生命周期	都心形成阶段→内城（inner city）形成阶段→内郊区形成阶段→外郊区形成阶段→内郊区老化阶段→外郊区老化阶段

代表性学者	研究视角	演化阶段划分
陈小卉（2003）	都市圈成长阶段	雏形期→成长期→成熟期
顾朝林等人（2007）	都市空间成长过程	"核心-放射"状雏形期→"核心-圈层"状成长期→"郊区化"发育期→"网络型"成熟期

多中心城市的演化应从多中心城市区域（PUR）和城市尺度的内部多中心城市结构（PC）两个空间尺度进行分析，在此过程中包含了空间规模的扩张、等级结构的变化、功能体系的专业化，以及中心关系的互动模式这4个关键的动态过程。综合考虑国内外学者的研究，本书将多中心城市的演化过程大致分为以下4个阶段（表2-2、图2-2）：

多中心城市空间演化的阶段性特征　　　　表2-2

阶段划分		第一阶段（离散的城镇独立发展阶段）	第二阶段（松散的多中心城市培育阶段）	第三阶段（极不均衡的多中心城市扩张阶段）	第四阶段（均衡紧凑的多中心网络都市阶段）
中心结构特征	PUR层面	离散、均质	纳入核心腹地，形成区域多中心		网络化中心体系形成
	PC层面	单中心、集中	单中心高度集聚	出现次中心	
功能体系特征	PUR层面	功能简单相似、竞争为主	部分专业化功能	竞争与互补并存	水平分工与垂直分工结合、专业化功能不断创新
	PC层面	商业为主	商业和行政为主	专业化功能区出现	
空间规模特征	PUR层面	规模小、紧凑	规模快速拓展		规模趋于稳定
	PC层面	规模较小	规模急剧增大	规模慢速拓展	规模趋于稳定
中心互动特征	PUR层面	无互动与关联	出现要素流动	要素流动频繁	要素流动高度密集
	PC层面	无次中心		出现次中心	多个专业化复合型中心
制度框架特征	PUR层面	封闭独立		部分统筹协调	协同一致
	PC层面	封闭独立		协调统一	

阶段一：离散的城镇独立发展阶段。

多中心城市区域（PUR）层面：单个城镇群落规模小，结构简单，功能相近；布局规整、紧凑、封闭、均质度高；群落之间通联不便，结构趋同，以竞争为主。

多中心城市（PC）层面：核心城市集中式、单中心结构，城市中心主要功能为商业。

阶段二：松散的多中心城市培育阶段。

多中心城市区域（PUR）层面：各城镇群落快速成长，伴随核心城市的功能辐射，周边地域开始纳入核心城市范围内；核心城市吸引力增大，与周边腹地之间联系逐步趋于密切，要素流动重组；竞争格局转向竞争与互补同时存在的新型内在关系。

多中心城市（PC）层面：核心城市集中式、单中心结构，城市地域范围开始加速扩张。

阶段三：极不均衡的多中心城市扩张阶段。

多中心城市区域（PUR）层面：核心城市与各外围组团之间区域分工和功能结构日趋合理，有更多的互补性区域被纳入到多中心城市区域内来；处于区域经济主流向上的外围城市（城镇）在专业化功能基础上增加了二级服务功能，从而与核心城市形成水平与垂直并存的功能关系，都市区多中心城市区域（PUR）雏形出现；核心城市显示出强大的吸引力，其规模与范围不断扩大，首都度极高。

多中心城市（PC）层面：核心城市中心的不适功能逐步被过滤与外迁，高端服务业开始在不同区位的次中心集聚，现状城市中心体系进行功能置换；同时，核心城市的中心功能不断裂变延伸出新的专业化功能中心，城市中心体系结构调整，形成以专业化水平分工为主的多中心城市（PC）。

阶段四：均衡紧凑的多中心网络都市阶段。

多中心城市区域（PUR）层面：外围中心随着分工的深化，形成若干个专业化（主导产业）复合型（基础服务功能）中心，大都市区PUR网络体系发展趋于成熟稳定；外围城市次中心借助核心城市具有的创新能力和创新潜力，实现技术创新、产业创新和制度创新，其空间结构和功能形态进一步提升，发展趋于一体化和运行质态不断提升；该阶段外围中心除与核心城市互动外，通过网络化的基础设施和功能架构，外围中心之间的分工联系日益增强；借助统一性的工具和载体，区域资源和要素实现更高效的配置，形成完善的运行机制和制度体系。

多中心城市（PC）层面：在结构相对稳定的状态下，都市区不断实现功能创新。

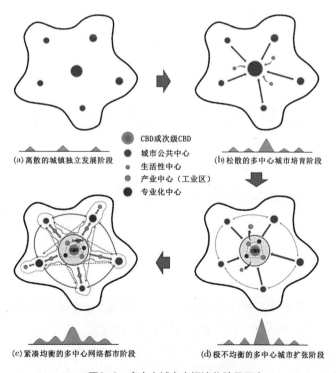

图2-2　多中心城市空间演化阶段示意

图片来源：吴一洲 等，2016

2.5　多中心城市结构的分析框架

　　城市空间演化是一个复杂且动态的过程，本书将城市多中心体系演化看作是由3个动力机制共同作用的结果，包括：城市自身发展的生命周期规律、区域空间发展到一定程度的一体化整合需求，以及政府在不同阶段对空间资源配置的规划建设引导。而纵观国内外大都市的空间演化历程，无不体现出"单中心集聚→单个城市的多中心分化→多个多中心城市的区域一体化"的基本规律。在三大动力机制的作用过程中，城市内外部的空间联系效率和制度交易效率则起到了加速和延缓多中心演化进程的作用，只有建立多中心之间的高效空间联系，以及资源配置和引导中的区域协调框架，降低都市区内部的空间联系成本和制度摩擦成本，才能有效促进多中心体系的加快形成与可持续发展（图2-3）。

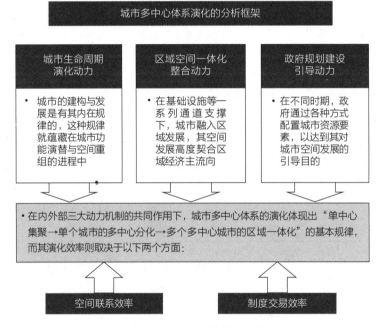

图2-3　多中心城市研究分析框架

2.6　多中心城市理论研究的启示

　　目前，国内都市区演化主要表现为两方面的变化（吴一洲 等，2009a；2010a）：一是内部功能的整合提升，二是外部功能空间的扩张。在此空间演化过程中，重点要关注以下关键问题：

　　（1）重视中心之间的联系：多中心城市内外部的功能联系变化是其演化的关键机制，除了主中心与次中心的功能联系外，还应重视次中心之间的联系。

　　（2）分析中心体系演化的过程：城市多中心结构的增长，可以从城市不同中心用地功能的数量、性质及区位变化等方面进行剖析，特别是对于交通空间组织影响的动态分析。

　　（3）点轴体系是最基本的空间组织形式：依托区域经济主流向的多中心发展是线形城市

可持续的进化模式；城市的发展高度依赖快速公共汽车（或轨道）线路，以加强各外围中心间的联系。

（4）城市多中心体系有四大典型特点：功能的整体性、规模的等级性、分工的差异性和集聚的非均衡性。

（5）中心的发育符合门槛规律：副中心除专业化功能外，叠加的中心定位要求其用地规模和服务规模达到一定门槛数量，才能形成其应有的集聚作用。

（6）政府的科学引导十分关键：城市的多中心演化是其自组织发展的客观结果，主次中心之间，主中心内部都体现出显著的阶段性特征，而政府的科学引导则有助于加速其演化进程，促进早日形成成熟的多中心网络化都市空间形态。

另外一个重要方面，控制引导"多中心"式的宏观城市空间结构成为目前几乎所有大城市空间规划的主要思路，但真正有效的空间结构控制实践却还是十分缺乏（吴一洲 等，2013）。基于国外研究趋势和国内实践教训，本书认为基于微观主体的社会选择与行为偏好研究在空间规划制定和实施过程中十分重要，因为规划的实施过程正是一个社会选择和群体决策的过程，这是规划实施绩效的本质与关键所在。一方面，强调个体的空间参与和重视个体对城市空间的意义正符合当前的时代背景（张庭伟，1999；石楠，2004），关注企业主体与普通居民对空间的需求，实际上是想做到"以人为本"。另一方面，当前规划编制中的公众意愿体现不足，即没有真正从微观主体角度进行研究，主要原因是失去了"计划"依据的城市规划被界定为一个"技术"问题，认为可以通过科学理性的途径来满足空间发展要求，从而忽视了空间增长与控制过程中的社会选择问题。

第 **3** 章

国内外多中心城市
发展案例解读

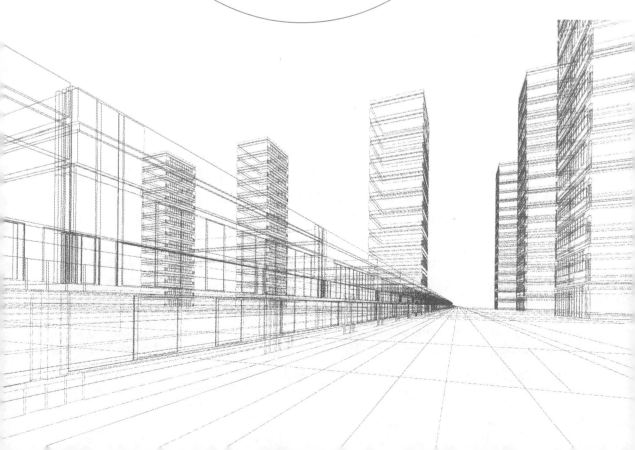

3.1 国际中心城市的多中心结构演化分析

3.1.1 伦敦——产业升级和环境压力驱动的多中心都市区

1. 多中心的网络都市圈雏形期

在19世纪前中叶及19世纪之前，伦敦都市圈开始形成，在空间上表现为核心-放射的形态特征。城市尚不具备圈层扩展的能力而呈现轴线拓展的形态，都市圈未表现出明显的圈层结构。1770—1840年的70年间，工业革命解放生产力，生产关系和生产方式发生结构性变化，大规模工厂化的生产模式诞生（陈磊，2011）。工业化发展成为城镇群空间结构演化的主要动力，按生产要素接近的城镇形成组合联系（张京祥 等，2001）。城市人口也急剧增长，从1800年至1850年，伦敦人口增长了两倍（1800年86万，1850年232万，1875年424万）。伦敦开始成为世界性的大都市。英国强大的工业基础促进了贸易的发展，同时也刺激了航运业、金融保险业的发展（宁越敏，1994）。英国成为世界上最强大的工业国、国际贸易中心和国际金融中心。在交通上，交通工具从马车转变为有轨电车，由此逐渐产生"卧城"，形成都市圈的雏形（薛俊菲 等，2006）。

2. 多中心的网络都市圈成长期——"核心-圈层"式结构的形成

19世纪中叶至20世纪初，伦敦工业化水平不断提升。在工业大生产组织影响下，伦敦城镇等级体系重构，大城市逐渐形成并成为区域的主导角色。放射型的大容量交通系统形成，城市从向心集聚转为放射性扩展，出现产业和人口的郊区化转移，并形成有特殊经济地理意义的活动中心，都市圈进入成长期（张京祥 等，2001）。

另一方面，第二次科技革命推动生产技术电气化、自动化并改变了人们的生活方式。伦敦的产业结构从轻纺工业为主转向重工业为主，重工业为伦敦的快速发展奠定了坚实的技术基础（陈磊，2011）。城市人口随产业集聚，人口快速增长和扩容，使得伦敦城市人口非常拥挤，因此城市人口开始向郊区转移，并在19世纪出现中产阶级和工人阶级向城市外围迁移的浪潮。

3. 都市圈进入全面发育时期——单中心同心圆封闭式系统形成

20世纪初至20世纪40年代末，伦敦出现郊区化和城市蔓延现象，人口和工作岗位向郊区迁移。特别是第二次世界大战后，由于郊区的生态和经济等价值被重新认识，且交通、通信等技术的发展和快速交通基础设施的建设，郊区化发展趋势日益明显。重工业企业和制造业企业由于置业成本原因，不断向郊区迁移，并在外围形成产业集聚区，吸引劳动力向郊区转移。由此导致伦敦中心城区人口的快速下降，以及郊区副都心的逐渐强大和新圈层的形成，且出现多个生长点和生长轴。此阶段，都市圈进入全面发育时期，空间上以圈层扩展为主，中心城市发展结构和功能重组，且城镇群体空间一体化趋势加强（薛俊菲 等，2006；肖金成 等，2013）。

1942年，大伦敦规划将距离中心半径约48km的范围划分为4个圈层，即内圈、近郊圈、绿带圈、外圈。其规划结构为单中心同心圆封闭式系统，其交通为放射路和同心环路直交的方式进行组织。20世纪60年代中期编制的大伦敦规划中提出建立三条快速交通干线并在末端建设三座具有"反磁力吸引"的城市，试图让城市沿三条快速交通干线发展发展并形成三条长廊地带，以促使更大范围内人口、经济合理布局和发展（谢鹏飞，2010）。虽然规划旨在解决伦敦中心市区人口过于密集，以实现周围地区经济、人口和城市的合理均衡发展，但是实施效果并不理想。外围新城功能不尽完善，与中心距离太远，吸引到的人口大多来自外地，对伦敦人口的疏散效果不明显。

4．多中心的网络都市圈成熟期——"中心-边缘"模式形成

20世纪70年代到21世纪初期，以高速路网和放射型轨道交通为发展框架，整个大伦敦地区的城市结构形成由里到外的"中心-边缘"模式的"星云状都市"群体空间。在空间结构上，伦敦都市圈仍可以看作是4个圈层的结构。从中心到外围分别是：中心城区，占地310 km^2 的内伦敦，包括金融城和内城的12个区；第二圈层为占地1580km^2的伦敦市，即包括内伦敦和外伦敦的大伦敦地区；第三圈层是伦敦大都市区，属于伦敦都市圈的内圈，占地11427km^2，包括伦敦市及周边的11个郡；最外圈层即伦敦大都市圈的外圈，包括上述相邻大都市在内的大都市圈（张强，2009）。

城市产业方面，金融和商务服务业在伦敦的产业结构中占有绝对优势，两者产值之和超过经济总产值的40%，且商务服务业吸纳就业人口占所有产业的23.6%，是吸纳就业人口最多的产业（张强，2009）。人口分布方面，早期伦敦新城人口数量约为10万人，20世纪70年代中后期平均在25万人左右，20世纪90年代后，新城规模的扩大及内城资源的约束，人口和产业向周边地区转移，从而导致内城人口的减少。

5．多中心网络化的空间结构的形成

到了21世纪，伦敦周边的中小城市受到伦敦强大的创新能力的带动而取得产业结构的不断升级，从而共同发展成为世界领先的伦敦都市圈。伦敦为保持世界第一等级城市和全球市场中的支配地位，开始一轮以"发展和增长"为核心思想的规划，而商务活动的多元化是经济活力的关键（维恩，2012）。而文化与创意产业也是伦敦的支柱性产业，仅次于金融业。伴随第三产业远距离通勤现象，出现新城的"卧城化"以及中心城交通压力增大，也导致了东西部地区空间利用失衡，东部贫穷、失业、住房条件极差等问题突出，西部地区则存在地价昂贵、工人短缺等问题。

3.1.2　巴黎——带状多中心城市的演化

20世纪初，工业革命和小汽车推动巴黎城市扩展的同时，也带来了严重的交通堵塞、生态污染和城市无序蔓延等问题。自20世纪以来，巴黎一共经历了六轮主要的空间发展规划。

1．1934年PROST规划：单中心内部优化时期

1932—1935年提出限制巴黎无限蔓延和美化城市的设想，制定了第一个规划——PROST规划，该规划意为限制城市建设用地的无限蔓延，并从区域视角进行城市存量用地的更新。以巴黎圣母院为中心，半径35km的范围为巴黎地区，对这个范围地区的道路结构、绿色空间保护和城市建设范围方面进行了详细规定（曾刚 等，2004）。

2．1956年PARP规划：多中心布局引导时期

第二次世界大战后10年经济复苏期，法国人口和经济分布不平衡。为了减轻城市发展引

发的一系列问题，政府制定新的经济规划，如限制巴黎地区人口增长，划定城市建设区边界以限制巴黎地区的继续扩张，同时致力于将巴黎中心区人口迁移到郊区，从而促进区域均衡发展，使全国的经济均衡发展。具体措施如下：①迁移不适宜在中心区发展的工业企业和中心集聚人口；②在郊区建设相对独立的、配备服务设施和就业岗位的大型居住区；③在集聚区边缘建设具有良好配套设施的卫星城，卫星城与中心区之间用大片农业用地隔开并通过公路和铁路相连接，共建设8个平衡性大都市地区，以与首都巴黎地区相平衡（曾刚 等，2004）。

3. 1960年PADOG规划：核心区疏散与外围新核布点时期

1958年建设"优先城市发展区"的决策使城市集聚区的蔓延更加严重。因此1960年PADOG规划旨在划定城市建设区边界以限制城市蔓延，从而促进区域整体均衡发展。此次规划将发展重点从空间扩展转向建成区内部的调整：①将部分企业从中心区向郊区疏散，鼓励其在郊区扩大规模或转产；②在城市外围规划发展新集核以促进郊区的新发展，以及发展周边的城市来提高农村活力（刘健，2002）。

4. 1965年SDAURP规划：核心区优化与外围新城轴带布局时期

第二次世界大战之后，法国人口和经济快速增长，战后重建成为发展重点。但这个时期的巴黎发展，尤其是巴黎塞纳区外的区域发展失去控制，整个地区的发展也缺乏系统性，建设主要集中在巴黎周边10~15km的范围（曲凌雁，2000），这导致了人口增长带来的住房危机、交通设施落后、缺乏公共设施等问题。

之前的历次区域规划重视城市发展的质量而忽视其数量需求，1965年的SDAURP规划则兼顾城市发展的质量和数量需求，即一方面对城市集聚区进行调整和完善，另一方面在外围地区为城市的新发展提供空间（刘健，2002）。规划主要思路包括：①通过住房政策实现城市中心区人口的疏解，改造中心区以提高生活品质；②城市近郊区为多中心结构，强调居住与就业的平衡，以及交通设施等相关城市公共设施建设的协调配套；③在城市主要发展轴和交通轴上新建卫星城；④建设区域性的、可达性极高的交通运输系统；⑤合理利用资源、保护环境，规划保留塞纳河谷地较高的地带作为休憩区。塞纳、马恩和瓦兹河谷规划了两条发展轴和轴上的8座新城，两条轴线分别与建成区的南北两侧相切，将巴黎、巴黎大区与巴黎盆地、西欧、法国的重要经济城市联系起来。由于规划者对发展预测的偏差，8座新城中最终只建成5座（刘健，2002）。

5. 1976年SDAURIF规划：带状多中心引导时期

20世纪60年代后期，生态问题逐渐凸显，人口和经济增长趋缓，1969年巴黎地区政府决定将SDAURP规划中的8座新城减少到5座，每座新城的人口从30万~100万减少为20万~30万，并强调城市扩展、内部优化、空间重组和保护自然并重。规划主要思路包括：①以德方斯带动郊区发展，远郊区大力发展新城，城市沿轴线呈带状、多中心发展。②城市发展遵循综合性和多样化原则；③"乡村边界"的划定限制城市蔓延；④环形放射式道路网为多中心区域提供便利的联系，加强新城与中心区及近郊发展极核的联系（刘健，2002）。

6. 1994年SDRIF规划（巴黎大区战略规划）：多中心均衡发展时期（图3-1）

进入20世纪80年代，全球经济结构调整，经济一体化进程加快的同时也加剧了全球竞争。另一方面，全球对环境问题的认识更加深刻，欧盟也在紧张地建立中。随着地区社会结

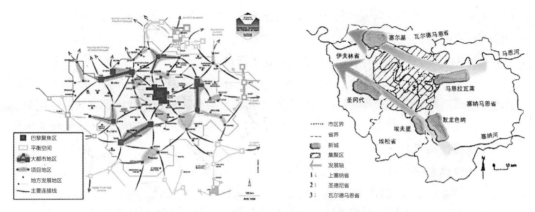

图3-1 巴黎大区战略规划结构示意
图片来源：曾刚 等，2004

构调整深化，巴黎地区开始在经济、社会、人口等方面出现不平衡现象，尤其是巴黎城市中心区和边缘地带的差距尤甚（曾刚 等，2004）。

规划思路主要包括以下四方面：①确定土地保护利用三项原则，保护巴黎大区自然和人文环境相平衡；优先发展住房和就业容量大的建设项目；预留交通、公共活动、商业休闲等功能的建设用地。②打破行政边界，整合巴黎地区甚至整个国家的力量，加强城市间的联系，共同参与对外竞争。发挥各地区的优势，合理分配人员和产业，实现优势互补、均衡发展。③重视人文因素整合、自然空间保护和交通设施建设等方面的综合影响及平衡发展，同时提出要保持城市的多元化，视其为城市竞争力的重要因素。④建设"多中心的巴黎地区"，加强不同层级的城市在规模、功能和区位上的相互合作（曾刚 等，2004）。

3.1.3 东京——多中心都市圈功能分工体系演化

1. 早期单中心城市发展阶段

在江户时代（1603—1868年），东京还处在一个以农业、农村为主的阶段。以农村人口为主，城市人口不到总人口的18%。城市也很小，只有3.5～4km直径范围。日本工业革命后进入资本经济发展初期，东京工业迅速发展，同时铁道和地下铁开始逐步建设。中心主要内容为商品零售业，集中了占总数80%以上的商店，1813年前后，在外围其他地段也出现了一些商业集聚地区。1868年实行了明治维新，大力推进东京城市化发展，但是在发展初期对东京城市空间结构没有过多的规划。

2. 初现多中心趋势阶段：周边卫星城镇发育

19世纪末到20世纪30年代，东京都人口开始集中，建成区规模进一步扩大。第一次世界大战期间快速工业化，电车和铁路事业发展迅速加快，工业发展更为迅速，城市中心商业、零售业加快发展。1910年左右，东京都建成三越、高岛屋等最早的大型百货商场，形成银座等多个重要的商业中心地（胡宝哲，1994）。1914年，建成区范围直径达12～14km直径；山手环线各站点区域因交通方式的转变，逐渐发展成为东京副中心。而随着众多郊区的私人铁路线将终点站延伸到山手线的各站点，农村地区的卫星城镇也得到很大发展。此外，1923年的关东大地震使城区严重受损，大量人口迁往郊区，城市迅速扩张，人口达到330万，大量人口流入东京周围农村地区卫星城镇（虞震，2007）。

3. 多中心都市外部扩张阶段：卫星城镇初步形成

第二次世界大战前后（20世纪30—50年代），关东地区采用当时欧洲流行的城市规划模式，即中心城区外环绕一圈绿带，绿带外环绕卫星城，各地区依赖环状和辐射状的铁路系统联系。20世纪30年代，距离东京中心30km范围内的铁路沿线建立起较多郊区城镇和大学校园小镇（虞震，2007）。

第二次世界大战期间，"军事工业化"曾使日本的重化工业工业化率高达63.2%，战败投降后，日本经济陷入极端困难的境地。战后，日本实施了贸易发展战略，产业与全球市场的关联度迅速提高。战后恢复时期劳动密集型产业复兴，生产结构以棉纺织工业为中心；战后初期，日本依靠劳动密集型产业在国际市场分工体系中获得发展优势地位（胡娜，2006）。1930年后，日本都市人口以年均121万人的数量迅速增加，至1940年，全国城镇人口比重已达35%（付恒杰，2003）。

4. 多中心都市规划引导阶段：绿带限制主城，鼓励外围发展

20世纪50—70年代，东京城市化加速，大都市圈近郊受到中心城市用地和功能外延影响，开始了城市化进程。1958年日本制定第一个首都地区总体规划，设立池袋、新宿、涩谷三座副中心城市。距离市中心16km处规划城市绿环以遏制城市的无序蔓延，并在绿环外围新建13座卫星城。但人口增长远超预测，城市绿环被大量住宅区侵占，迫使东京的发展途径转向通过规划和提供交通、公共设施来鼓励成长点。1960年为限制中心区发展，卫星城改为远离都市核心发展。1968年第二次NCRDP取消绿带设计，规定距东京车站方圆50km为郊区发展区域，同时保留北部卫星城（肖亦卓，2003）。

5. 多中心都市专业化成长阶段：副中心专业化分工

作为日本首都，在第二次世界大战后的1950—1990年期间，东京人口从627万增至1170万。第一次石油危机以后，日本进入城市化稳定阶段，城市人口逼近饱和（胡宝哲，1994；付恒杰，2003）。经济进入了稳定的增长期，技术密集型产业崛起。生产性服务业和商业成为支柱产业。电子、航空航天、石油化学工业成为新的主导产业。在此期间完成了由劳动密集型向资本密集型制造业中心的转变。

20世纪70年代到20世纪末，日本都市区鼓励发展副中心和卫星城。但东京中央商务区由于功能过分集中而产生交通、住宅和环境等方面的大城市问题。而城市人口的剧增使上述问题更为严重，人口从大都市区向郊区迁移，农村地区农业人口和非农业人口混居的现象变得日益普遍（虞震，2007）。

在规划上，早在20世纪70年代日本就提出"多极城市结构"的概念。规划始终强调中枢管理功能分散化、城市多中心化，提出在更大范围内建设多中心结构。将大学、大型服务机构和工业向郊区转移，合理设置郊区功能吸引一定人口，在此基础上发展城市副中心。中心应该是功能多样化的、独立的地区综合中心，能够基本满足当地的职住平衡，以减轻对中心区的依赖。副中心的选址一般位于交通节点、有大量可利用土地、发展空间大的地区。东京港滨水区约414km²，划分为7个副中心，设休闲、办公、会展等多个功能（肖亦卓，2003）。

6. 东京都市区成熟阶段：多中心、多极模式发展

《东京1992规划》提出构建"多中心城市"，除多摩地区的业务核城市外，还有神奈川县的川崎市、横滨市，埼玉县的浦和市、大宫市，千叶县的幕张市、千叶市。这些新城主要承担就业、服务功能并共同承担东京都心的发展压力。传统中心区域承担国家政治中心功能和国际金融功能，非核心功能则向副中心转移。距中心10km范围内的包括新宿等7个副中心主要发展信息业、商务办公、娱乐、商业等综合服务功能（图3-2和表3-1）（肖亦卓，2003）。

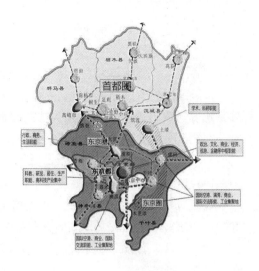

图3-2　东京都市圈职能分工
图片来源：赵萍，2007

东京中心、副中心的主要功能类型　　　　表3-1

名称	中心类别	主要功能类型
中心	主中心	政治经济中心、国际金融中心
新宿	副中心	第一大副中心，带动东京发展的商务办公、娱乐中心
池袋	副中心	第二大副中心，商业购物、娱乐中心
涩谷	副中心	交通枢纽、信息中心、商务办公、文化娱乐中心
上野－浅草	副中心	传统文化旅游中心
大崎	副中心	高新技术研发中心
锦系町－龟户	副中心	商务、文化娱乐中心
滨海副中心	副中心	面向未来的国际文化、技术、信息交流中心

表格来源：肖亦卓，2003

3.2 区域中心城市的多中心结构演化分析

3.2.1 新加坡——交通网络体系支撑的邻里组团

1. 单中心扩张时期：新镇沿交通轴线向外疏散人口

1958—1971年，由于人口迅速增长、建成区盲目扩大、交通拥挤、市中心区衰退等因素，新加坡对全岛用地进行分区，打通了两条平行于海岸的干道，调整了整个路网结构并重新安排用地功能，规划绿色地带和新城镇区域，疏散中心区人口到郊区以满足中心区扩

张的需要。这轮规划中重视疏解中心区人口的思想在以后的历次规划中得到延续（赵莹，2007）。

中心区人口疏解和大范围新镇建设很大程度上影响了新加坡的人口空间分布，人口分布呈现跳跃式的节点分布特征，中心区外围的新城吸纳大量疏散人口，而中心区基本保持外延边界。人口分布重心由码头往东北轴向转移，中心区密度下降，中密度区域规模增加，并在全岛呈廊道式均匀分布。总体上，城市人口的空间分布趋向分散、均衡（赵莹，2007）。

1967年，在联合国专家的协助下，新加坡完成了一个重要的规划项目——"国家和城市规划计划"，提出建立一个高密度网络将包括中心城在内的12个城镇居住区联系起来，将400万人口均匀分布在全岛。新镇分布在中心城东、西和东北3个轴向上，并与中心区保持便捷的联系，整体上形成点轴高密度开发模式（赵莹，2007）。但是，新镇的中心城市承载力还有待进一步提高。

2．多中心形成初期：环状新市镇结构引导的郊区化

1971年，新加坡第一次概念规划提出"环状城市空间结构"，创造性地构想了新加坡未来的城市空间布局结构。规划依托轨道交通布局的高密度城市化走廊建设23个新镇，大部分新镇距市中心约10~15km，每个新镇设置1~2个地铁站以解决人口增长带来的通勤问题（罗海明 等，2011）。将人口通过高密度居住单元进行组织，按照交通组织空间结构，强化中心的功能等级地位，形成有序的城市空间结构（赵莹，2007）。20世纪80年代新加坡人口从中心区不断迁移到外围新镇中，中心区人口从1980年到1990年减少了17%（苏瑞福，2008）。

3．多中心发育阶段：形成"核心-副中心-外围中心"多层级结构

新加坡在1991—2001年间规划重点建设一个具有国际水准的城市中心，以疏解中心、控制过度开发为出发点，鼓励商业活动分散布置在4个区域中心，每个区域中心配置6个副中心和7个外围中心。旧龙东部开发区指导性规划是分散中心区策略的重要部分，区域吸引跨国公司和当地中小企业以打造各类企业合作、交流的集聚区（水亚佑，1994）。

由于整个城市迁入人口持续增加，新镇的人口承载任务艰巨，亟须建设新中心以实现职住平衡，缓解钟摆式通勤交通，同时，疏解非必要的商业活动到新中心来限制中心城的过度开发，为中心区提供新的发展空间（赵莹，2007）。每个区域中心都服务于已建和未建的住区，且拥有各自的特色，区域副中心规模大概是区域中心的1/3。规划在21世纪建成2个科技走廊和18个规模至少为10 hm²的商务园，园区配备必要的基础设施和服务设施，使之成为制造业基地和全方位的商务中心。

4．多中心成熟阶段：中心区内部提升优化与外围战略控制

21世纪，新加坡为应对未来可能达到的550万人口寻找途径。概念规划考虑到填海造地的局限性，提出进一步提高建成区的开发密度以满足发展需求，同时严格控制未来发展用地（赵莹，2007）。至此，新加坡形成了"中心区—副中心—新市镇—邻里中心"多层级网络体系，拥有高密度大容量的交通路网，完善全面的住屋政策，优美宜人的城市环境，优越的地理环境，高度发达的经济水平，成为东南亚的中心、世界著名的花园城市。

在新加坡2008年版总体规划中提出
都市中心体系与轨道交通组织协调发展
（图3-3）。

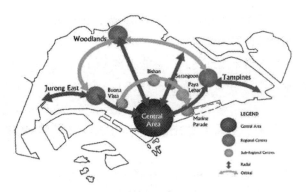

图3-3　新加坡都市中心体系与轨道交通组织
图片来源：新加坡2008年版总体规划

3.2.2　中国香港——城市外围新市镇的发展演化

1．单中心快速疏散期：自我均衡发展的第一代新市镇

20世纪50—70年代，为了解决香港
人口及工业发展的需要，疏解城区人口
压力，促使人口再分配，香港规划建造第一代新市镇。第一代新市镇基本靠填海造地，强调
自给自足、均衡发展的规划理念。第一代新市镇起步早、规模大，从20世纪70年代初发展至
今已经成为全港最大的新市镇。此外，第一代新市镇中，政府主导的人口疏散效果明显，公
共房屋中的居住人口比例多达70%（胡玉姣，2009）。

2．多核都市发育初期：产业转移主导的第二代新市镇

20世纪70年代末到80年代中期，香港为了提供就业岗位，推进乡村城市化进程，越来越
多的新市镇成为城市副中心。预留大量工业制造基地，期望将旧核心市区的制造业等劳动密
集型产业转移到新市镇，并在新市镇大力发展金融、商服业，以达到新市镇的自给自足。第
二代新市镇的规模较小，远期规划也只30万人左右。新市镇开发中，兴建廉租房和必要的公
共设施以吸引居民前往居住（李蓓蓓，1996）。但随着经济转型，一方面制造业减少，而商
业、金融、零售业的就业机会仍集中在老城中心区（蒋达强，2003）。随着新市镇的发展，
职住矛盾更为突出，同时也加重了通勤负担。

新市镇中多为中下阶层的住户，大部分从事制造业。因此，难以吸引高档次的商业进
驻，而本地的消费又向核心区转移。随着中国内地的改革开放，香港制造业加快转移，直接
转到珠江三角洲，不少工业用地一直空置，第三代新市镇已基本不再配置工业用地（蒋达
强，2003）。

3．多核都市成熟初期：产业升级催生的第三代新市镇

20世纪80年代以来，香港存在人口结构的不均衡，居住与就业的矛盾，房屋建设、交通
运输、社区设施、环境卫生等多方面的压力，所以完善城镇体系，配套基础设施，保护自然
资源，改善生活环境成为香港发展的重要任务。

该时期，香港工业发展趋于结构多样化，仍处于亚洲四小龙的行列。而新市镇便宜的土
地价格和充裕的劳动力吸引了不少投资者前往建厂设店，如沙田约50%的工厂来自九龙，荃
湾临海地段相继建成集装箱码头。新市镇的工商业发展很快，在整个香港工商业中占有较大
比重，约在30%以上（李蓓蓓，1996）。新市镇为香港居民提供了外围旅游休憩用地（郊野
公园），这不仅为新市镇带来直接收益，也带动了当地商业、服务业、交通业等的发展。

第三代新市镇比第二代的人口增长快，如将军澳计划将人口从29.5万增至52万。后两代
新市镇的规模较小，公私住宅的居住人口百分比在50%以下（胡玉姣，2009）。在1991年3

月，新市镇人口已达到近240万人，预计未来大部分的香港人口居住迁入目的地会在新界各新市镇，新市镇也将不断发展成熟。但现实情况中，新市镇"自给自足，均衡发展"的目标在当时仍未全部达到，不能满足人们生产活动和社会生活的基本需求，居住人口与就业机会未能达到均衡（李蓓蓓，1996）。

3.2.3　我国大都市区多中心体系构建的借鉴

（1）多中心城市的空间组织结构的阶段性引导，建议按照单中心发展——单中心向外轴线扩展——初期带状多中心形态——后期环状多中心网络化形态的顺序进行，该发展历程符合城市自组织的基本原理，是在不同时期的城市发展资金限制、产业升级迁移、人口梯度扩散等机制共同作用下的综合结果。

（2）依托发达的轨道交通网络，形成"中心区—副中心—新市镇—邻里中心"的多中心等级结构，有助于都市区实现高效沟通、相对均衡发展的目标。

（3）对于外围中心的职住均衡原则，目前在案例城市的发展中仍不是很理想，其原因主要是工作区位与居住区位的匹配涉及太多因素，以至于难以准确把握或缺乏足够强大的政府财政支撑，如居住主体的房价负担水平、外围中心的服务水平、交通体系的可达水平等等，这些因素难以在同一时期进行同步提升。

（4）政府可以通过投资公共服务设施、建设经济保障房等途径，促进外围中心的人口集聚，以加快外围中心发育进程，进而缓解中心区强大的发展压力。

3.3　国内发达城市的多中心结构演化分析

3.3.1　上海——强单中心与弱外围中心结构

1．单中心膨胀发展阶段

1946—1949年爆发的内战使上海出现第三次大规模的移民迁入（乔森，2010），上海人口从330余万人增至540万人。20世纪50年代，经济复苏，人口急剧增长，从1950年492.7万人增至1958年750.8万人，中心区的人口、就业、环境、生活压力越来越大，为了满足人们不断增长的物质和文化需要，1953年出台了《上海市总图规划示意图》，提出保留历史上已经形成了的城市基础（陈越峰，2010），由单中心向多中心城市空间结构发展成为规划重点。规划采用多层级的环形-放射的对称性道路系统。中区高度集聚产生极大负荷，因此规划限制中区扩张，将港口、部分工业以及过剩人口迁至新区。新区与中区之间以及新区与新区之间用绿地隔开，并通过交通设施紧密联系（金世胜，2009）

2．多中心规划意图时期

中华人民共和国成立前城市处于长期混乱，基础设施缺乏、交通拥堵、住房紧张等问题严重。为了解决这些问题，1959年前共规划建设过安亭、闵行、吴泾、松江、嘉定5个卫星城（金世胜，2009）。规划提出要逐步改造旧区，控制近郊区工业规模，有计划地建设卫星城（徐建，2008）。卫星城作为市区疏散的工业、人口的接纳地，规模为10万人左右，有些可达到20万人左右，并形成基本独立的经济基础和较为完善的城市生活。除上述5个卫星城之外，还规划了12个新卫星城。此外还在市区与近郊工业区之间设置宽度为1~4km的隔离绿带，防止市区和郊区在发展过程中连成一片（俞斯佳 等，2009）。为了控制上海人口增长过快，在20世纪60年代开始限制人口迁入，实施计划生育政策，人口增长趋缓；至1978年底，市区规模扩大至141km²，人口达到557万人，人口密度达到每平方公里4万人，有的甚至达到16万人（黄毅，2008）。1966—1976年期间的"文化大革命"使大批工厂的生产受到影响。1984年，提出上海要充分发挥对外开放和多功能的中心城市作用。虽然由于种种原因，以上城市总体规划的设想没有全部实现，但逐步改造旧区，严格控制近郊工业区，有计划地发展卫星城这一建设方针仍得以贯彻。此外，有机疏散理论也始终贯彻于上海市规划和实践中，上海由单中心城市逐渐发展为一个具有多层级的大城市空间体系（俞斯佳 等，2009）。

3．多中心框架确定初期

中华人民共和国成立后，旧区改造经过30多年，成绩斐然。10个近郊工业区和7个卫星城初具规模（黄毅，2008）；上海从单核心结构城市发展为多组团城市。1986年版的城市总体规划旨在建设和改造中心城，充实和发展卫星城，将上海建设成一个以中心城为核心，市郊城镇相对独立，两者相互联系的群体组合的现代化城市。城市结构分为中心城、卫星城、郊县小城镇、农村集镇4个层次（金世胜，2009）。规划中明确规定卫星城的规模应达到10万人以上，建设条件好的可发展到30万（俞斯佳 等，2009）。中心城的建设采用"多中心开敞式"的结构模式，各分区保持一定规模的绿地。中心城、卫星城、近郊工业小城镇以及南北"两翼"已经形成城市布局结构的雏形。

4．多中心城市雏形阶段

《上海市城市总体规划（1999—2020年）》定位上海为"国际经济、金融、贸易中心和国际航运中心之一"，由此提出多层、多轴、多核的市域城镇体系结构。中心城空间呈现"多心、开敞"格局，包括中央商务区和市级中心、副中心公共活动中心。中心城外新建11座20万~30万人口的新城，引导人口和产业向郊区迁移，控制中心城区人口和用地规模（俞斯佳 等，2009）。然而，从居住、就业角度看，上海市仍呈现明显的单中心结构。人口郊区化主要为中心城区向近郊区同心圆式扩散，就业等主要沿交通线扩张。另一方面，副中心的布局规划更多地考虑商业在平面上的均衡发展，但实际上规模小，不足以吸引足够人气，难以承担副中心的功能（孙斌栋 等，2010；宋培臣，2010）。

3.3.2 深圳——有序紧凑的多中心空间体系

1．带型多中心布局阶段

深圳在1980年被国务院初设为经济特区时还是一个落后的边陲小镇，大部分人口从事农业和渔业。深圳经济特区最初的发展设想是建设"出口加工区"。1986年版总规提出深圳的城市性质为"以工业为重点的综合性经济特区"；在城市北部、中部和南部规划建设三条快速干道，在各组团之间建立便捷的交通联系。规划强调要合理控制建设时序，严格保护组团隔离带作为城市绿色开敞空间的作用。针对未来发展的不确定性，城市的空间布局必须留有弹性，采用带型组团城市结构，巧妙地利用深圳狭长的用地，从西到东呈线状布局南头-蛇口、华侨城、福田、罗湖上步、沙头角-盐田5个组团，组团间的隔离绿带与北部的山体、南部的水体构成完整的自然生态系统；组团各具特色，是拥有就业、居住和服务功能的独立结构（卢济威 等，2000）。

2. 网状组团式布局阶段

人口不断增多，空间、资源、环境等难以承载，成为深圳发展的瓶颈，尤以土地问题最为突出，特区内与特区外交通联系的压力也在不断加剧。在这一背景下，深圳出台了第二版总体规划（1996—2006年），在市域范围内规划"网状组团式"的城市结构，以原"带状组团式"结构为基础，向西、中、东3个轴向辐射发展，形成辐射状的基本骨架。将全市划分为9个功能组团和6个进行规模控制的独立城镇，并以组团为单位进行产业布局（刘国宏，2014）（图3-4）。

快速发展的经济和增长迅速的人口也带来了一系列的问题，土地和空间资源短缺，环境恶化严重，城市中心区建筑密集等问题，所以深圳在2006年启动了2006版总规的修编工作。新总规定位为"转型规划"，要精明增长，走非用地扩张型的内涵发展之路；谋划深圳在区域竞争合作中的战略定位，巩固和提升深圳作为区域中心城市的地位与作用；大力推动城市更新改造，破解城市转型的资源瓶颈，缓解新供应建设用地压力。

根据《深圳市城市总体规划（2010—2020）》的主要内容，新一轮规划的空间组织策略主要有4个方面：①外协内连。对外加强与周边城市的合作，对内加速一体化建设进程，突破二元空间现状。②预控重组。预留并严控具有战略性远景的土地，作为未来发展高端服务业和支柱产业的储备空间。打破行政障碍，重组城市功能分区，实现行政管理和公共服务资源在全市范围内的优化配置。③改点增心。选择区位重要、现状矛盾突出的节点地区现行先验，带动周边地区的发展。在原特区外培育多个承担城市和区域重要服务职

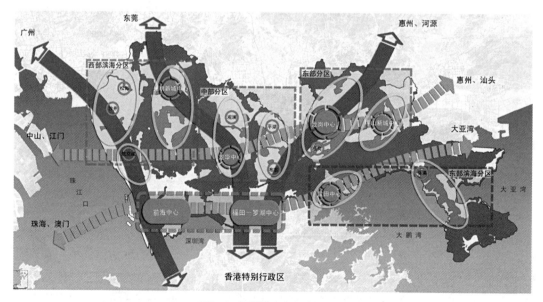

图3-4　深圳城市布局结构规划
图片来源：《深圳市城市总体规划（2010—2020）》

能的发展次中心，完善城市中心体系，推动单中心空间结构向多中心发展。④加密提升。打破均衡发展，实行密度分区，即在适宜发展的地区提高开发强度，实现城市土地的高效集约利用和空间的紧凑发展。同时，推进城市更新和环境整治，全面提升城市服务功能、环境质量和文化品质。

在空间布局上，则以中心城区为核心，向西、中、东轴向发展，形成"三轴两带多中心"的带状组团式结构，并提出"南北贯通、西联东拓"的区域空间发展策略。"南北贯通"即通过三条城市发展轴，融入区域经济发展主流向，加强与南部的香港，北部的广州、东莞、惠州等城市的联系；"西联东拓"即通过东西向城市发展带，向西联系珠江西岸地区，向东联系惠州、潮汕等粤东地区，带动区域整体协调发展（王芃，2011）。

3.4　国内外大都市多中心演化规律与对比

3.4.1　国内外多中心城市空间结构对比

根据国内外对城市多中心空间结构的相关研究，通过与国外大城市中心区位模型特征的比较，由于城市郊区化发展的驱动力和影响方式不同，加之自上而下政府控制城市发展能力的差异，以杭州为代表的国内城市现状城市中心空间分布与国外相比，存在显著的差异性特征，具体见表3-2所列（吴一洲 等，2010c）。

国内外城市多中心空间结构宏观比较　　　　　　　　　　表3-2

	国际性大都市	杭州
城市经济发展阶段	后工业化时期	工业化中后期
空间形态演化模式	集聚与扩散并存，以扩散为主	集聚与扩散并存，以集聚为主
功能区位特征	现代服务业高度集聚，在城市中心区通过功能的延伸与裂变，形成主次多中心形态	传统劳动密集型和资本密集型制造业开始郊区化；生产性服务业和其他服务业类型开始在城市不同区位出现多中心集聚形态雏形
空间演化阶段特征	（后期）城市多中心体系、多层级结构的郊区化分散阶段；城市多中心网络体系形成并逐步优化	（中前期）从城市单中心集聚形态向多核、多层集聚形态转型，并出现部分郊区化趋势
空间组织结构特征	多中心、多层级、强轴线	强主中心、弱次中心、多层级、弱轴线
功能形态特征	专业化后期，中央商务为主的高端复合形态	多中心专业化初期
业态结构	综合性、多功能，集高端商业、金融、商务、文化、娱乐于一体	功能低级复合向专业化初期过渡
中心规模等级	首位度较高，次中心体系均衡发展，规模大	首位度高，次中心集聚与服务能力弱，规模小

3.4.2　国内外多中心城市人口分布对比

从杭州目前的都市区人口分布情况看，中心城和外围区域整体比例达到45.8%：54.2%，与国内外大都市相比，基本符合大多数多中心城市的比例；但另一方面，如果进一步对外围区域进行划分统计时，杭州都市区外环的人口数量比例则明显较低（表3-3）。

国内外城市人口多中心发布比较　表3-3

城市	空间结构发展阶段	中心区域人口分布	外围区域人口分布	
纽约	单中心阶段 （19世纪至1940年）	562万人（51.2%）	535.66万人（48.8%）	
	多中心阶段 （1940年至今）	800.82万人（37.6%）	1330.28万人（62.4%） （2002年数据）	
东京	单中心阶段 （19世纪至20世纪70年代）	336万人（43.8%）	内环	外环
			34万人（4.4%）	398万人（51.8%）
	多中心阶段 （20世纪70年代至今）	813万人（24.3%）	393万人（11.8%）	2135万人（63.9%） （2000年数据）
新加坡	单中心阶段 （1958—1971年）	136.37万人（56.5%）	105.03万人（43.5%）	
	多中心阶段 （1971年至今）	89.5万人（27.4%）	236.82万人（72.6%）（2000年数据）	
香港	单中心阶段 （20世纪50—70年代）	483.546万人（87%）	72.644万人（13%）	
	多中心阶段 （20世纪70年代至今）	318.9万人（57.6%）	233.3万人（42.4%）（1991年数据）	
上海	单中心阶段 （20世纪40年代至1990年）	629.88万人（49.08%）	内环	外环
			307.9万人（23.99%）	345.57万人（26.93%）
	多中心阶段 （1990年至今）	652.97万人（33.99%） （2005年数据）	847.57万人（44.11%）	420.78万人（21.90%）
广州	单中心阶段 （19世纪至1982年）	190.81万人（36.7%）	内环	外环
			160.9万人 （31%）	167.63万人 （32.3%）
	多中心阶段 （1982年至今）	197.43万人（19.9%）	532.45万人 （53.6%）	264.32万人 （2000年数据） （26.5%）
杭州	单中心阶段 （2000年以前）	223.92万人（55.0%）	副城	组团
			90.78万人（22.3%）	92.2万人（22.7%）
	多中心阶段 （2000年至今）	274万人（45.8%）	191.78万人（32.1%）	132.29万人（22.1%）

3.4.3　国内外多中心城市演化机制对比

国内外城市多中心演化机制比较　　　　　　　　　　　表3-4

特征分析	国外大都市			杭州
	第一阶段	第二阶段	第三阶段	
阶段特征	多中心结构雏形期（单中心发展）	多中心结构成长期	多中心结构成熟期	多中心结构雏形期向成长期过渡
发展动力	战后恢复；工业革命；交通工具由马车向有轨电车的转变；中心城市拥挤，城市矛盾突出	重新发展郊区的生态价值、经济与技术的比较优势；重视交通、通信的发展及高速公路和基础设施的建设	城镇群体空间在区域层面的大分散趋势继续成为主流；通过高速路网和轨道辐射线，形成城乡交融、地域连绵的"云状"等城市群空间	①城市功能转型促进制造业的区位演化；②居住郊区化诱导外围副中心的开发；③产业集聚演化引导功能地域专业化；④行政区划调整与体制改革拓展区域发展腹地；⑤政府重大项目建设加速了多中心结构的形成
空间扩展特征（薛俊菲 等，2006）	核心-放射状，城市沿主要轴线扩展，一般不具备圈层扩展的能力，都市圈的圈层结构不甚明显	核心城市的扩散由轴向转为圈层形式，扩展面开始形成并得到强化，副都市圈层出现并逐渐壮大，都市圈呈现"核心-圈层"式结构	传统中心城市的作用被一种多中心的模式所取代，生长点稳定发展，圈层会产生交错现象，表现为多中心网络化的空间结构	圈层+轴线放射状；单中心集聚作用强，外围次中心处于发育过程中；在区域轴线引导下，次中心和组团发展呈不均衡态
产业变化特征	随着资源的不断开发和利用，工业成为区域城市社会经济组织的主导	金融业和商服业逐渐取代制造业在中心城市的主导地位，重工业和制造业发生外移，居住与就业岗位向郊区分散与转移	主城区金融和商服业高度发达，与此同时文化创意产业、娱乐产业迅猛兴起，成为城市产业结构中最重要的组成部分之一，各副中心开始出现二、三产并存，甚至三产占主导的结构	主中心制造业已经外迁，次中心以制造业集聚与综合服务能力建设为主，三产发展速度滞后于二产；次中心向专业化基础上的综合新城转变；组团出现特色化趋势，但目前仍处于发展初期
人口变化特征	中心城市拥挤，开始出现"卧城"，初步出现中心城市人口向郊外转移	人口和劳动力大量往副中心迁移，城市持续蔓延，郊区化导向明显	人口数量趋于稳定，各副中心的承载力和人口一定程度上达到主城区的规模	人口增长外围区域（副城和组团）大于主城；人口密度呈现以主城为中心的圈层递减格局

通过对国内外城市多中心演化的机制对比（表3-4），研究认为国外的郊区化遵循"居住郊区化——商业郊区化——人口逆城市化"的阶段性特征，为人口迁移主导演化过程，而国内城市则呈现出"工业郊区化——人口郊区化——服务业郊区化"的阶段性特征，为产业迁移主导的演化过程。研究认为，当前引导杭州城市中心体系演化的主要动力机制有以下几个方面：

（1）城市功能转型促进城市中心的区位演化。城市经济形态的转型，促进城市空间结构的重组，如杭州由早期的风景旅游、传统工业型逐步向现代服务型发展，城市的国际化功能、信息中心功能和知识中心等新功能不断加强，相应地出现了新的中心功能。城市空间演变表现为以功能置换为主的内城更新与新区建设：前者如杭州上城区等旧城区的工业企业逐步外迁，或被改造成城市综合体；后者如在钱江新城等外围区域另建新中心。同时，城市中心形态由点状向块状转变，有助于高等级城市CBD和RBD的形成（吴一洲 等，2009b）。

（2）城市郊区化诱导外围副中心的集聚开发。城市空间向郊区快速扩展牵引着主城区人口和产业的离心扩展，人口的郊区集聚与副中心建设使居住、就业得以适当平衡。城市副中心的集聚优势体现在以下几个方面：仍然具有要素的局部集聚特征，亦可减少交易成本；具有较低地价，可减少运营的租金成本；避免城市中心的拥挤，与高校结合，拥有良好的工作及创新环境；获得郊区位置的弹性和扩展生产空间的可能性；生产服务型企业可与制造业企业相联合形成产业链。这些优势使得城市中心区相当数量的企业转移至副中心，如东站区块、滨江区块，甚至更外围的下沙和临平副城，即出现产业离心迁移现象。

（3）产业集聚演化引导功能地域专业化。随着杭州市主城区内部功能的调整升级，商业、金融、信息服务等功能呈向心集聚的态势，而同时随着城市的基础功能区（如居住、工业等）呈向外围扩散趋势，加之信息技术的进步，现代服务业中的某些部门逐渐向中心区外围扩展，形成不同专业化方向的水平分工体系和不同等级的垂直分工体系。同时，不同产业属性与区位选择的内在要求不同，这两种因素产业区位变迁在地域上趋于专业化，形成了专业化功能区块的集聚形态。

（4）行政区划调整与体制改革拓展区域发展腹地。2001年杭州市政府经国务院和浙江省政府批准，同时设立萧山区和余杭区，体制改革弱化了空间上的无形壁垒，这也使得杭州城市的可拓展空间增大了3倍，各种城市经济要素和人口也逐步向城市外围地区扩散，从以西湖为核心的城市用地格局走向跨江城市形态，市政府将新的城市核心办公商务区规划至钱塘江沿岸，使杭州用地的中心格局转向了主次中心结合、多层级网络化、与大都市空间耦合的结构。

（5）政府重大项目建设加速了多中心结构的形成。符合国外大都市的发展经验，大型基础设施的建设有助于提高区域空间在更大范围的可达性，如地铁线、BRT、城际公交等大运量公共交通体系对外围区块的加速发展起到了至关重要的作用。另一方面，政府重大项目布局也会引导新的中心的形成，如大江东新城、空港新城等依托未来产业功能区和大型交通枢纽的建设，会在都市区内激发出新的发展核心（吴一洲 等，2010c）。

3.5　规律总结与经验借鉴

3.5.1　国际中心城市规律总结与经验借鉴

（1）国际中心城市的多中心演化历程大致可以分为单中心发展——单中心超负荷——多中心布局——外围中心发育——多中心成熟（主中心内涵提升，外围功能强化）五大阶段；

而人口的空间分布变化则体现出多变的特点，但共同点是外围中心的人口增加速度最终会超过中心区。

（2）基于区域交通干线确定城市优先发展轴，形成带状多中心的空间格局，中心体系模式为中心区——副中心——卫星城——平衡城市，在外围构建副中心和新城，以起到"反磁力吸引中心"的作用。

（3）传统中心区域主要发展国际金融功能和政治中心功能，并将次级功能疏散到次级中心，而次级中心依托专业化功能的发展形成各自的分工特色。

（4）外围中心的发展必须考虑均衡、可达和服务三大因素，使其具有自我发展能力：交通廊道保证可达，功能多样性保证服务，职住匹配保证均衡。其中，后两大因素是制约国际大都市外围中心初期发展的主要问题。

（5）将多中心放置到更大的区域范围内进行思考，打破行政边界的隔阂，整合都市腹地范围的各级中心参与区域竞争，加强次中心之间的联系。

（6）通过政府法规和经济措施对多中心发展进行保障。如巴黎的中心区限建政策、"拥挤税"、拆迁补偿政策、投资津贴等，城市外围拥有更大面积的土地开发权，将土地规划、开发、监管归到同一个机构，并建立起与地方政府部门的协调机制。

3.5.2　国内中心城市规律总结与经验借鉴

（1）国内城市在多中心发展上，呈现出"强单中心、弱次中心"的典型特征，虽然早已形成了"多中心规划布局框架"，但实际发展中，往往是中心区圈层式扩张蔓延的速度，要高于外围中心的集聚速度，因而在杭州的多中心体系构建中，更为重要的是对于外围中心发展的关注和引导。

（2）城市多中心空间结构的形成需要配套政策的支撑。避免将土地投放、住宅和基础设施的投资重点都放在中心城；另一方面，城市交通体系的规划与实际建设应同步，避免主城与卫星城的通勤阻碍卫星城的发展。加强规划实施的综合政策研究，提出实施规划需要调整的公共财政、土地投放、基础设施和重要设施布局等方面的政策。还应制定规划和项目建设的投资估算，规划的实现要与城市财政能力相匹配（吴一洲，2011b）。

（3）多中心发展中要注重资源的集约利用，走精明增长和内涵发展的道路，特别是对于中心区潜力的挖掘和外围中心战略性用地的预留控制。以此一方面可以节约规划实施的成本，另一方面也可以增加规划的弹性，以应对未来发展的不确定性。

（4）政府管理体制改革适应城市建设中利益主体的多元化进程。城市建设中参与的利益主体越来越多，而又缺乏统一的行动框架，同时当矛盾产生时也缺乏有效的协调机制。致使多中心城市规划在实施层面上越来越"破碎化"，当上级政府制定的空间规划，与地方政府和"经济精英们"的策划出现矛盾时，地方政府就有可能利用行政权力来偏离空间规划的正常实施。因此，需要打破行政阻隔，通过构建统一行动的体制框架和协调平台来保证多中心的健康发展（吴一洲 等，2013）。

第**4**章

宏观实证一：
杭州多中心城市
空间结构研究

4.1 "杭嘉湖绍"多中心城市区域（PUR）和杭州多中心网络化都市区（PC）发展现状

多中心是一种"尺度敏感"现象，根据尺度效应，对于杭州城市形态、功能的多中心研究，必须进行多尺度的研究（图4-1）。

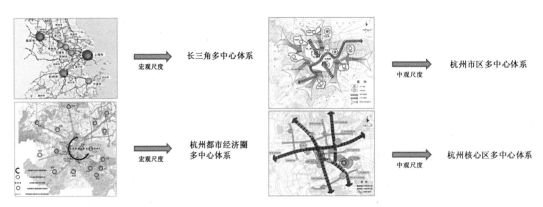

图4-1　多尺度区域的杭州城市多中心体系结构示意

4.1.1　空间结构：发展轴线引导下的圈层形态

"杭嘉湖绍"都市经济圈目前已经形成圈层加轴线放射的空间框架，呈现出明显的"中心–外围"模式。同时，由于地理和交通因素，杭州与周边地区的联系表现为轴向延伸的特点，区域空间发展呈轴线结构。

在杭州都市经济圈"一主三副两层七带"网络化总体布局框架下，杭州市区作为都市经济圈的极核，正逐步整合周边地区优势资源，自身集聚辐射能力提升显著；而湖州、嘉兴、绍兴三市市区作为副中心，主要侧重特色与错位发展，接受杭州极核的功能辐射，通过良性竞合带动都市经济圈整体发展。在圈层结构上，杭州市域范围内的5个县市，以及周边的6个县市，包括诸暨、德清、桐乡、安吉、海宁、绍兴为联系紧密层，湖州、嘉兴、绍兴市区外的地区和上述六县市的下辖县市组成联动层，共同实现都市圈的联动发展（叶晓霞，2008）。

图4-2　1995—2010年杭嘉湖绍地区非农人口数变化率

从各县市的人口集聚情况看，非农人口增长率的空间分布经历了3个阶段（图4-2）：第一阶段（1995—2000年）呈现圈层均衡扩散的趋势；第二阶段（2000—2005年）呈现杭州湾南岸和北岸增长相对较快的趋势，而第三阶段（2005—2010年）则在第二阶段的基础上，表现得更为显著，即呈现沿杭州湾V字形的带状增长较快的格局，可见人口集聚优势区域主要分布在区域经济主通道（沪杭甬高速沿线）上。在"七带"的发展中，位于东部的传统环杭州湾V字形廊道发展较快，已经形成的较强轴线为嘉杭绍发展带、滨海发展带和杭湖发展带，而西部杭徽发展带、杭千发展带和杭诸发展带目前发展较弱（图4-3、图4-4）。

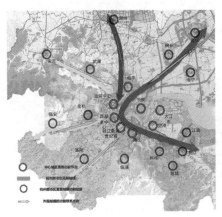

图4-3　杭嘉湖绍都市圈空间结构
图片来源：《杭州都市经济圈发展规划》

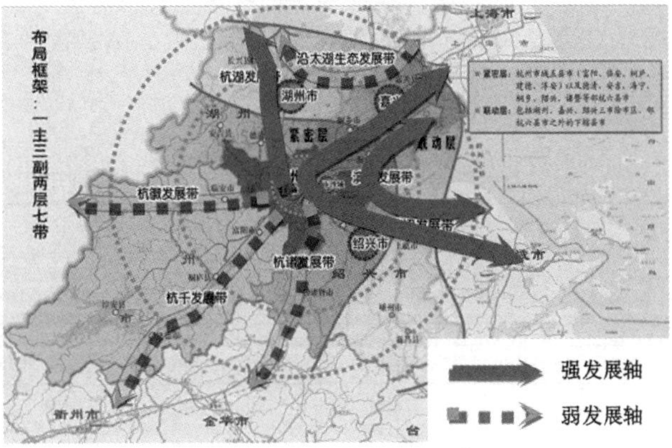

图4-4　杭州都市经济圈空间结构
图片来源：《杭州都市经济圈发展规划》

4.1.2 核心城市：杭州大都市首位度不断提升

杭州中心城市首位度提升，初具大都市的核心特征。杭州中心城市已初步形成与大都市相配的产业体系。杭州都市圈作为一个相对完整的区域，其内部城市体系形成了不同分工、等级、相依相存的城市中心组合，表现为一定等级规模的城市群体集合。首位城市比（首位度）是指首位城市的人口规模与城市体系的其余城市人口规模之和的比，马克·杰斐逊（Mark Jefferson）在1939年提出了首位度，即两城市指数，后来又发展出了两城市和四城市指数的概念。从杭州都市经济圈的城市首位度看（表4-1），2001年、2005年和2010年3个年份不论是城市首位度、两城市指数，还是四城市指数都呈现逐步上升的趋势，说明杭州核心城市的地位逐步上升，增长极效应明显；但另一方面，2001—2005年的首位度增加值相对2005—2010年的增加值却呈现下降的趋势，说明次一级的城市（如副中心和其他县级中心）的综合实力在核心城市的带动下，也开始呈现整体增强的趋势。

杭州都市经济圈首位度变化情况			表4-1
年份	城市首位度	两城市指数	四城市指数
2001年	0.29	3.49	1.28
2005年	0.32	3.79	1.41
2010年	0.34	3.99	1.48

4.1.3　腹地范围：都市圈域功能分工协作初期

中心城市与周边城市的联系日趋紧密，杭州都市区腹地扩展明显。区域经济呈现中心城区与外围协调发展的良好势头。杭嘉湖绍四地已基本形成1.5小时交通圈，根据都市经济圈的一项重要指标，即中心城市与周边城市的交通联系状况，从杭州出发至临安、富阳的班车发车间隔10分钟，至绍兴、德清、桐庐等发车间隔不超过30分钟，因此外围县市对杭州市区的近距离中心依赖成为建构都市经济圈的潜在动力。利用地理区位论和区域科学中的引力模式来表示的两个城市中心之间空间流的强度，进而衍生出引力场，通过杭州都市经济圈的引力场计算结果看（表4-2），除诸暨外全部位于沪杭甬廊道沿线，同时，2001—2010年引力呈快速增长，经济腹地拓展趋势明显。

杭州都市经济圈各城市引力计算结果　　表4-2

市县名称	城市的引力			市县名称	城市的引力		
	2001年	2005年	2010年		2001年	2005年	2010年
富阳市	27.06	78.31	114.19	湖州市区	12.80	34.17	48.35
临安市	18.57	33.92	71.46	德清县	18.10	50.75	72.61
建德市	1.92	3.28	4.56	长兴县	4.65	11.67	11.75
桐庐县	4.00	11.28	10.94	安吉县	6.00	15.04	15.30
淳安县	0.91	1.76	2.43	绍兴市区	12.69	40.06	53.79
嘉兴市区	7.64	24.42	34.88	诸暨市	11.68	34.21	47.61
平湖市	2.96	9.04	12.83	上虞市	9.37	24.01	33.19
海宁市	9.88	27.38	40.10	嵊州市	3.25	8.03	7.76
桐乡市	13.22	35.83	52.08	绍兴县	29.12	132.36	189.77
嘉善县	2.73	7.64	11.23	新昌县	1.68	4.50	4.25
海盐县	3.13	10.16	13.21				

从杭州都市经济圈的功能结构看，根据产业专业化程度的计算结果看，体现出两个特点：一方面，在功能演化上，杭州作为多中心城市区域的核心，是周边县市工业化、城镇化必然寻求的支撑性服务功能，其产业疏导呈现梯度圈层式的转移格局；但另一方面，周边县（市）与中心城市虽初步呈现功能互补、分工协作关系，但仍存在较高的产业同构情况，如电子信息、电机一体化、机械制造和纺织服装等。这就需要转变传统的产业竞争方式，从产业环节的竞争转向产业链的竞争，即利用杭州区域中心城市的优势，根据各个中心城市的发展条件，通过产业链的整合提升，使都市经济圈内各中心的分工体系更为完善，强化差异性和特色化发展（表4-3、表4-4）。

2010年杭嘉湖绍各城市比较优势产业　　　　　　　　　表4-3

城市		前5个比较优势产业
杭州市	杭州市区	科学研究、技术服务和地质勘查，信息传输、计算机服务和软件业，住宿、餐饮业，居民服务和其他服务业，房地产业
	富阳市	水利、环境和公共设施管理业，电力、煤气及水的生产和供应业，采矿业，房地产业，教育
	临安市	采矿业，居民服务和其他服务业，教育，房地产业，电力、煤气及水的生产和供应业
	建德市	采矿业，电力、煤气及水的生产和供应业，卫生、社会保障和社会福利业，公共管理和社会组织，租赁和商业服务
	桐庐县	电力、煤气及水的生产和供应业，水利、环境和公共设施管理业，房地产业，卫生、社会保障和社会福利业，公共管理和社会组织
	淳安县	农、林、牧、渔业，住宿、餐饮业，文化、体育和娱乐业，批发和零售贸易，水利、环境和公共设施管理业
嘉兴市	嘉兴市区	房地产业，居民服务和其他服务业，批发和零售贸易，制造业，信息传输、计算机服务和软件业
	平湖市	制造业，电力、煤气及水的生产和供应业，租赁和商业服务
	海宁市	制造业，租赁和商业服务
	桐乡市	水利、环境和公共设施管理业，制造业，租赁和商业服务
	嘉善县	制造业
	海盐县	电力、煤气及水的生产和供应业，农、林、牧、渔业，制造业
湖州市	湖州市区	采矿业，金融业，信息传输、计算机服务和软件业
	德清县	采矿业，制造业，水利、环境和公共设施管理业
	长兴县	采矿业，电力、煤气及水的生产和供应业，教育，制造业，水利、环境和公共设施管理业
	安吉县	采矿业，公共管理和社会组织，水利、环境和公共设施管理业，教育，卫生、社会保障和社会福利业
绍兴市	绍兴市区	采矿业，建筑业
	诸暨市	建筑业
	上虞市	建筑业
	嵊州市	教育，建筑业，卫生、社会保障和社会福利业
	绍兴县	电力、煤气及水的生产和供应业，制造业，建筑业
	新昌县	租赁和商业服务，水利、环境和公共设施管理业，制造业，公共管理和社会组织，教育

2008年杭州都市经济圈重点开发区及其主导产业　　　　表4-4

开发区名称	等级	产业发展重点	开发区名称	等级	产业发展重点
杭州高新技术产业开发区	国家级	电子信息、光机电一体化、生物医药技术	桐乡经济开发区	省级	化纤玻纤及新材料、机械电子
杭州经济技术开发区	国家级	电子通信、生物医药、精密机械、食品饮料	海盐经济开发区	省级	紧固件、轻纺服装、电子仪器
萧山经济技术开发区	国家级	汽车零部件、机械制造、新兴建材	嘉善经济开发区	省级	精密机械、数码电子、家具
杭州萧山临江工业园区	省级	机械装备业、汽车及零部件业、新材料业、新型纺织业、电子信息业、生物医药业、现代服务业	海宁经济开发区	省级	皮革加工制造、纺织服装、袜业、机电、精细加工等
杭州江东工业园区	省级	纺织印染服装、机械汽配汽车、新型建材、环保型精细化工	海宁对外综合开发区	省级	医药化工、包装彩印、机械电器、纺织服装
杭州钱江经济开发区	省级	太阳能产业、风电设备、LED照明	嘉兴工业园区	省级	香精香料、通讯电子、汽配机电
浙江省余杭经济开发区	省级	纺织、服装、电子电气	嘉兴秀洲工业园区	省级	精密机械、电子信息、汽车配件、工业物流
浙江省富阳经济开发区	省级	电子、机械、纺织服装	乍浦经济开发区	省级	化工行业、金属制品业
浙江省临安经济开发区	省级	纺织服装、机械、新型建材	海宁经编产业园区	省级	精编针织及相关产业
浙江省建德经济开发区	省级	建材、金属产品加工、农产品加工	桐乡濮院针织产业园区	省级	羊毛衫制造、羊毛衫后整理
浙江省桐庐经济开发区	省级	纺织、服装、皮革制品	袍江工业园区	省级	做大做强电子信息、机械制造、食品饮料、高特轻纺、新材料、文化产品制造业等特色产业
浙江淳安经济开发区	省级	饮料、纺织、机械加工	绍兴经济开发区	省级	重点发展纺织、电子信息、机械、农产品特色加工等
浙江湖州经济开发区	省级	机械电子、生物医药、新材料	绍兴滨海工业园区	省级	提升聚酯化纤、纺织印染、服装加工等传统支柱产业，拓展石油化工、新材料、生物医药、环境保护等产业
浙江南浔经济开发区	省级	木材加工、机械、通讯电子	绍兴柯桥经济开发区	省级	电子信息、机电一体化、新型材料等高新技术产业

续表

开发区名称	等级	产业发展重点	开发区名称	等级	产业发展重点
浙江长兴经济开发区	省级	纺织、机械、服装	杭州湾上虞工业园区	省级	加快培育机电装备、现代纺织、新型材料及环保产业，改造提升精细化工与医药产业
浙江德清经济开发区	省级	机械、电子、纺织	上虞经济开发区	省级	重点发展机电一体化、节能环保产业
浙江安吉经济开发区	省级	家具、竹制品、医药	诸暨经济开发区	省级	机电一体化、电子、信息产业、新技术、新材料开发、应用
浙江吴兴工业园区	省级	纺织、电子信息、金属制品	诸暨珍珠产业园	省级	珠宝
浙江德清工业园区	省级	食品加工、新型加工、丝绸纺织	嵊州经济开发区	省级	服装、机械
嘉兴出口加工区	国家级	微电子加工与组装、汽车零部件	新昌高新技术产业园区	省级	机械、生物医药、汽车零部件、纺织服装、农产品加工业等
嘉兴经济开发区	省级	化纤纺织及服装业、汽车配件业	新昌工业园区	省级	机械、纺织服装、农产品加工
平湖经济开发区	省级	光机电及汽摩配件、特种织造及品牌服装			

4.2 杭州多中心网络化都市区（PC）发展现状

4.2.1 演化历程：垂直与水平分工下的多中心化

杭州的多中心结构与城市形态的历史演化过程密切相关（表4-5）：

（1）从六朝时期的由落址在柳浦之西凤凰山麓一带的分散的聚落组成的钱唐县（今杭州），到隋唐时期沿运河大堤向北拓展形成南北两大中心地（城南"鱼盐聚为市，烟花起成村"，城北"通商旅之宝货"），再到南宋至清末时期的城市商业经济高度繁荣下的城市紧凑棋盘状格局（以护城河、城墙为界呈环形团块状布局）；

（2）20世纪上半页，逐渐形成特定的商业市场区域，共分为东、西、南、北、中5个市区，范围扩展到中山中路、城站、江干、拱墅，并呈现一定的区域特色化；

（3）20世纪80年代，城市中心主要以湖滨（包括解放路与官巷口一带）地区为主，服务中心集中分布于城站广场、浙江展览馆、少年宫广场3个区域；

（4）20世纪90年代，以"摊大饼""填空档"为主，重新回归团块状，城市公共中心不断向周边蔓延，在围绕西湖的周边地区呈区域面型加街道线型扩展，以湖滨地区为核心，沿延安路向南至吴山广场地区，向北至武林广场地区，沿解放路、庆春路、西湖大道向东至城市东部地区和城站广场地区蔓延，形成南、北、东三面放射的、功能完善的、分工明确的城市中心（骆祎，2005）；

（5）2005年后，杭州开始实施跨江发展战略，城市形态逐渐呈现以钱塘江为轴线的跨江、沿江，网络化组团式发展，城市中心等级序列不显和呈强中心线型结构特征，城市中心区集中分布在上、下城区，而萧山、余杭两区因其区位呈相对独立；

（6）2009年至今，随着同城化效应的逐渐加强，特别是交通基础设施的建设，以及外围区块战略地位的新提升（如大江东新城和城西科创产业集聚区等），新城与综合体建设的全面展开，主城双中心、副城和组团相结合的圈层式多中心大都市框架逐渐清晰。

从杭州城市形态与多中心结构的演化历程看，在20世纪90年代以前主要呈现自身功能依据地理空间和延伸建成区的方式自由拓展，体现出自组织的特征，结构紧凑，聚集效应明显；而在20世纪90年代后期，特别是进入2000年后，政府对于城市空间拓展的引导力量逐渐强化，城市开始向多中心演化，区域层面出现整合趋势。但目前由于主城中心的极化作用过强，导致城市各级中心的不均衡发展，且抑制了外围中心的发育进程，多中心的网络化格局尚未形成。

杭州城市形态与多中心结构的演化历程　　　　　　　　表4-5

历史时期	城市形态	城市中心空间结构	中心区位		中心功能
20世纪上半页	由团块状向沿交通线呈放射状、星楔状扩展		城市中心	中山中路、河坊街区域	综合商业区
20世纪80年代	围绕旧城呈指状发展		城市中心	湖滨区域	旅游文化商业区
20世纪90年代	以"摊大饼"、"填空档"为主，重新回归团块状发展		主城双中心	湖滨区域	文化商业区
				武林区域	行政商业区
			两大副城	下沙城	综合性工业区
				滨江城	高教工业新城
2005年	以钱塘江为轴线的跨江、沿江，多中心组团式		主城双中心	湖滨、武林广场地区	旅游商业文化服务中心
				钱江新城+钱江世纪城	区域性商务中心
			三大副城	江南城	现代化科技城
				临平城	综合性工业城
				下沙城	高新综合新城

续表

历史时期	城市形态	城市中心空间结构	中心区位		中心功能
2009年	以钱塘江为轴线的跨江、沿江，网络化多中心大都市	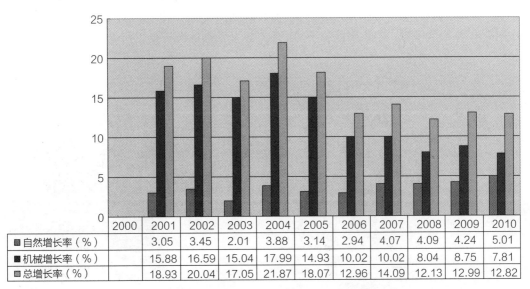	主城双中心	湖滨、武林广场地区	旅游商业文化服务中心
				钱江新城+钱江世纪城	区域性商务中心
			三大副城	江南城	现代化科技城
				临平城	综合性工业城
				下沙城	高新综合新城
			两大新兴产业次中心	老余杭（仓前）	近郊住宅区和高教科技研发基地
				江东新城	大型综合性工业发展空间

4.2.2 人口分布：圈层式疏散与东西部快速增长

杭州市市区户籍人口总数从2000年至2010年，十年间净增长62.26万人，年平均增长率为15.4‰，其中，自然增长率呈现缓慢上升趋势，而机械增长率则呈现下降趋势，总增长率在2004年出现反常性波动后也呈下降态势。机械增长率也始终大于自然增长率，且其数值高出市域5.09个百分点，2000—2010年十年间，户籍人口市区增长数占总增长数的92.2%，非农人口比重由49.55%提高至70.72%，说明杭州市户籍人口总数的增长主要以市区人口的增长为主，且以非农人口增长为主，市区集聚效应比市域层面强（图4-5）。

常住人口变化方面，对城市总体规划确定的"一主三副六组团"的常住人口总量和密度变化进行分析（表4-6、图4-6），可以发现以下特征：①主城区人口密度大大高于副城，人

	2000	2001	2002	2003	2004	2005	2006	2007	2008	2009	2010
自然增长率（%）		3.05	3.45	2.01	3.88	3.14	2.94	4.07	4.09	4.24	5.01
机械增长率（%）		15.88	16.59	15.04	17.99	14.93	10.02	10.02	8.04	8.75	7.81
总增长率（%）		18.93	20.04	17.05	21.87	18.07	12.96	14.09	12.13	12.99	12.82

图4-5 市区历年自然增长率、机械增长率、总增长率变化

口分布的强中心格局明显；②副城中，下沙城人口密度要大幅度高于江南城和临平城，且人口总量超过了临平城；③组团方面，塘栖组团、瓜沥组团和临浦组团要高于其他3个组团；④在变化幅度上，东西两端增长最快，东面下沙城的人口集聚速度超过了主城和其他两个副城，组团中余杭组团人口集聚速度高于其他各个组团。

2000—2010年一主三副六组团人口变化情况　表4-6

地域	2000年		2010年		2010年与2000年变化	
	常住人数（万人）	密度（万人/km²）	常住人数（万人）	密度（万人/km²）	常住人数（万人）	密度（万人/km²）
主城区	223.92	4645	274.69	5699	50.77	1053
江南城	60.12	1833	96.85	2953	36.73	1120
临平城	17.03	1108	35.07	2283	18.04	1174
下沙城	13.63	849	59.86	3729	46.23	2880
塘栖组团	18.62	1050	19.89	1121	1.27	72
良渚组团	9.44	191	20.74	420	11.3	229
余杭组团	15.92	593	24.37	907	8.45	315
义蓬组团	19.81	531	25.92	695	6.11	164
瓜沥组团	15.13	2068	17.43	2382	2.3	314
临浦组团	13.28	1743	14.94	1961	1.66	218
小计	406.9	1573	589.76	2280	182.86	707
其余	43.34	580	34.44	461	-8.9	-119
总计	450.24	1351	624.2	1872	173.96	522

从人口动态变化的空间分布图上看：①整体上人口密度呈现圈层式的分布格局，人口密度排在前三位的区均在老城区，说明城市中心区仍具有极大的吸引力，人口高集聚区位于"一主"的核心区范围，中集聚区位于"三副"以及西面的余杭组团和留下等区域，低集聚

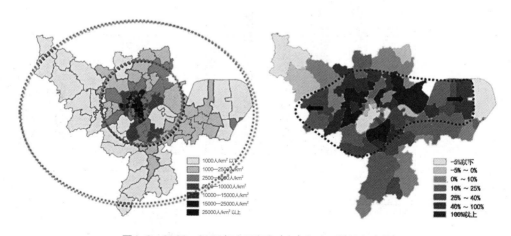

图4-6　2000—2010年人口密度（左）与人口增长率（右）

区主要是更外围的其他组团分布区域；②人口增长率则出现了东西部快速增长的格局，特别是下沙、滨江和城西3个区域，这些区域与主城中心交通便捷，并规划有大型居住区，包括大量的经济适用房，是人口增长最快的区域。

4.2.3　成长轴线：整体生长以沿东西向轴线为主

自2002年杭州市第九次党代会确定"城市东扩、旅游西进、沿江开发、跨江发展"战略决策以来，杭州的城市建设基本以此为指导有序展开，并取得了不同程度的实质性进展，但从发展现状来看，东部和西部的战略实施绩效更为显著：①杭州西部有着天然的生态优势，高度契合居住、科研与教育等功能的发展要求，同时在"西静""西优"的发展策略下，杭州开展了以杨公堤改造、西溪湿地保护、西部旅游资源挖掘等一系列工程，近期又大力推进城西科创产业集聚区建设，城西环境品质和余杭组团中心的地位也日渐提升；②位于长三角经济主廊道的城东区域，在"东扩""东动""决战东部""接轨大上海"等发展策略下，东站区块更新提升改造，下沙由"建区"向"造城"转型，大江东新城和临江工业园区加快建设，城市东扩的张力十分明显；③南部滨江地区借助滨水景观、钱江新城带动和国家高新区的条件，在"南拓""南新"的发展策略下，随着跨江通道的不断完善，滨江、萧山近几年居住功能发展迅速，江南城日渐成形；④北部传统工业区在"北调""北秀"的发展策略下，随着运河沿线、拱宸桥两岸、城中村等改造步伐的加快和大量工业企业的外迁，城北体育公园的建成使用、创新创业新天地的打造等重点项目的推进，杭州北部的居住、休闲功能得到一定的加强。可见，虽然近10年来城市整体扩张呈现四周圈层式的格局，但横向比较后可以发现，东西向的功能节点和城市中心建设速度要大大快于南北向，也即东西向轴线集聚效应要高于南北向轴线（图4-7）。

从近期建设的总体框架图中可以看出（图4-8），未来5年左右杭州市将呈现出以下几个特点：（1）城市形态总体仍将沿钱塘江两岸发展，逐步形成"拥江综合发展轴"；（2）从功能节点和联系通道上看，主要借助了杭州目前的几大东西向快速通道进行重点项目布局和发展，因而客观上已经形成，并逐步强化了东西发展轴；（3）随着城市东部的大战略实施，东

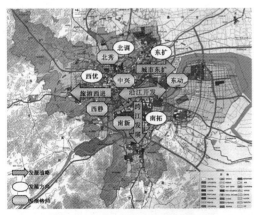

图4-7　杭州城市空间发展策略示意
图片来源：《杭州市城市总体规划（2001—2020年）》

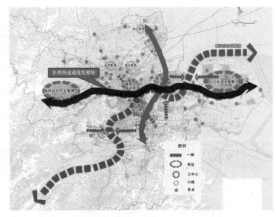

图4-8　近期建设总体框架
图片来源：《杭州市城市总体规划（2001—2020年）》

部区域通过区域性重要交通基础设施的联系，将逐步呈现潜在的"临平副城—下沙副城与大江东产业集聚区—江南城"的南北纵向发展轴。

4.2.4 副城结构：三足鼎立背后的非均衡型发展

江南城、下沙城和临平城三大副城作为杭州都市区的副中心，承担着分散核心区人口与产业活动强度、辅助性都市一级公共中心的功能。因此，副城的功能在区域层面上是分担主城的一部分专业化功能，如下沙作为先进制造业集聚区，滨江作为高新技术产业集聚区等；但在自身层面上，却是当地居住和就业人口，以及企业发展的服务中心，其功能体系也必须是完整的。前者，代表着水平分工的意义，每个副城具有一定的专业化特点；后者则代表着垂直分工的意义，都市区主中心是首要的综合服务中心，主要为整个都市区乃至都市圈服务的，而副中心是次一级的综合服务中心，主要为其所在的局部区域服务。从目前三大副城的横向比较看，具有以下几个特点：

（1）二产呈现一定程度的产业同构与竞争态势：下沙作为杭州都市区最为成熟的制造业基地，饮料制造业、医药制造业和电子信息及其他电子设备制造业是其主导产业；而江南城内部本身差异较大，北部滨江区主要偏重于软件信息及其衍生产业上，如通信制造、动漫、网络游戏等等，但南部萧山城则侧重轻纺、汽车部件、食品生产、钢架结构等；临平城主要有装备制造业、医药产业等。总体上看，虽然临平侧重于传统产业，下沙和萧山侧重先进制造业，滨江侧重于高新技术产业，但在产业门类上具有一定的同构性，且大部分新兴产业的培育方向也较为一致，如都涉及了新能源与新材料等，只有滨江区是显著错位发展的（表4-7）。

现状各城区工业主导产业一览（2009年）	表4-7

区域	主导产业
市区	电子信息、医药化工、机械制造、纺织服装及食品饮料等五大支柱产业
上城区	电子信息、机械制造
下城区	电子信息、软件开发
江干区	机械电子、纺织服装和食品医药等主导产业
拱墅区	通用设备制造业、电气机械及器材制造业、医药制造业、交通运输设备制造等主导产业
西湖区	电子信息、生物医药、机电一体化、新材料等主导产业
高新（滨江）区	通信设备制造业、软件业、集成电路设计制造业、数字电视产业、动漫产业和网络游戏产业等主导产业
杭州经济技术开发区	电子信息、生物医药、机械家电、食品饮料等主导产业
萧山区	化纤纺织、机械汽配、羽绒服装、钢构网架、精细化工等主导产业
余杭区	纺织服装、机械电子、建材、化工、食品加工等主导产业

（2）三产发展差异性较大，江南城和临平城比下沙发展基础更好：从发展条件上看，萧山和临平城起步于城区而非开发区，因此在人口集聚与服务体系上基础较好，综合服务功能较下沙副城更为完备；但从区位条件上看，萧山城区、临平副城与主城的关系至今仍不密切，在交通和功能联系上相对隔离，而下沙副城在交通和高教等方面与主城联系较紧密；此外，高教功能目前在江南城和下沙城中占有重要的地位，但与区域的产业特点不相匹配，如下沙侧重于先进制造业需要技术型人才，但下沙的高教园区更多的是高等院校，缺乏专高类院校，实际发展中企业也普遍反映与高校合作很少，需求难以满足，而滨江区内的高教园配备较多的为高职院校，与其软件开发、动漫设计等研发类产业相比又显得相对低端。

副城人口集聚与用地扩展增量分布不均，郊区化趋势明显：从2005—2009年杭州主城与三大副城建设用地变化情况（表4-8）可以看出，三大副城的增量总和要大于主城，说明郊区化的趋势逐步增强，在三大副城的比较中，江南城基数最大，增量也最大，而下沙和临平旗鼓相当，同时，主、副城2005—2009年市区公共设施用地变化中，临平副城增速最快，下沙城最慢；从2000—2010年的人口变化（表4-9）可以看出，主城区人口总量和密度的增量均小于副城，体现出明显的郊区化趋势，而三大副城之间，下沙城在2000年人口密度是三大副城中最低的，但2010年却超过了其他两个副城，人口集聚速度远远高于其他两个副城。可见，在郊区化的大趋势下，江南副城人口基数最大，空间拓展最快；而下沙副城人口集聚速度最快，但公共设施用地增长却严重滞后于人口规模的增加。

2005—2009年杭州主城与三大副城建设用地变化　表4-8

区域	城镇建设用地（万m²）		
	2005年	2009年	2009年比2005年增量
主城	16029.77	19420.19	3390.42
下沙城	4338.06	5411.78	1073.72
江南城	8040.47	10161.53	2121.06
临平城	2208.98	3143.99	935.01

注：2005年城镇建设用地包含已批未建用地，2009年为最新影像图核实数据。

2000—2010年三大副城人口变化　表4-9

地域	2000年		2010年		2010年与2000年变化	
	常住人数（万人）	密度（万人/km²）	常住人数（万人）	密度（万人/km²）	常住人数（万人）	密度（万人/km²）
主城区	223.92	4645	274.69	5699	50.77	1053
江南城	60.12	1833	96.85	2953	36.73	1120
临平城	17.03	1108	35.07	2283	18.04	1174
下沙城	13.63	849	59.86	3729	46.23	2880

数据来源：杭州城市规划评估报告

4.2.5 外部组团：发展差异显著与外围服务滞后

从六组团的发展现状看，内部出现功能分化与地位分层。人口集聚能力差异较大，其中良渚组团、余杭组团和义蓬组团人口增量远远高于其他3个组团（表4-10）；而从建设用地变化情况看，余杭组团、义蓬组团和临浦组团增量显著高于其他3个组团（表4-11）。可见，余杭和义蓬两个组团无论是用地扩展还是人口集聚，都是近年来发展最快的，这两个组团也是目前城西科创产业集聚区和大江东新城的主要载体，在功能结构上已经由原来总规定位的居住组团转为产业型组团，余杭组团为科创产业，义蓬组团为先进制造业，因而其地位和作用已不同于其他4个组团。

2000—2010年六组团人口变化情况　　　　表4-10

地域	2000年		2010年		2010年与2000年变化	
	常住人数（万人）	密度（万人/km²）	常住人数（万人）	密度（万人/km²）	常住人数（万人）	密度（万人/km²）
塘栖组团	18.62	1050	19.89	1121	1.27	72
良渚组团	9.44	191	20.74	420	11.3	229
余杭组团	15.92	593	24.37	907	8.45	315
义蓬组团	19.81	531	25.92	695	6.11	164
瓜沥组团	15.13	2068	17.43	2382	2.3	314
临浦组团	13.28	1743	14.94	1961	1.66	218

数据来源：杭州城市规划评估报告

2005—2009年杭州市区建设用地变化情况　　　　表4-11

区域	城镇建设用地（万m²）		
	2005年	2009年	2009年比2005年增量
塘栖组团	910.03	1338.57	428.54
良渚组团	1636.2	2438.1	801.9
余杭组团	1796.41	3428.55	1632.14
义蓬组团	1915.1	3455.53	1540.43
瓜沥组团	669.22	1614.45	945.23
临浦组团	471.82	2008.74	1536.92

注：2005年城镇建设用地包含已批未建用地，2009年为最新影像图核实数据。
数据来源：杭州城市规划评估报告

当前杭州大都市区呈强单中心和弱外围圈层的特点，外围的服务供给严重滞后于人口扩散。通过现状城市公共服务设施用地与人口密度分布进行叠加分析（图4-9），可以看出服务功能扩散程度大大滞后于人口的扩散程度，说明人口集聚区域与当前的服务供给区域存在错位现象。从公共服务设施用地的分布形态上看，仍高度集中于主城区人口密度最高的区

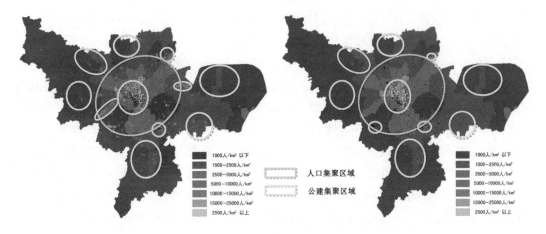

图4-9　现状人口密度与公建用地叠加图

注：左图为全部公建，右图为生活服务型公建。

域，而外围副城的公共服务设施用地分布则呈点状集中，且规模偏小，而外围组团内几乎没有成规模的服务配套。此外，单独分析生活服务型服务供给区域，可以发现下沙副城和周边组团内生活服务型公共服务设施十分稀少。

4.3　杭州都市核心区多中心功能体系结构现状

4.3.1　空间形态：由单核集中走向组团分散

本书采用栅格空间密度法来分析杭州核心区服务业（由于公益性主要采用配额标准进行布局，因此这里主要针对经营性）在空间上分布的集聚与分散特征。基于调查建立的服务业空间数据库，采用反距离权重法并以建筑面积为加权变量，创建杭州现状服务业的空间密度

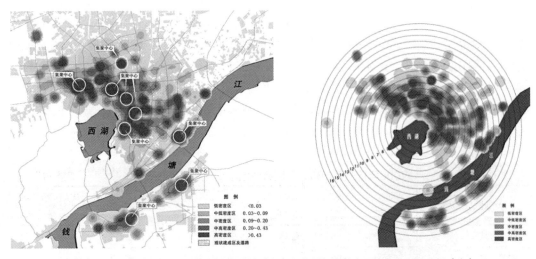

图4-10　杭州都市核心区服务业分布密度（左）与杭州都市核心区服务业圈层分析（右）

栅格图，并按分位数法将其分成五级梯度等级（图4-10）（吴一洲 等，2009b）。

从杭州核心区服务业分布密度图可以看出存在以下几个特征：①现状服务业分布总体上呈现出以西湖为中心，在扇形区域内，从中心向外围梯度递减的格局；②服务业集聚中心大量分布在扇面内层，并有互相连接的趋势，在外围则主要呈离散状分布；③集聚中心主要分布在两个区域，分别是西湖周边的老城和沿钱塘江两岸；④从分圈层的服务业规模统计来看，在整体随距离递减的趋势下，除2.5km半径内的旧城（传统意义上的杭州老城区）外，在3.5km、5.5km和7.5km等圈层出现了明显的次级波峰。可见，杭州核心区服务业分布形态已经出现多中心特征，一方面高密度的服务业在老城中心的集聚趋于最大化，另一方面钱塘江两岸新的服务业逐渐形成并增多，同时相邻的集聚中心逐渐融合发展，并转向扩散化。这即所谓"集中式的分散"过程：在城市区域尺度上扩散，但是同时又在这个城市区域内的特殊节点上重新集聚，呈现"多中心"宏观空间结构模式（吴一洲 等，2009c）。

4.3.2　功能体系：专业化功能区块逐步形成

根据服务业分布的密度格局，将杭州都市核心区划分为10个子功能区块，选择莫兰指数来分析整体集聚特征，同时，用区位熵来测度各类服务业在各个区块中的地域专业化程度（吴一洲 等，2010c）。

服务业各行业的集聚特征方面（表4-12）：科研信息业、金融保险业的莫兰指数最高，空间集聚程度最大，房地产业和商务及咨询业的行业空间集聚程度次之，即以生产性服务业为主的行业在空间上趋于集簇式分布，说明生产性服务业需要空间集聚产生的规模效应支撑其发展；而工程及建筑管理业、邮政与运输管理业、商业与娱乐业等以社会性和个人服务业为主的行业在空间上的分布较为离散，说明这些行业是整个服务业中的基础性依赖行业，更多强调的是空间均衡分布带来的更大服务供给覆盖面。

服务业各行业的地域专业化（表4-13）：从区位熵的计算结果看，不同行业之间存在较大的区位熵差异，说明已经呈现一定的地域专业化特征。另一方面，发展较为成熟的区块一般具有较高的综合服务能力，而处于发展中的区块则体现出功能的单一性。通过区位熵的纵向对比发现：武林中心区块除了商务及咨询业集聚程度较高外，其他行业发展水平较为平均，体现了成熟区块的功能复合与形态混合的特征；世贸黄龙区块主要集聚了房地产业，而其他行业发展较为均衡；吴山区块集聚了金融保险业、房地产业和商业娱乐业，体现了杭州传统中心的特色；湖滨区块是行政管理和金融商务业的主要集聚地；高新文教区块显著集聚了科研信息业，同时与其他服务业比例相差悬殊，说明该区块商务办公功能的单一性。整体上，体现了当前区域发展中配套行业建设的滞后问题，也说明服务业的地域专业化还处在初期的低水平状态。

2008年杭州都市核心区服务业区位熵与集聚指数统计　　　　表4-12

行业区块名称		工程及建筑管理	邮政与运输管理	金融保险业	房地产业	科研信息业	商务及咨询业	商业与娱乐业	行政与社会事业
武林区块	区位熵	0.64	0.98	0.83	0.95	0.46	1.23	0.99	1.06
湖滨区块		0.35	0.52	1.35	1.12	0.31	1.06	1.06	2.20

续表

行业区块名称		工程及建筑管理	邮政与运输管理	金融保险业	房地产业	科研信息业	商务及咨询业	商业与娱乐业	行政与社会事业
吴山区块	区位熵	1.83	0.76	2.14	1.99	0.25	0.84	1.12	1.35
黄龙区块		0.85	1.03	1.15	2.13	0.91	0.95	0.99	0.84
文教区块		0.47	0.45	0.35	0.54	2.86	0.74	0.73	0.60
凤起区块		1.13	1.01	1.25	0.93	0.49	1.11	1.10	0.93
城站区块		1.87	1.17	1.54	0.95	0.36	0.84	1.29	1.31
东站区块		1.63	0.72	0.62	0.57	0.62	1.02	1.37	0.53
钱江新城		2.47	0.34	1.37	0.46	0.68	1.07	0.72	1.64
滨江区块		0.91	2.05	0.43	1.35	2.31	0.76	0.68	0.60
莫兰指数		0.02	0.02	0.06	0.04	0.11	0.04	0.03	0.03
集聚程度		弱集聚	弱集聚	高度集聚	中度集聚	高度集聚	中度集聚	弱集聚	弱集聚

2008年杭州都市核心区专业化功能区块类型　　　　　　　　　　表4-13

城市中心	主导行业	配套行业	地域功能与性质
武林区块	商务及咨询业	邮政与运输管理、行政与社会事业	成熟的综合型商业区
钱江新城	工程及建筑管理	行政与社会事业、金融保险业	建设中的综合型商业办公区
文教区块	科研信息业	商务及咨询业、商业与娱乐业	发展中的科研型商务区
黄龙区块	房地产业	金融保险业、邮政与运输管理	成熟的金融与贸易型商务区
吴山区块	金融保险业	房地产业、工程及建筑管理	成熟的综合性金融文化商务区
湖滨区块	行政与社会事业	金融保险业	成熟的综合型商业区
城站区块	工程及建筑管理	金融保险业	成熟的专业化枢纽型商务区
东站区块	工程及建筑管理	商业与娱乐业、商务及咨询业	发展中的专业化枢纽型商务区
凤起区块	金融保险业	工程及建筑管理、商务及咨询业	发展中的金融商务型商务区
滨江区块	科研信息业	邮政与运输管理	发展中的科研型商务区

4.3.3　规模等级：集聚强度内外部差异显著

从服务业建筑面积的空间分布来看，单体建筑面积较大的没有呈现明显的集聚特征，一般位于城市的外围快速拓展区域，如沿钱塘江两岸、北部城区。但另一方面，从服务业的空间分布的密度来看，还是呈现出明显的空间不均衡集聚格局，环西湖区域最为密集，并呈扇形梯度递减。这正说明了城市发展的历史继承性：西湖周边为杭州老城，受旧城改造与西湖

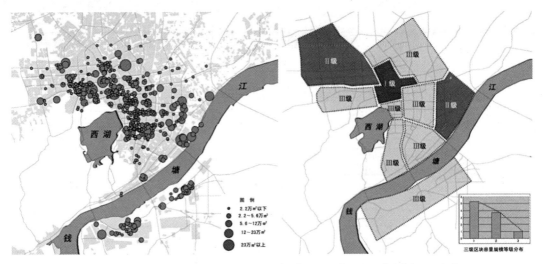

图4-11　杭州核心区服务业空间规模分布（左）与规模等级分析（右）（2008年）

景观控制，整体分布密度大，规模与开发强度低；而处于钱塘江沿岸等城市外围成长区建筑密度相对较低，但开发强度很高。

通过调研的数据统计，将服务业企业数、占地面积、建筑面积同时选为变量，采用K类中心聚类（K-Means Cluster）法，根据最小欧式距离原则进行10个区块的服务业规模等级样本聚类分析，最终得到3个等级的区块规模。从分析结果看，杭州现状城市服务业的规模容量等级结构不够合理，体现出第三级区块规模偏小与整体发展滞后的问题，这也表明了杭州城市服务业的空间分布正处于从单中心集聚形态向多中心网络化转型的阶段，各次级区块的基本雏形已经出现，但缺乏综合服务功能，其功能与规模尚在提升与形成过程之中（图4-11）（吴一洲 等，2010c）。

4.4　杭州城市多中心演化的动力机制分析

城市多中心结构的形成是在政治与经济背景下，个体在空间上的离散选择形成的宏观现象（图4-12）。

4.4.1　区域整合背景，长三角多中心城市群一体化

中国已经形成城市群发展结构，其中长三角城市群的经济最为发达，城市一体化程度最高，已形成以上海为核心的世界第六大都市圈。长三角内部呈现出都市连绵区的趋势，在空间结构上，长三角多中心城市区域（PCR）中，以上海为核心的"一核九带"空间格局已经初步形成。同时，其下一层次的"杭嘉湖绍"都市经济圈也初步形成了圈层加轴线放射的空间框架，呈现出明显的"中心-外围"发展格局，杭州作为中心城市已初步具备大都市的核心特征，首位度不断提升，与周边城市的联系日趋紧密，都市区腹地扩展明显，与周边县（市）初步呈现功能互补、分工协作的关系。

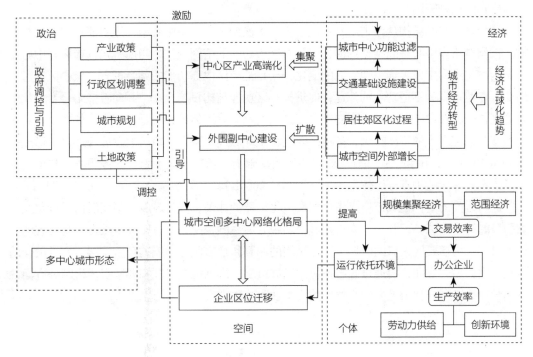

图4-12　城市多中心演化动力机制概念

4.4.2　政府引导背景，网络化大都市空间结构重构

自杭州最近一轮的总规中提出"跨江发展"战略与"一主三副六组团"空间结构以来，随着杭州都市功能地域的快速扩张与融合，品牌特色逐步凸显，从"四在杭州"（住在杭州、游在杭州、学在杭州、创业在杭州）、"和谐创业"、"生活品质之城"到"一城七中心"，越来越体现出都市区应有的发展能级。特别是近年来，杭州市委市政府提出建设20个新城、100个综合体的实施措施，以及重点打造的大江东新城和城西科创产业集聚区等一系列重大项目的建设，使得城市中心体系正面临新一轮的空间重构，在"一主三副六组团"的宏观结构下，不同城市中心的发展却呈现不均衡的特点，同一级的副城和组团其发展差异性也十分显著，如存在下沙副城的发展快于江南城和临平副城、余杭组团和义蓬组团的战略重要性提升，外围其余组团发育相对滞后等新变化。这就需要对前一时期的杭州都市区发展的绩效进行分析与思考，总结城市中心体系发展中的人口迁移趋势、产业分布演化、空间结构变动与都市发展轴线的动态变化特征，总结其中的结构性问题，对未来杭州城市多中心体系的引导方向进行修正，引导杭州向多中心网络化大都市转型。

4.4.3　自身转型背景，都市功能的多中心空间分化

杭州作为长三角南翼中心城市，是我国生产力总体布局中梯度开发、南北对流的中枢和先行地区。2011年，杭州市GDP达到7011.8亿元，人均超过12000美元，已率先基本实现现代化。随着经济的不断发展以及城市消费能力的不断提高，杭州市进入了一个空间重构、功

能调整和结构剧变的重要转型期。

杭州城市空间结构从清末至21世纪经历了多次变革，从单中心结构逐步演化成多中心结构。杭州城市多中心空间结构的演化引导着城市功能的空间分化，当前杭州都市区多中心空间结构演化进程主要表现为两方面的变化：一是都市区内部功能的整合提升，核心区通过制造业、专业市场等不适功能的外迁，促进核心区功能结构日趋合理，并向着多中心专业化的功能区转变，在都市区内形成不同专业化方向的水平分工体系；二是在都市区外围，随着人口和产业在空间上的不断扩大，都市区周边城乡地域逐步融入都市区的发展腹地，并形成多个外围次中心（组团），在部分专业化功能的基础上，承担片区的综合服务功能，与核心区构筑成不同等级的垂直分工体系（吴一洲 等，2009b）。

这两方面的变化是城市自身生命周期演化规律的体现，以及政府在不同时期进行空间战略引导的综合结果。因此，未来杭州城市多中心体系的构建，一方面要从城市自身发展的规律性出发，为核心区人口的疏散、产业结构的调整和都市服务功能的创新发展，找寻最佳的承载空间；另一方面，要通过政府在协同发展机制、规划控制机制和要素引导机制等方面的科学管理，来保证都市区多中心发展的均衡性和高效性。

第 **5** 章

宏观实证二：
宁波多中心城市
功能空间组织

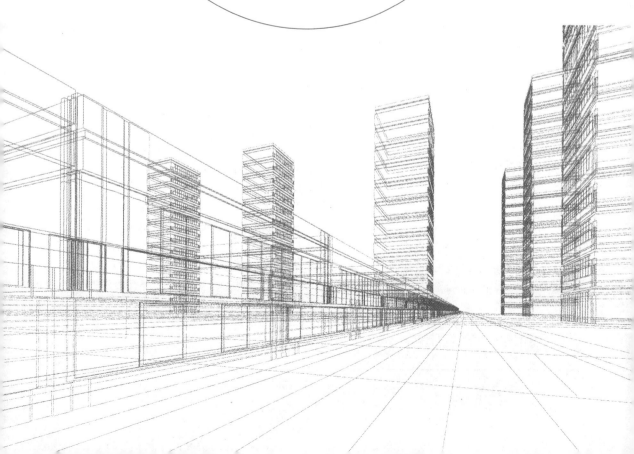

5.1 宁波城市功能定位发展轨迹

改革开放以来到2010年，宁波经历了3次总体规划编制（1986年、1994年、1995年）、1次远景规划研究（2000年）和1次宁波市域总体规划（2006年）（表5-1）。从1986年以港口建设为重点，石化、电力、钢铁等基础工业为依托，适应国家对宁波发展的战略定位；到1994年确立"以港兴市、以市促港"的城市发展导向，推进东部开发区、保税区和大榭岛的深入开发，建设现代化的港口城市；到1995年面对上海的强劲发展和浙江省对宁波市产业结构调整的新要求，提出优化城市结构和内部功能转变的规划思想；到2000年，提出"结合中心城区东扩，进一步推进城市化进程，完善城市功能，扩大城市规模，美化城市环境，建设生态城市、产业城市和流通城市"；到2006年，提出"我国东南沿海重要的现代化国际港口城市与交通枢纽；国家重要的基础工业与先进制造业基地，长江三角洲南翼经济中心城市；历史与现代交相辉映的文化名城，人与自然和谐共生的滨海宜居区"的发展历程（吴向鹏，2006），规划编制和调整的指导思想经历多次变革。

宁波历次城市功能定位与空间规划回顾 表5-1

年代	背景	指导思想	规划重点	实施效果
1986年	建设宁波深水港，进一步对外开放，市管县和城乡经济体制改革	建设成为现代化深水良港及配套的集疏运体系，港口吞吐量达到7000万～1亿万t；工业总产值提前实现翻两番，人均国民收入4000元，城市人均居住面积达到8～9m²	突出工业和对外贸易的职能定位，发展为省经济中心。至2000年，城市人口发展到96万人，建设用地达到100km²。城市向沿海跳跃发展	至1993年，城市人口达42万，城市建设用地达57km²。老市区建设集中，北仑工业建设分散，保税区一期运行，港口具备基本配套设施
1994年	开发区、保税区、大榭岛的开发。	"以港兴市，以市促港"，以港口建设为中心，完善城市产业结构	将上次规划2000年人口规模调整为95万～105万，用地规模调整为138km²，并首次提出城市远景控制规模	至1994年，城市空间形态呈单中心结构，镇海北仑的作用弱，城市形态过于分散
1995年	上海发展强劲，浙江省对宁波产业结构进行新调整	从大区域视角研究未来城市发展势态，合理确定城市规模、发展方向	城市定位突出港口和历史文化名城，确立长江三角洲南翼经济中心地位。城市规模调整为2000年98万人，95km²，2010年130万人，126km²。远景250万～280万人	至1999年底，城市人口规模突破规划控制，用地规模未达预期。城市集中在老市区发展，北仑、镇海的发展状况和规划的要求存在比较大的差距。城市形态上跨越的架子拉开，但没有真正意义上的跨越

续表

年代	背景	指导思想	规划重点	实施效果
2000年	中心城区东扩，城市化进程进一步推进，城市功能不断完善，城市规模扩大	从城市外围和城市地区研究城市空间的拓展动力、发展模式和形态演变，提出片区发展策略	城市定位锁定港口并扩展到东部沿海重要交通枢纽，提出生态城市、产业城市和流通城市概念。城市规模确定远景中心城人口250万～280万，建设用地340km²。城市形态研究250万～280万人口的城市发展空间模式。推荐"T"形组团结构，3个组团自成体系，相向发展	
2006年	长江三角洲正在进入新一轮的发展机遇期、转型期，伴随着鄞州区的撤县并区、杭州湾跨海大桥的建设，宁波市发展的区域总体环境正在发生巨大变化。需要探索用新的理念、新的方法，用全覆盖的、城乡统筹的新型区域空间规划来解决宁波市域空间发展的问题	合理确定宁波市的发展定位与发展战略；明确市域空间利用、城镇体系与产业空间布局；统筹安排市域重大基础设施和公共服务设施；明确市域空间功能区划与分区管制；对余慈地区、鄞奉地区、象山港地区等次区域的空间发展进行协调规划	城市定位为我国东南沿海重要的现代化国际港口城市与交通枢纽；国家重要的基础工业与先进制造业基地，长江三角洲南翼经济中心城市；历史与现代交相辉映的文化名城，人与自然和谐共生的滨海宜居区。规划预计2020年中心城总人口250万左右，城市建设用地规模355km²。中心城呈"双心二带三片"组团式格局，组团间通过快速交通联系，以海岸线、三江为轴线，沿海为产业发展空间，沿三江为生活发展空间，三片之间以生态绿地隔离，形成"双心二带三片"组团式空间结构	2010年，宁波中心城人口规模已达265.9万人，大大超过了总规远期250万人的发展目标，而人口规模的快速增长使得各项人均用地指标与总规预期出现了较大的偏差。中心城各类建设用地的发展呈现快慢两极分化，一方面工业、对外交通、市政设施用地的规模已突破原有规划预测，另一方面，公共设施、绿地增长速度较为缓慢。用地规模在数量快速扩张的同时，质量的提高相对滞后

资料来源：根据《智慧的空间位置：智慧城市时代的GIS》（高慧君 等，2014）和《快速城市化时期浙江沿海城市空间发展若干问题研究》（沈磊，2004）整理

　　从规划的实施成效来看，经历的每版规划基本都与每个阶段的宁波发展宏观要求和重大建设项目的落地相一致。其中关于新区建设的大战略，发挥出了强大的执行力，建设成效显著。但另一方面，由于不同阶段的城市功能发展导向变化较大，导致部分转换过渡期的发展目标与项目建设有所错位，特别是对于镇海和北仑两个沿海工业区的规划前瞻性不足；另外，未能真正考虑都市区发展模式，忽视了周边功能腹地的整合与提升，多中心网络化的高效都市区空间结构未能形成，而中心城区则已经接近极限，出现集聚不经济现象。城市功能分区依旧过于明确，导致生活和生产分离，职住不平衡，产业发展空间失配，近郊以及更郊区的地区始终未能对人口产生吸引力，这也导致城市空间结构的转型受到阻碍。

5.2　宁波城市经济社会发展阶段判断

5.2.1　城市经济发展阶段理论

　　城市随不同时期发生的各类事件发展而不断演化转型，并表现出各异的阶段性特征。城市发展阶段理论的渊源在于生物进化论。最初是英国哲学家斯宾塞（H. Spencer）将达尔文1837年提出的生物进化论引入社会研究。格迪斯1915年用生态学原理和进化论研究城市，提出城市的生命周期思想和城市进化概念。此外，在20世纪初兴起于美国的生态学研究的影响下，美国社会生态学家麦肯齐（R. McKenzie）、佩里（C. Perry）、芒福德（L. Mumford）等都尝试把生态学生命周期思想运用于城市的研究，最终提出城市具有生命周期和发展阶段，但真正的专门研究尚未出现。20世纪50年代之后，西方发达国家不断出现不同层次、不同角度对城市发展阶段的研究。较为成熟的城市发展阶段理论是于1971年由霍尔提出的四阶段模型，即从都市区内人口与产业迁移的角度将城市发展划分为集中城市化、郊区化、逆城市化和再城市化4个阶段。此理论已被众多学者接受，并运用在城市研究中（郑国，2010）。

　　城市具有综合、开放和复杂的特性，因此大都市发展阶段的相关理论研究相对空白，我国学者更多地依照以下两个标准来衡量城市发展阶段（郑国，2010）：

1．人类社会发展阶段

　　根据人类社会分为农业社会、工业社会和后工业社会3个发展阶段，城市研究也将其划分为农业社会城市、工业社会城市和后工业社会城市3个阶段。每个生命周期中的城市并非匀速发展，而是分为不同速度的发展周期（郑国，2010）。

2．区域经济发展阶段

　　区域是城市发展的基础，且区域经济发展阶段理论相对成熟，在城市研究尤其是规划实践中，我国学者倾向于用区域经济发展阶段理论来描述城市发展阶段，见表5-2所列（郑国，2010）。

主要的区域经济发展阶段理论　　　　　　　　　　　表5-2

学者	提出时间	背景及依据	划分区域发展阶段
胡佛（E.M.Hoover）和费希尔（J.Fisher）	1949年	产业结构和制度背景	自给自足阶段、乡村工业崛起阶段、农业生产结构转换阶段、工业化阶段、服务业输出阶段
罗斯托（W. Rostow）	1960年	主导产业、制造业结构和人类追求目标	传统社会阶段、"起飞"准备阶段、起飞阶段、成熟阶段、高额消费阶段
弗里德曼（J. Friedmann）	1967年	空间结构、产业特征和制度背景	工业化前资源配置时期、核心边缘区时期、工业化成熟时期、空间经济一体化时期
钱纳里（H. B. Chenery）	1986年	人均GDP	农业经济阶段、工业化阶段、发达经济阶段，其中工业化阶段又分为工业化初期、中期和后期

资料来源：郑国，2010

5.2.2 宁波城市经济发展阶段判断指标

基于国内外大都市区发展阶段理论的分析研究，可以有多种方法判断经济发展所处的阶段。通常是从经济发展的水平和经济结构的变化来研究经济发展的阶段，即采用人均总量和结构指标作为阶段划分的依据，指标具体包括以下六项：

1. 人均国内生产总值

根据钱纳里等人的观点，从经济发展的水平出发，以人均GDP为主要指标，可以将一国从不发达到发达的发展过程划分为3个阶段和6个时期，见表5-3。

钱纳里的工业化发展阶段　　　　　　　　　　　表5-3

时期	人均国内生产总值变动范围（按2000年美元计算）	发展阶段	
1	574～1148	初级	初级产品生产阶段
2	1148～2296	工业	工业化初级阶段
3	2296～4592		工业化中期阶段
4	4592～8610		工业化后期阶段
5	8610～13776	发达	发达经济初级阶段
6	13776～20664		发达经济高级阶段

资料来源：钱纳里 等，2015

2. 产业结构

产业结构的演变分为高级化演变和合理化演变，这种演变与经济发展相伴生，并推动着经济向前发展。反观众多发达国家和新兴工业化国家的实践，产业结构的演变阶段可从以下角度进行划分：

（1）从工业化发展的阶段判断：

从工业化发展的阶段判断，产业结构的演进可分为5个阶段：前工业化时期、工业化初期、工业化中期、工业化后期和后工业化时期。不同时期，三大产业在国民经济中所处地位不同。根据美国经济学家西蒙·库兹涅茨（Simon Kuznets）等人的研究成果，在工业化初、中期，产业结构变化的核心是农业和工业之间"二元结构"的转化，在后工业化时期，则是工业与第三产业之间的转化，工业在国民经济中的比重将经历先升后降的"n"型变化。

（2）从主导产业的转换过程判断：

根据主导产业的转化，产业结构的演进可分为以农业为主导、轻纺工业为主导、重化工业为主导、低密度加工型的工业为主导、高密度加工组装型工业为主导、第三产业为主导、信息产业为主导等几个阶段（赵兵，2003）。

（3）从三大产业的内在结构判断：

第一产业从粗放型走向集约型，并向绿色、生态农业发展。第二产业经历轻纺工业、基础型重化工业、加工型重化工业的发展过程。从资源结构演变来看，经历劳动密集型、资本密集型、知识和技术密集型。从市场导向角度看，经历封闭型、进口替代型、出口导向型、市场全球化。第三产业沿传统服务业、多元化服务业、现代型服务业、信息产业、知识产业的方向演进（王健康 等，2005）。

（4）从产业结构演进的顺序判断：

产业结构不可逆地由低级向高级发展，但可以缩短各阶段的发展过程。"配第·克拉克法则"认为，随着人均收入提高，劳动力逐渐从第一产业向第二产业、第三产业逐层转移（李建 等，2003；邓曼，2003）。

3. 工业内部结构

霍夫曼提出，随着工业化发展，消费资料工业净产值／资本品工业净产值比例（即霍夫曼系数）出现不断下降的趋势：霍夫曼比例越小，重工业化程度越高，工业化水平也越高（李占雷 等，2003）。霍夫曼对20多个国家工业内部结构时序划分和计算分析，认为任何国家的工业化进程都要经过如下4个阶段（表5-4）：

阶段一：霍夫曼比率为5（±1），消费品工业占主要地位。

阶段二：霍夫曼比率为2.5（±1），资本品工业增长快于消费品工业，达到消费品工业净产值的50%左右。

阶段三：霍夫曼比率为1（±0.5），资本品工业已达到与消费品工业相平衡的状态。

阶段四：霍夫曼比率在1以下，资本品工业占主导地位，实现工业化。

霍夫曼比率及工业化阶段划分　　　　　　　　表5-4

阶段	第一阶段 （工业化初期）	第二阶段 （工业化中期）	第三阶段 （工业化高级期）	第四阶段 （后工业化）
霍夫曼比例	5（±1）	2.5（±1）	1（±0.5）	1以下

注：表中括号的数字，表示以前面数字为基准允许浮动的幅度。
资料来源：《工业化的阶段和类型》（霍夫曼，1980）

4. 就业结构

就多数国家经验来说，工业化初期阶段，三次产业就业比重分别约为58.7%、16.6%和24.7%；工业化中期阶段又分为3个时期，第一时期的三次产业就业比重分别约为43.6%、23.4%和33%，第二时期三次产业就业比重分别约为28.6%、30.7%和40.7%，当人均GNP为2800美元时，工业化基本实现三次产业就业比重分别为23.7%、33.2%和43.1%；当人均GDP为4200美元时，工业化全面实现，三次产业就业比重分别为8.3%，40.1%和51.6%（郭全中 等，2005）。

5. 城乡结构

钱纳里等经济学家提出工业化与城市化之间的变动模式：工业化的不断推进促使产业结构演变，从而促进城市化。工业化前的准备期，城市化率低于30%；工业化的实现和经济增长期，城市化率在30%～60%之间；工业化后的稳定增长期，城市化率大于80%（金华，2005；刘莉萍，2003）。

6．消费结构（邹东涛，2008）

罗斯依据科技和工业发展水平、产业结构和主导部门的演变特征，将地区、国家甚至世界的经济发展过程划分为6个阶段：

（1）传统社会阶段：以农业为主导。

（2）为起飞创造前提阶段：向下一个阶段的过渡期，以工业为主导的同时重视农业产量，此阶段的工业部门主要有食品、饮料、烟草、水泥等。

（3）起飞阶段：农业劳动力逐渐转向城市劳动，各部门经济普遍增长。以生产非耐用消费品的部门（如纺织业）和铁路运输业为主导产业。

（4）向成熟推进阶段：经济持续发展，利用先进的科技成果生产各种产品。以重化工业和制造业为主导产业。

（5）高额群众消费阶段：工业高度发达，耐用消费品成为主导产品。

（6）追求生活质量阶段：以服务业为代表的提高居民生活质量的有关部门成为主导部门。

根据罗斯托这一理论，可以将居民消费结构纳入分析区域经济发展现状的主要指标，以居民消费水平和消费结构判断区域经济发展阶段。

5.2.3　宁波城市所处经济发展阶段分析（2010年）

1．人均国内生产总值

大致相当于我国台湾地区1992—1996年之间的水平，我国香港地区1989—1990年水平，新加坡1989—1991年水平（表5-5）。

2010年，宁波全市按常住人口计算的人均GDP为68368元。按户籍人口计算的人均GDP为90175元，分别增长15.6%和18.5%，按国家公布的2010年平均汇率计算，分别达到10246美元和13319美元，已达到中等收入国家或地区水平。考虑到此表格应用的是2000年不变的美元价值，在判断目前宁波市"钱纳里阶段"时应考虑两个折算：当今美元与2000年美元价值折算以及人民币与美元实际汇率。尽管我们没有做仔细的折算，但由于年限相差并不太远，因此大致可以判断宁波已经进入了工业化阶段后期，将向发达经济初级阶段迈进。

中国台湾、中国香港，新加坡人均国民生产总值（单位：美元）　　　表5-5

年份	中国台湾	中国香港	新加坡
1988年	6333	9250	8900
1989年	7512	10320	10275
1990年	8124	13324	12110
1991年	9016	15230	13768
1992年	10625	—	—
1993年	11079	—	—

续表

年份	中国台湾	中国香港	新加坡
1994年	11982	—	—
1995年	12918	—	—
1996年	13428	—	—
2010年	18588	28306	42653

注：均按当年价格计算。
资料来源：各地各年的统计年鉴

2．产业结构

产业结构开始向"三、二、一"迈进。

从产业结构变动的趋势看（表5-6、表5-7），宁波已实现了由"一、二、三"到"二、三、一"的大跨越，开始向"三、二、一"迈进。尽管宁波全市目前第三产业比重尚未超过第二产业，但第三产业比重上升的趋势明显，2002年全市第三产业的比重为38.27%，2010年提高到40.16%，其中以金融、科研技术服务、信息传输和软件业为主的现代服务业增速发展，增速均高于第三产业平均水平。

从该阶段的城市发展特征看，宁波经济发展模式正在经历从劳动密集型向资本密集型产业、技术和知识密集型产业转型的阶段，且技术和知识、服务密集型产业将成为日后相当长一段时间的发展重点。

宁波市域产业结构演变（单位：%） 表5-6

年份	第一产业	第二产业	第三产业
1978年	32.33	48.04	19.53
1990年	20.76	56.8	22.45
2002年	7.71	54.02	38.27
2005年	5.40	54.83	39.77
2006年	4.85	54.99	40.16
2007年	4.41	55.41	40.18
2008年	4.23	55.51	40.26
2009年	4.24	54.56	41.20
2010年	4.24	55.6	40.16

宁波产业结构的演变（市区）（单位：%） 表5-7

年份	第一产业	第二产业	第三产业
2002年	3.21	54.39	42.40
2003年	2.72	54.75	48.03

续表

年份	第一产业	第二产业	第三产业
2004年	2.39	56.74	49.50
2005年	2.33	53.82	46.58
2006年	2.07	53.65	47.26
2007年	1.92	52.84	47.01
2008年	1.74	53.33	47.33
2009年	1.64	53.45	47.20
2010年	1.64	54.72	48.98

资料来源：宁波各年统计年鉴

　　2010年，宁波市域三次产业就业比重分别为6.77%，56.06%和37.38%，市区三次产业就业比重分别为1.64%，54.72%和48.98%。将宁波产业结构与中国台湾及香港地区产业结构演变进行比较，发现宁波市区第三产业比重与中国台湾地区20世纪80年代末的水平十分接近，同比新加坡则差距显著；而中国香港地区作为国际金融、贸易、服务中心，由于经济类型的差异，其第三产业占国民生产总值的比重必然较高，可比性不强（表5-8）。

中国台湾及香港地区产业结构演变（单位：%）　　　　表5-8

年份	中国台湾		中国香港		新加坡	
	第二产业	第三产业	第二产业	第三产业	第二产业	第三产业
1987年	46.7	48	27.78	71.85	40.2	59.2
1988年	44.8	50.1	26.17	73.49	40.7	58.9
1989年	43.60	51.51	25.18	74.54	40.0	59.6
1990年	42.53	53.34	24.14	75.61	40.1	59.6
1991年	42.47	53.83	21.88	77.90	40.6	59.1
1992年	41.47	54.97	19.78	80.03	40.6	59.2
……	……	……	……	……	……	……
1999年	33.24	64.2	14.63	85.27	—	—
2000年	32.52	65.38	14.22	85.7	—	—
2001年	31.17	66.87	13.39	86.52	—	—
2002年	31.36	66.79	12.4	87.51	—	—
2003年	30.57	67.63	11.45	88.48	—	—

资料来源：各地各年的统计年鉴

3．工业内部结构

工业内部结构处于后工业化时期。

本书运用轻重工业产值之比近似计算霍夫曼系数，得到改革开放以来主要年份的霍夫曼系数见表5-9，无论是大宁波还是宁波市区，霍夫曼系数呈明显下降趋势，2010年大宁波霍夫曼系数只有0.46，表示宁波处于工业化第四阶段即后工业化时期。

宁波霍夫曼比例系数 表5-9

	2002年	2003年	2004年	2005年	2006年	2007年	2008年	2009年	2010年
大宁波	0.86	0.74	0.95	0.76	0.54	0.49	0.47	0.51	0.46
宁波市区	0.74	0.61	0.44	0.41	0.37	0.34	0.33	0.36	0.32

注：宁波市区行政区划在2002年以前辖区不同，无可比较性，故市区数据自2002年始。
资料来源：宁波各年统计年鉴

4．就业结构

就业结构处于工业化基本实现向全面实现迈进的阶段。

大宁波2010年三次产业的就业比重分别为6.77%、56.06%、37.38%，对照上述标准，尽管宁波人均GDP超过4200美元，但就业结构尚处于工业化基本实现阶段向全面实现阶段迈进的阶段（表5-10、表5-11）。

2009年宁波三次产业就业结构（单位：%） 表5-10

	第一产业	第二产业	第三产业
大宁波	15.64	53.86	30.50
宁波市区	11.18	57.15	31.76

资料来源：宁波各年统计年鉴

2010年宁波三次产业就业结构（单位：%） 表5-11

	第一产业	第二产业	第三产业
大宁波	6.77	56.06	37.38

资料来源：宁波各年统计年鉴

将宁波三次产业就业结构与台湾地区进行比较，宁波市区2010年第三产业从业人员占总从业人员的37.38%，大致相当于中国台湾地区20世纪80年代初的水平（表5-12）。

台湾地区三次产业就业结构（单位：%） 表5-12

年份	第一产业	第二产业	第三产业
1981年	18.84	42.18	38.98
1982年	18.85	41.23	39.92

续表

年份	第一产业	第二产业	第三产业
1983年	18.63	41.12	40.25
1984年	17.60	42.28	40.12
1985年	17.46	41.44	41.10
1986年	17.03	41.46	41.51
1987年	15.28	42.76	41.96
1988年	13.73	42.54	43.73
……	……	……	……
2004年	6.56	35.13	58.23

资料来源：各地各年的统计年鉴

5. 城乡结构

城乡结构落后于工业化。

2010年宁波全市城市化率35.4%，市区城市化率为61.11%，总体来看，城市化还落后于工业化（表5-13）。

宁波城市化率（单位：%）　　表5-13

城市化率	2001年	2002年	2003年	2004年	2005年	2006年	2007年	2008年	2009年	2010年
大宁波	27.77	29.74	30.74	31.88	32.80	33.72	34.40	34.94	35.38	35.40
宁波市区	—	51.38	53.14	55.25	56.90	58.27	59.21	60.00	60.59	61.11

注：1. 城市化率=非农人口数量/全部人口数量。
2. 宁波市区行政区划在2002年以前辖区不同，无可比较性，故市区数据自2002年始。
资料来源：宁波各年统计年鉴

6. 消费结构

消费结构进入高额群众消费阶段和追求生活质量阶段。

改革开放20多年来，宁波城镇居民收入水平逐年提高，2010年，宁波市区居民人均可支配收入30166元，比上年增长10.2%，扣除价格因素，实际增长5.9%。在国内发达城市中占比较领先地位。

随着收入的增长，宁波城镇居民生活消费发生巨大的变化：

（1）恩格尔系数（食品消费比重）增加速度放缓，2002年宁波市区恩格尔系数40.3%，2010年下降到35.53%。

（2）居住消费支出大幅度增加，2010年市区城镇居民人均居住消费为1629元，比2002年增长106.67%。

（3）交通通信消费增势迅猛，成为持续增长的消费热点。2010年宁波市区城镇居民家庭人均交通和通信消费性支出为3091元，比2002年增长237.68%，占市区城镇居民家庭人均全年消费性支出的15.92%，家用汽车百户拥有量则由2002年的1.5辆增加到2010年的25.13辆。

（4）教育支出增长显著。据调查，2010年宁波市区城镇居民人均教育文化娱乐服务支出3089元，比2002年增长71.96%。同项数据相对比，2010年浙江省城镇居民教育文化娱乐服务人均支出，列全国第三位，位居前两位的分别是北京市、上海市。

从服务性消费构成看，2010年市区城镇居民人均服务性消费5161元，比去年增长16.45%，高于居民消费支出增幅10.36个百分点，占消费支出的比重为26.58%。

罗斯托将经济增长划分为起跑阶段、起飞阶段、成熟阶段和成熟后阶段，宁波从居民消费结构分析，已进入成熟后阶段，即追求生活品质、高消费的阶段。

总结：经过多个分阶段的单指标和结构性指标的综合分析，可以判断宁波经济发展已进入工业化后期，产业结构开始从资本密集型向技术和知识密集型转型。该阶段也是生活型和消费型服务化趋势比较明显的阶段，即高额群众消费阶段和追求生活质量的阶段。享受型、发展型、品质型服务消费的需求激增，服务行业的细分化和多元化将成为最具潜力的经济增长点。

5.3　宁波城市空间结构演化阶段判断

5.3.1　宏观空间——宁波大都市所处的城市群发展背景

1．长三角多中心城市群发展格局（国家发展改革委，2010）

改革开放以来，长三角的经济发展取得辉煌成就，成为国内发展基础、政策环境和整体环境最具竞争力的地区之一。面临当前转型升级的关键阶段，在国家区域发展总体战略实施和全球金融危机的背景下，长三角应认清机遇和挑战，进一步增强综合竞争力和可持续发展能力。

根据《长江三角洲地区区域规划（2009—2020年）》，长三角区域定位为：亚太地区重要的国际门户、全球重要的现代服务业和先进制造业中心、具有较强国际竞争力的世界级城市群。

亚太地区重要的国际门户。围绕国际城市上海进行建设，打造为具有亚太甚至全球影响力的、集国际金融、商务、物流为一体的网络体系。提高经济发展的开放性，积极参与全球合作和对外交流。

全球重要的现代服务业和先进制造业中心。以金融、物流、信息、研发等为主的区域综合服务业为中心，培育一批主体功能突出、辐射带动能力强的现代服务业集聚区。加快建设区域创新体系，提高自主创新能力，发展循环经济，提升制造业的层级和水平，创建规模和水平位于国际前沿的先进制造业集群。

具有较强国际竞争力的世界级城市群。发挥上海的龙头作用，努力提升南京、苏州、无锡、杭州、宁波等区域性中心城市国际化水平，形成以特大城市和大城市为主体，中小城市和小城镇共同发展的网络化城镇体系，成为我国最具活力和国际竞争力的世界级城市群。

总体发展格局为（图5-1）：

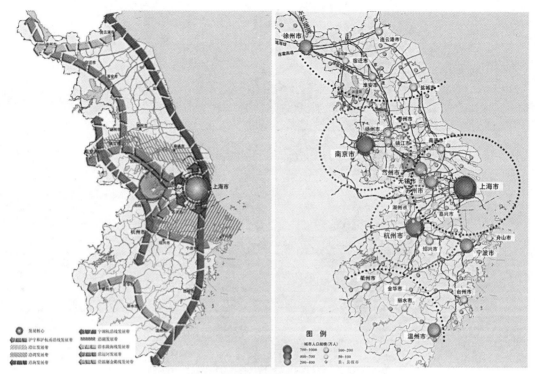

图5-1　长三角区域规划总体空间布局与城镇体系
图片来源：《长江三角洲地区区域规划（2009—2020年）》

一核两翼，"一核"为上海，"两翼"为南京、杭州；

区域性中心城市包括苏州、无锡和宁波；

核心区城市包括扬州、镇江、湖州、嘉兴、绍兴等16个城市；

核心区外围城市主要指苏北、浙西南地区的城市。

宁波作为长三角南翼的区域性中心城市，在长三角城市群的发展格局中处于第三梯度，在长三角区域中的分工职能主要为：发挥港口优势，推动宁波–舟山港一体化发展，打造国际港口城市、先进制造业和现代物流业基地。

2．浙江省城镇群空间发展格局

根据《浙江省城镇体系规划（2011—2020年）》，浙江省域发展总目标为：率先建成中国国际化程度高、创新能力强、城乡共同富裕、生态环境友好和文化全面繁荣的现代化强省；建成长江三角洲地区世界级城市群南翼的国际门户、现代服务业集聚区、先进制造业基地、国际旅游目的地和区域旅游集散中心。

未来浙江城镇格局将形成"三群四区七核五级"的空间结构（图5-2）：拥有杭州湾、温台沿海、浙中3个城市群，杭州、宁波、温州、金华–义乌4个都市区是参与全球竞争的国际门户地区，"七核"为嘉兴、湖州、绍兴、衢州、舟山、台州、丽水，浙江城镇将分为长三角区域中心城市（杭州、甬江、温州、金华–义乌）、省域中心城市（嘉兴、台州、湖州、绍兴、衢州、舟山、丽水）、县（市）域中心城市（60座左右）、中心镇（200个左右）和一般镇（400个左右）5个等级。

宁波作为参与全球竞争的国际门户地区，在浙江省城镇体系中的功能定位为：发挥港口

图5-2　浙江省域都市区空间结构规划

图片来源：《浙江省城镇体系规划（2011—2020年）》

和外贸口岸优势，发展先进制造业、海洋高新技术产业和重化产业。

宁波2020年人口规模：城镇人口590万～620万，中心城市人口230万～270万。容纳大部分的浙江沿海地区迁入人口。疏解宁波西部、南部和余姚南部山区人口至都市核心区、余姚慈溪片区和重点镇，小岛居民搬迁，大岛搞建设，以公路、桥梁连接大陆与近海岛屿。

宁波的自然与人文特色："三江交汇、一湖居中"以及"三江六岸"的传统城镇格局和景观特征，三江包括余姚江、奉化江、甬江。

3．宁波网络化多中心都市区发展阶段

以国家对长三角地区率先发展的要求为背景，考虑现阶段人民对生活品质的要求和宁波发展现状，宁波的城市定位为：现代化国际港口宜居城市；围绕"亚太国际门户、山海宜居名城"两大核心目标，通过提升功能、提升品质，形成八大主要职能。具体如图5-3所示。

在城市时代，城市群或城市网络的竞争力越发重要，未来，宁波将通过政策体制、城市空间、区域经济、交通网络、城市公共资源、生态环境、社会一体化等全方位的整合，构筑一个网络化现代大都市。

宁波市域大都市区在空间上可分为4个层次：第一层次为都市区核心，第二层次为都市区副中心组团，第三层次为都市区卫星镇（部分重点中心镇以及一些发展潜力大的市镇地区），第四层次为乡村地域综合社区中心（保留的一般镇）。通过都市核心区及各级城镇相互间的有机专业分工，紧密协作融合，乡村地区则以生态功能为主，在功能上构成一个网络

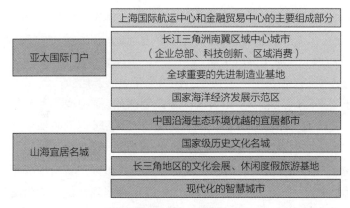

亚太国际门户	上海国际航运中心和金融贸易中心的主要组成部分
	长江三角洲南翼区域中心城市 （企业总部、科技创新、区域消费）
	全球重要的先进制造业基地
	国家海洋经济发展示范区
山海宜居名城	中国沿海生态环境优越的宜居都市
	国家级历史文化名城
	长三角地区的文化会展、休闲度假旅游基地
	现代化的智慧城市

图5-3　宁波城市功能定位示意

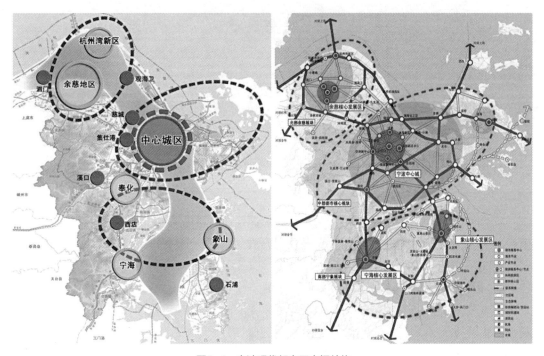

图5-4　宁波现代都市区空间结构

图片来源：《宁波市城市总体规划（2006—2020年）》

化、开放型的大都市区城镇体系。

　　根据《宁波市城市总体规划（2006—2020年）》，宁波都市区空间结构正逐步形成以中心城六区为核心、以余慈地区和宁波杭州湾新区组团为北翼、以奉化宁海象山组团为南翼、以卫星城和中心镇为节点的网络型都市区新格局（图5-4）。

5.3.2　中观空间——宁波中心城市空间形态演化历程

　　宁波在一千多年的发展历史中，每个阶段的社会经济背景决定了当时的城市形态。城市空间由团状、指状转向组团式转变，由单核同心圆的发展模式向轴向带状和多核生长模式转变（沈磊，2004）。宁波城市从形成至今，其形态演变大致经历以下4个阶段（胡道生 等，2010；沈磊，2004；王聿丽，2003）：

1. 团状形成阶段——城市形成初期

由于集市性聚落的兴起，宁波最初在三江口一带发展。唐长庆元年（公元821年），明州州治由小溪迁至三江口，在今中山公园一带筑明州州署"子城"，南起鼓楼，北至中山公园后园，东起渡母巷，西至呼童街，周长420丈，百姓居于子城外。唐乾宁五年（公元898年），在"子城"外围筑罗城（外城），东至奉化江，西、南以护城河为界，北至余姚江，至此明州城市形成。基于当时的社会经济发展极其缓慢，城市规模相当小，局限于余姚江、奉化江以西之内，城市形态呈团状，主干路贯穿东西，街巷则沿河如叶脉分布（图5-5）。

宋代明州古城图　　　　唐乾宁五年（公元898年）罗城图　　　　中华民国时期明州古城图

图5-5　宁波历代古城形态示意

图片来源：虞刚，2009

明清时期，随着经济发展和人口的增加，城区突破古城向甬江东、姚江北发展；鸦片战争后，宁波成为通商口岸之一，城市经济转为开放的商品经济，海曙、江东、江北三区构成宁波老城区，但仍是单中心同心圆生长模式。

2. 指状拓展阶段——城市单中心生长时期

1953—1978年，宁波港口外迁，陆上交通系统形成，城市空间沿江、沿路发展，经济发展进入新阶段。城市空间形态演变为指状，空间扩展模式演变为轴向生长的带状模式（图5-6）。

3. 组团形成阶段——城市多中心形成初期

1978—1990年，镇海港工业和北仑国家级经济技术开发区不断发展，形成三江片（老市区）、镇海片、北仑片的中心城格局，空间结构从单核向多核组团式发展，城市扩张由蔓延式向跨越式发展。北仑港作为国际深水良港的优势促进临港工业的发展，镇海作为重化工基地，工业迅速崛起。短短二十年间，这种经济上的发展变化使得宁波由原来的老市区发展成为老市区、镇海区、北仑区三大片。城市形态由指状演变成由母城加镇海、北仑两个子城的组团式形态。

4. 组团拓展阶段——城市多中心生长时期（图5-7）

20世纪90年代之后，尤其是1992年改革加快阶段，宁波经历了巨大而快速的变革，整体经历可以概括为以下两个方面：建成区范围不断扩大，城市内部不断更新。

宁波市整体的空间形态为组团式结构，但核心区单中心的集聚能力仍占主导地位，虽然

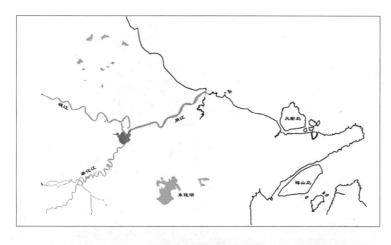

图5-6　1957年城市发展
现状

图片来源：虞刚，2009

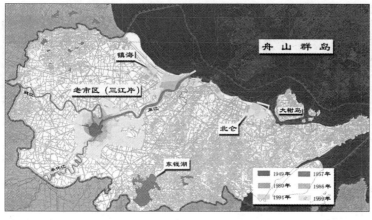

图5-7　宁波中心城市空间拓
展过程分析

图片来源：王聿丽，2003

已具有多核心延连模式的特征，但三江、镇海、北仑三片之间不论在空间上，还是在功能上都有一定的分隔，联系强度仍偏弱。

5.3.3　微观空间——宁波核心区空间功能提升与结构优化

　　海曙、江东、江北传统老城区，近几年主要以功能优化与结构调整为主，而环城路一带结构趋于稳定，三江片的外围地区是建设发展最快的区域，由于鄞州区并入中心城、东部新城的快速启动、南部新城的大力开发，以及外围高教园区和工业园区的建设，空间增长非常显著（图5-8）。

　　总体来看，三江片的用地正向"同心圆"模式转变。城市核心为商务功能为主的CBD，核心区外围是居住区，城市外围则为工业地带以及由核心区疏散而形成的住宅区。而城市空间大规模迅速扩张主要是外围的东部新城、南部新城等大型区块的启动建设（王聿丽，2003）。

　　居住区块除了部分旧城改造以外，更多地体现在居住外迁上，从老城区转移到更加外围的新建地带，交通方便、环境优美，与现有建成区联系紧密。核心区工业企业随着"腾笼换鸟"和城市产业结构"退二进三"，大量工厂都进行了用地置换，外迁的工业和原来的郊区

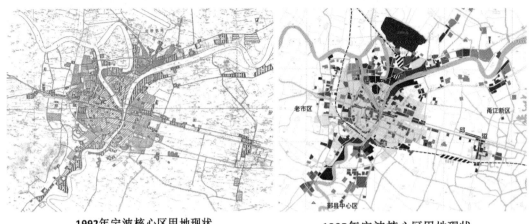

1992年宁波核心区用地现状　　　　1995年宁波核心区用地现状

2001年宁波核心区用地现状　　　　2010年宁波核心区用地现状

图5-8　宁波中心城市各期用地现状
图片来源:《宁波城市总体规划（2004—2020年）》

工业区合并，或在城市外围形成新的大型工业园区（王聿丽，2003）。公共服务设施功能演化主要体现在两个方面：一是城市核心区高端现代服务功能的提升与集聚，另一个是外围新拓展区域的生产生活配套设施建设。公共服务功能的外溢趋势明显，类型多样，如办公楼宇、大型商业广场、城市综合体等等都在外围开始兴建。

5.3.4　宁波城市空间结构演化的动力机制

1．人口增长与经济转型推动了城市功能优化与空间重构

资本投入是拉动20世纪80—90年代近20年间宁波经济增长的主要动力，其中以民间资本为主，外资比例很低。当时宁波的经济发展主体是乡镇企业，其份额占到工业总产值的

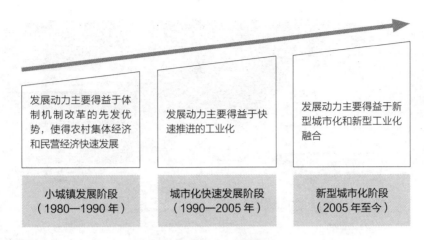

图5-9　宁波不同时期的发展动力示意

图片来源：作者根据《2014年宁波市城镇化调研报告》绘制

85%。20世纪80年代以国家资本投入为主体的港口、重化工建设，目前国家也不再继续投资，临港工业面临转型难题。20世纪90年代末以来，宁波从高速增长开始向稳定增长转变。尤其是2005年后，已经进入以非必需品消费为主的阶段，宁波的经济增长模式开始从工业化推动型向城镇化推动型转移，工业化则以新型工业化的新目标进行转型升级。宁波城市功能的调整，引起城市形态的演变，城市的用地结构也随着城市功能的调整发生着相应的变化（图5-9）。

随着人口增长与城市化的推进，宁波城市建成区的空间规模不断扩大，人口集聚效应明显，三江片人口密度增长最为显著；而在新型工业化的转型升级趋势下，宁波城市核心的用地功能也在同步进行优化，显著表现在大量工业企业的外迁，核心区产业"退二进三"，以商务办公、大型商业、城市综合体为代表的现代服务业类公共设施用地大量增加。同时，随着核心区三江片的人口和交通负荷压力日益增大，人口也出现了郊区化的趋势，东部新城、南部新城、镇海新城等核心区外围新兴城市片区以及副中心的建设，正逐步引导核心区人口向外疏散。

2．港口的发展变迁牵动着城市空间结构的多中心演化（图5-10）

城市发展过程中的集聚效应带来土地的级差效应，导致沿海的工厂、港口被转移或进行功能置换，成为宾馆、俱乐部、商贸功能。国际上有名的航运中心都经历了老港区的迁移和改造过程（陈航，2006）。

三江口自100多年前筑城建港，便一直是宁波的城市中心。最初城市发展集中在港口附近，鸦片战争后，宁波港迁移到江北港。自此，江北港不断发展，城市向江东、江北拓展，形成海曙、江东、江北三区，老城单核集中的形态基本形成（常冬铭 等，2007）。

1949年后，工业成为支柱产业，工业用地成为城市空间演变的重要影响因素。工业部门的增多和生产规模的扩大，带动城市空间的迅速扩张。20世纪70年代初期，镇海港区及其工业配套的发展，使宁波从内河港迈向河口港。同时，生活配套设施的完善使镇海港成为一个功能相对完善的城市组团，宁波成为双城组合城市。

1979年，北仑港的开发使宁波出现从河口港到海港的第二次历史性跨越。北仑城区用地

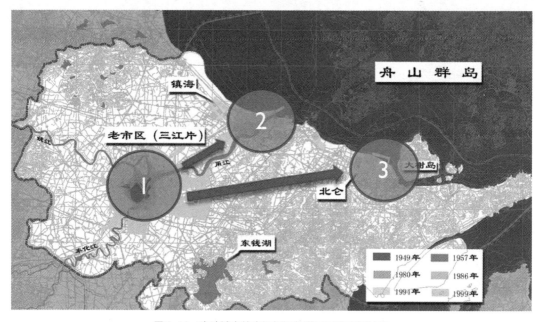

图5-10 宁波城市的空间拓展与港口区位变迁过程
图片来源：作者根据《宁波城市空间演变的反思》（王津丽，2003年）绘制

按照港口及临港工业的发展进行布局，发展为宁波另一独立组团。目前，宁波已呈现"三江片+镇海片+北仑片"的基本城市功能布局，城市形态由团状向双城，进而向三城组合演变。三江片、镇海片、北仑片均沿江或沿海岸线向外延伸，三江片是宁波传统的老城区，集聚城市商业、服务、管理和居住功能，而镇海和北仑片主要承担城市的生产和口岸贸易功能（常冬铭，2008）。

3．基础设施系统建设加速了城市形态组团化发展进程

宁波都市圈具有完善的交通系统，并逐渐实现"海陆空"快速交通体系，有利于都市圈空间的紧密联系，同时具有强大的指向性和牵引作用。20世纪90年代中期以来，宁波、绍兴、舟山、台州开始筹划建设区域内部交通系统，加强都市圈区域内重大交通基础设施的建设（表5-14）（温静，2010）。

2020年宁波都市圈区域内重大交通基础设施建设　　　表5-14

建成时间	项目名称	作用与意义
1996年	杭甬线高速	宁波市区与余姚、上虞、绍兴市区、杭州市区实现高速连接
2000年	上（虞）三（门）高速	上虞、嵊州、新昌、天台、三门实现通车，与甬、绍市区相连
2001年	甬台高速	宁波市区、奉化、宁海、三门、临海与台州市区高速相连，宁波都市圈除舟山境内基本实现高速连接
2002年	萧甬铁路复线	宁波、绍兴地区通过沪杭、浙赣两线与全国铁路大动脉相连
2005年	甬金高速	宁波、台州、金华实现高速相连，区域内逐步向"两纵两横两连"的田字形开放式交通网络推进
2006年	台金高速	

建成时间	项目名称	作用与意义
2008年	杭州湾跨海大桥	大桥连接宁波慈溪和嘉兴海盐，宁波与上海向陆上距离缩短至170km，进一步融入长三角
2008年	杭甬运河绍兴至宁波段	打通绍兴与宁波、舟山港的内河航运
2009年	甬舟高速	打通宁波与舟山市区，都市圈内全部区域实现高速连接
2009年	甬台温铁路	铁路贯穿奉化、宁海、三门、临海、台州市区、温岭，宁波市区与南部节点交通更加便捷，宁波成为交通枢纽城市

表格来源：温静，2010

经过几十年的建设和发展，宁波已成为长三角南翼的交通枢纽城市，宁波都市圈内已基本形成网络状交通体系，节点之间的可达性不断提高，一体化进程加快。长三角南部的交通网络结构演变为A字形，宁波与嘉兴、上海的可达性和经济联系的不断增强促进了宁波都市圈的经济辐射能力，为其扩张提供可能。舟山连岛工程、绍嘉高速公路、甬金铁路的建成将为宁波实现"同城效应"、接轨大上海、实现长三角都市圈的合作共赢奠定重要基础（温静，2010）。

城市行政区范围基本上维持长期不变的状态，但在快速发展中的宁波越来越感到发展空间的限制，城市空间结构的合理演化遭到制约，内涵上，开始制约城市资本、产业、劳动力等构成要素在地域空间上的合理流动与分布（吴一洲 等，2009b），需要通过行政区划的整合来拓展都市圈的发展腹地。

宁波的行政区划从20世纪50年代开始，经历了多个变革阶段：1959年1月16日，国务院发文正式同意将鄞县并入宁波市；1983年宁波施行市领导县体制，撤销宁波地区行政公署，将鄞县、奉化、宁海、象山、慈溪、余姚六县归为宁波市管辖；1992推行撤区、扩镇、并乡工作；2002年鄞县撤销，改设鄞州区。特别是近年来，南部商务区的快速建设，使鄞州区融入了老三区，大大拓展了宁波核心城区的发展腹地。

同时，宁波港和舟山港的空间关系、功能联系和行政建制也发生了多次变化。宁波港和舟山港在地理上，包括海域、航线和经济腹地等方面拥有同等优势，但行政体系的分割削弱其优势，所以两港一体化被提上议程。第一次两港统一规划于1996年被提出，2003年浙江省向国务院申报宁波、舟山港合并计划，2006年1月1日起正式启用"宁波–舟山港"，一体化建设加速宁波都市圈节点城市的融合（温静，2010）。

可见，通过行政区划的调整，实质上是调整了都市发展的利益关系，将宁波都市区的利益格局进行了统一协调，以起到合力发展、整合发展、集聚发展的目的。在此背景下，很显然单核中心的城市已经很难顾及多个因素的牵扯，势必使宁波城市的功能体系发生裂变，形成了多个核心的都市区结构。

4．政府新行政中心的跳跃式发展拉大了都市发展框架（图5-11）

在当代中国，行政中心对城市空间具有极大的影响力，很多城市如杭州、宁波等都借助"行政中心外迁"这一手段达到促进城市空间结构转型的目的（单峰，2004）。宁波已经从一个中等城市迅速发展为一个大都市，同时也出现众多城市问题，如空间和土地资源紧

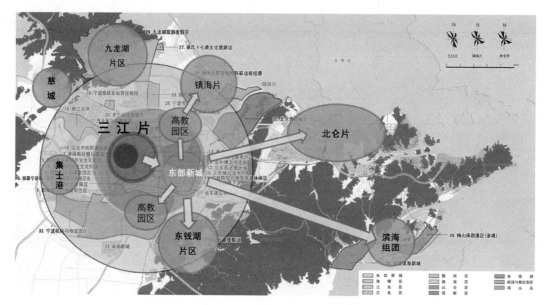

图5-11　宁波中小城市现状空间演化结构分析

张、环境承载力有限、人口压力大等，新的城市功能因此而无法实施，另外，历史文化的保护与城市的开发建设之间的矛盾尖锐化。因此，为了壮大中心城市，突破老城区资源的限制，开发建设东部新城以拓展新的城市发展空间，使宁波从单中心走向多中心（张缨，2007）。

宁波东部新城位于宁波未来城市空间结构的地理中心，根据城市总体规划，东部新城将与老城区一起形成"一城二心"的总体空间格局。东部新城的建设使港口与城市的联系得到加强，有利于城市综合服务功能的集聚和辐射，同时也是对城市中心功能的补充和完善。跳出老城，建设新城是宁波发展多中心城市的必经之途，对于解决"城市病"，保障城市的可持续发展具有重要意义（吴启钱，2004）。

5.3.5　宁波城市空间演化所处的阶段性特征

根据前述大都市区演化阶段的理论分析，对照宁波的发展历程和现状进行判断，宁波目前正处于大都市区演化的第二阶段和第三阶段之间（阶段二为都市区拓展培育阶段，阶段三为都市区发展与扩张阶段），其都市区的主要空间组织特征如下（图5-12）（吴一洲 等，2010a）：

（1）核心城市（三江片）仍以集中式、单中心结构为主，但开始出现多中心的雏形，多中心体系框架基本形成。

（2）核心城市功能细化产生新的功能中心，大都市中心结构体系调整，形成以专业化水平分工为主的多中心城市（PC）；外围组团群落（鄞州中心、镇海、北仑、东钱湖等）快速成长，并伴随核心城市功能辐射，地域功能出现分化（临港滨海产业、旅游度假区、高教园区等）。

（3）随着核心城市与外围拓展成长区之间通联加强，要素流动重组，大都市城市中心体系之间区域分工和功能结构日趋合理，有更多的互补性区域（奉化、象山、宁海等）被纳入

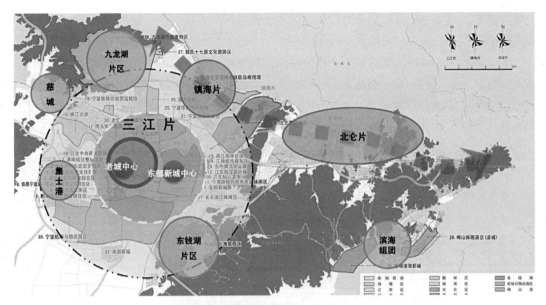

图5-12 宁波中小城市现状空间演化结构分析

到宁波都市区的空间范围内，发展趋于一体化和运行质态不断提升，竞争格局转变成竞争与互补同时存在的新型内在关系。

（4）处于区域经济主流向上的都市区各级中心（内核如东部新城、南部新城和三江口等城市组团，外围如余姚、慈溪、奉化等周边县市）在专业化功能基础上增加了二级服务功能，从而与核心城市形成水平和垂直并存的功能关系，都市区多中心城市区域（PUR）雏形出现。

（5）该阶段都市区发展的主要矛盾存在于空间协调与资源整合方面，宁波市域空间的一体化趋势虽然出现，但没有消除市域内部各功能组团之间空间发展的矛盾，特别是对于功能分工、基础设施建设、发展规模控制等方面的统筹、协调亟待加强。在都市区地域范围内还没有完全形成空间资源的最优配置，部分地区之间仍存在明显的竞争和资源配置不畅的情况，特别是都市区不同功能组团之间的过渡性地带（如余慈地区、鄞南-奉化地区、象山港地区），在用地规模、空间布局、用地性质、基础设施对接、生态环境保护等方面的矛盾仍比较突出。

5.4 宁波多中心城市功能空间形态分析

5.4.1 基础数据及来源

为研究宁波现代都市业态，研究小组2008年组织了30余名学生，历时20天，采用实地踏勘与走访的形式，对宁波的业态分布情况进行数据采集，信息包括各种业态的具体位置、部分业态的名称、所辖城区、业态类型、部分业态的建筑面积、建筑层数、内部企业数量等，其中业态的具体位置通过实地调研对照遥感地图绘制；名称、所辖城区、业态类型等信息均由调研获取，建筑面积通过调研，以及通过遥感图进行测量获得；内部企业类型通过写字楼的相关告示牌、企业楼层分布牌等获得。

重点调研了宁波中心城区规划功能区块内及其周边的业态，每一个标记点代表一个小范围统计区域，每个标记点的服务业均按照26个业态类型进行分类统计。对于距离功能区块较远，以及一些交通条件不便，发展程度较低的外围地区功能区块，则采用网络调研的方式进行替代。本次调研共包括1438个标记点（统计小区），调研获得的业态信息数共计12695条。其中，专业化功能的研究，根据26种业态类型进行局部归并，共分为24类——金融保险、房地产物业、信息咨询、计算机服务、科研服务、商务办公、交通运输、物流仓储、邮政电信、批发、零售、宾馆酒店、娱乐健身、居民个人服务、旅游服务、医疗卫生、社会保障、教育服务、体育服务、文艺服务、广播电视、新闻出版、文体展览、公共管理。

所辖城区根据本次研究的目标与重点，确定重点区域为宁波的中心城区，即海曙区、江东区、江北区、鄞州区、镇海区和北仑区，共6个城区。而外围慈溪、余姚、象山、奉化、宁海等县市则采用实地考察、部门访谈和居民访谈的形式进行。

地理信息数据库建立的软件很多，本次研究采用在国际上广泛使用，功能相对实用的ArcMap软件，该软件是美国ESRI公司的桌面地理信息系统软件，能将数据可视化、信息地图化。根据本次宁波业态研究的需要，将实地调研的数据进行整理后，建立宁波现状业态分布地理信息系统，其主体架构如图5-13所示。

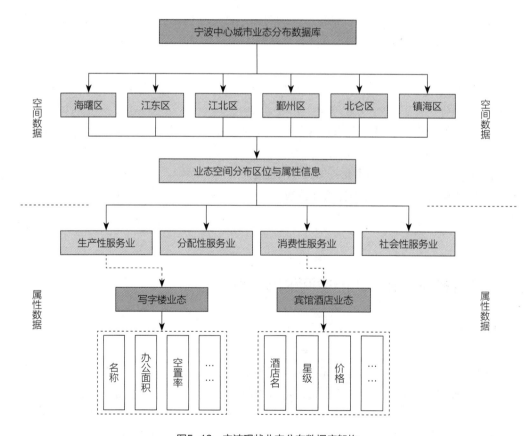

图5-13　宁波现状业态分布数据库架构

5.4.2　多中心城市区域（PUR）功能空间组织格局

1．宁波市域现状业态格局分析

本书根据第二次经济普查的相关数据，从制造业和服务业的就业规模统计结果看（图5-14、图5-15）：制造业目前主要在中心城区核心区（老三区）以外发展，其中鄞州、北仑、余姚和慈溪的制造业规模最大；服务业就业主要集中于海曙区、江东区、北仑区和鄞州区，但作为老三区的江北区内，服务业就业规模却偏少。

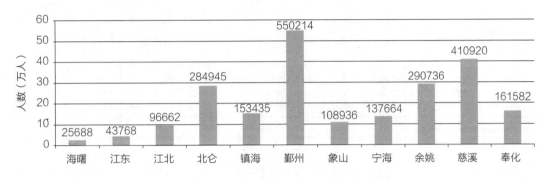

图5-14　宁波市域各区域制造业就业人数统计（2008年）

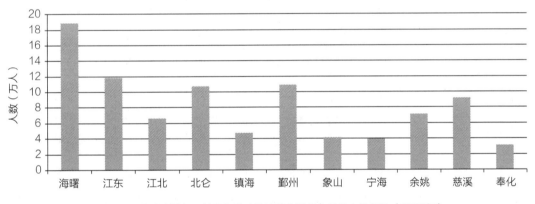

图5-15　宁波市域各区域服务业（除建筑业以外）就业人数统计（2008年）

从都市区的宏观格局与宁波都市区空间结构发展趋势看，业态分布的内外部差异较为显著，且已经基本形成中心城区的服务业集聚、工业外围组团式集中发展的都市区初期形态，制造业的外迁表明宁波都市区正在经历业态功能的空间转型，主要表现在3个方面：①中心城区的现代服务业规模和附加值不断提升；②产业外迁趋势明显，制造业外迁，并在外围形成集聚区，带动周边地区发展，增加中心城市的腹地范围；③外围组团和卫星城的功能体系逐步建立，服务业规模开始增加并趋于完善，重点在综合服务能力建设。

为了分析业态的地域专业化趋势，本书采用了区位熵的分析方法，对宁波市域各个地区的业态功能特点进行研究。所谓熵，就是比率的比率，区位熵又称专门化率，反映要素的区域分布状况，衡量产业部门的专业化程度以及某地区在更高层次区域内的地位和作用。在产业结构研究中，区位熵主要用来分析区域主导专业化部门的状况。区位熵指标越高则该业态

类型在该区域的专业化程度越高,公式如下(吴一洲 等,2010a):

$$N_{K-A} = n_{K-A} / n_K$$

式中,N_{K-A} 为区域 K 中业态类型 A 的区位熵,n_{K-A} 为区域 K 中业态类型 A 的数量/宁波中心城区内业态类型 A 总的数量,n_K 为区域 K 中总的业态数量/宁波中心城区内总的业态数量。

宁波市域现状各类产业地域专业化分析　　　　　　　表5-15

	海曙	江东	江北	北仑	镇海	鄞州	象山	宁海	余姚	慈溪	奉化
制造业	0.33	0.65	1.77	2.21	2.06	2.60	1.00	2.32	2.45	2.43	2.58
电力、燃气及水的生产和供应业	0.82	2.97	0.00	2.29	4.91	1.11	1.79	4.63	2.29	1.52	1.75
建筑业	2.15	3.55	1.28	0.99	2.38	0.73	7.98	1.16	0.96	1.30	0.88
交通运输、仓储和邮政业	4.92	2.88	6.81	4.06	2.97	0.88	0.94	1.21	0.76	0.51	0.65
信息传输、计算机服务和软件业	12.13	4.07	1.76	1.94	0.66	1.48	0.50	0.81	0.76	0.59	0.88
批发和零售业	6.25	4.87	2.63	2.73	1.38	1.28	0.64	1.07	1.55	1.33	0.70
住宿和餐饮业	4.78	6.03	2.91	1.01	1.38	1.29	0.95	2.02	1.81	1.78	1.41
金融业	16.89	9.21	0.79	0.22	0.20	0.38	0.24	0.42	0.39	0.33	0.40
房地产业	5.97	7.42	2.92	2.06	1.61	1.19	0.50	0.60	1.16	1.43	0.67
租赁和商务服务业	8.22	4.59	2.62	2.39	1.73	0.90	0.98	1.74	0.87	1.09	0.92
科学研究、技术服务和地质勘查业	5.15	5.09	3.77	1.80	2.48	1.87	0.78	1.12	1.32	0.85	0.91
水利、环境和公共设施管理业	2.74	3.23	3.45	2.15	2.07	1.69	0.91	2.78	2.15	1.41	1.62
居民服务和其他服务业	5.57	4.51	2.52	2.32	1.70	1.43	0.32	2.33	1.29	1.70	0.88
教育	2.36	1.74	3.32	1.24	1.39	2.03	1.48	2.84	2.18	2.29	1.88
卫生、社会保障和社会福利业	4.37	2.92	3.05	1.36	1.99	1.35	1.28	2.44	1.99	1.83	1.99
文化、体育和娱乐业	7.66	4.52	1.73	0.89	0.70	1.12	1.77	2.27	1.71	1.57	1.24
公共管理和社会组织	3.92	2.97	2.04	1.34	1.25	1.43	1.52	2.62	2.33	1.74	3.07

根据各类产业的区位熵计算结果(表5-15)可以看出,都市区内已经出现了业态地域专业化的趋势。其中海曙、江东、江北的业态区位熵高值分布最为集中,说明这些区域是都市区内的综合服务核心区;此外,北仑则在交通运输、仓储、租赁和商务服务等业态上呈现出了明显的区域优势;镇海主要在水利、环境和公共设施管理、电力燃气和水供应等业态上呈现出地域专业化特征;鄞州优势业态为制造业和教育业;象山优势业态为建筑业;宁海优势业态为水电等能源供给;余姚的优势业态为制造业和能源供给等;慈溪优势业态为制造业、

教育等；奉化优势业态为制造业、公共和社会管理等。

可见，现在宁波大都市区内老三区仍占据着综合服务功能的绝对优势，除制造业外，其大部分业态的地域专业化程度都较高，而外围象山、余姚、慈溪和奉化等组团和卫星城则主要体现在部分专业化业态上，综合服务能力发展相对滞后。这也说明了宁波大都市区目前中心城市的集聚能力能大大高于外围节点的"反磁力"能力。

2. 市域功能区块的空间分布分析

根据宁波市域新一轮空间规划确定的都市区空间结构"以中心城六区为核心、以余慈地区和宁波杭州湾新区组团为北翼、以奉化宁海象山组团为南翼、以卫星城和中心镇为节点的网络型都市区"，50个功能区块分布如下：中心城区33个，南北两翼10个，卫星城7个（图5-16）。

从其空间分布格局分析，得到如下特点（图5-17）：

（1）宁波中心城市的内部功能优化与专业化分区是其布局的重点，大部分区块位于建成区内部，属于功能优化型，区块数量多，且中小规模区块占大比例，功能导向地域专业化程

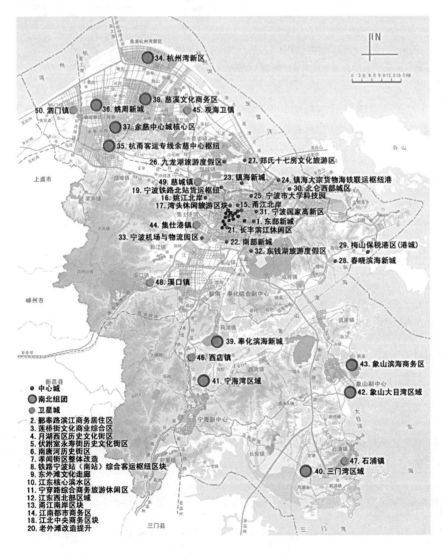

图5-16 宁波市域50
个功能区块分布

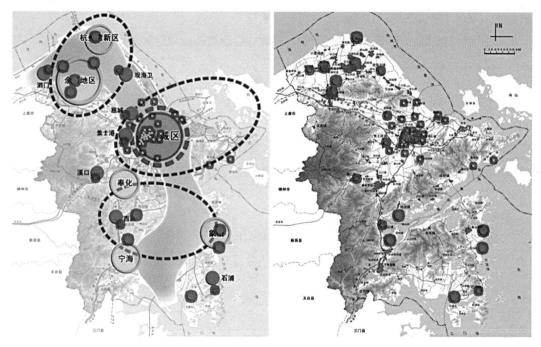

图5-17　宁波市域功能区块空间布局及其与建成区的关系分析

图片来源：《宁波市加快构筑现代都市行动纲要（2011—2015年）》

度较高，依托现代服务业的发展和城市品质的大力提升，增强宁波中心城市的创新型智慧型发展，扩大对都市区腹地的辐射范围，强化中心城市的综合服务功能，带动促进周边地域的共同发展。

（2）南北翼组团侧重于新区产业基地与现代服务业的重点提升，大量属于新区开发型区块，大多位于建成区周边，与建成区距离较近，体现在区块数量少，但规模较大，且功能类型具有一定程度的复合型特征（表5-16）。

南北翼功能区块发展目标汇总　　　　　　　　　　　　　　　表5-16

宁波杭州湾新区	东至水云浦江，南至七塘公路，西至湿地保护区西侧边界，北至杭州湾海域分界线，陆域面积约235km²，海域面积约350km²。规划定位为国家统筹协调发展先行区、长三角亚太国际门户重要节点区、浙江省现代产业基地、宁波大都市北部综合新城区
杭甬客运专线余慈中心枢纽	位于余姚城区北部，东至余慈大道和余姚行政界限，南至纬四路，西至中江，北至姚慈路，规划区域面积5.94km²。近期规划建成2km²高铁新城核心区
姚周新城	包括慈溪市周巷镇和余姚市朗霞街道全部行政区域范围，面积约120km²。打造成长三角民营经济创新发展的先行区、浙江省统筹城乡和区域发展的示范区、现代都市区北部综合交通枢纽、重要的先进制造业基地和生产性服务业基地，发展成为和谐宜居、功能复合的现代化新城区
余慈中心城核心区	西至城东路和梁周线、北至329国道，东至浒崇路，南至新城大道和纬四路，总面积约56km²（不包括余姚高铁新城2km²）。建设成为余慈地区集旅游休闲和生产服务等都市核心功能的生态新城

续表

慈溪文化商务区	东至慈溪市三灶江东岸，南至北三环，西至新城大道，北至中横线，占地面积约1.30km²。建设成为宁波中心城区北翼的核心功能区块之一，成为提升余慈中心城建设品位的新型城市空间
奉化滨海新城	东至莼湖镇栖凤村，南至象山港湾主海堤堤线，西、北至围区原标准海塘，规划面积约10.67km²。重点发展汽车零部件、机械基础件和纺织服装为主的基础性产业和生物医药、新能源为主的战略性新兴产业
三门湾区域	包括象山县5个乡镇和宁海县5个乡镇，区域总面积1048.1km²，其中象山县区块总面积424.5km²、宁海县区块623.6km²。规划建设成为国家级海洋生态经济示范区、浙江省沿海战略的新兴增长平台、甬台都市连绵带的统筹协调发展区和宁波网络化大都市的先进制造业基地
宁海湾区域	东至黄墩港东岸，西至西店镇及奉化市侗照镇界，南至宁海县城总体规划界线，规划面积约87.3km²，其中陆地面积49.72km²，海域面积37.58km²，规划建设物流仓储区、循环工业区、滨海新城区和旅游度假区
象山大目湾区域	东临东海，南与象山经济开发区滨海工业园接壤，西以岳头山和门前涂大坝为界，北靠国家4A级风景旅游区——松兰山，规划用地面积约15km²。建设成为海洋文博商务基地、养生休闲度假海湾、低碳宜居示范新城
象山滨海商务区	规划新一路以东，东谷湖路以西，政实路以南，滨海大道以北，规划面积约0.47km²，重点规划建设象山县行政商务中心、金融中心、商会大厦等一批项目

表格来源：宁波规划建设管理局，2010

（3）卫星城侧重于城镇生产和服务能力的整体提升，功能区块的范围主要为镇区规划用地范围，以建成区为基础进行拓展发展，因此对于居住、生产、休闲、娱乐等功能均有涉及，重点培育其综合服务能力（表5-17）。

卫星城镇功能区块发展目标汇总 表5-17

集士港镇	至2015年，集士港镇城镇化率达到75%，建成区面积拓展到12km²，常住人口达到10万人以上，建设成为宁波中心城区西部兼具新型产业特色和江南水乡魅力的"新门户"
观海卫镇	至2015年，建成区面积达到15km²，成为浙东生态休闲文化名胜区、宁波北部综合性工贸城市
西店镇	至2015年，规划建成区面积达12km²，人口规模达10万人以上，城市化率达65%以上，成为中心城区南翼重要的现代化工贸型滨海城市、象山港区域统筹协调发展创新区、宁海副中心城市
石浦镇	至2015年，建成区面积达14km²，初步实现从"中心镇"向"省级小城市""市级卫星城市"的跨越
溪口镇	规划定位：世界小城镇转型发展的最佳实践区，海内外著名旅游度假基地，宁波最佳生态居住小城市。建设内容：镇域、中心城区建设。目前建成区面积630万km²，常住人口100333人
慈城镇	至2015年，规划建成区面积达到12km²，人均公绿14km²，形成"一核四区"的城镇整体布局，打造成为江南第一古县城、长三角新兴旅游休闲目的地、宁波中心城西北门户区
泗门镇	至2015年，建成区面积达15.6km²，人均公绿10km²，形成"中心商、西北工、东南居"和"二轴五带"的总体片区发展格局，成为功能完善、工贸发达的姚西北区域发展中心

3. 市域功能区块的功能体系分析

根据市域50个功能区块的发展定位，将功能类型分为11种，进行统计分析后发现：①在专业化功能中，有35个区块定位涉及商务办公，商务办公作为专业化较高的服务功能，其比例高达70%，其余专业化功能比例都在15%以下；②特色型功能中，涉及该定位的区块占总比例40%左右，其中历史文化和旅游服务比例相当；③综合性功能中，零售商业、娱乐休闲和生活居住达到40%以上，而其中专门涉及酒店宾馆的数量比例达到34%（图5-18）。

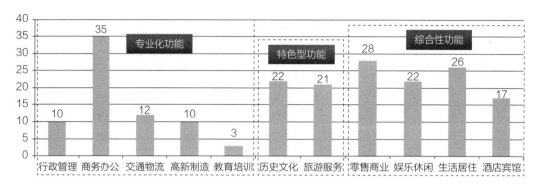

图5-18　市域功能区块定位分类统计

根据宁波都市区空间结构的等级体系进行分类统计，从统计结果看，中心城区功能区块中，明确定位在商务办公和零售商业的比例较高，均达到了40%，对应城市建设的对象主要为写字楼和城市商业广场（包括城市综合体）；而南北翼组团的功能区块，除了商务办公比例较大外，在其专业化功能中，交通物流和高新制造业的比例也相对较高，同时，酒店宾馆的比例也高达70%（图5-19）。

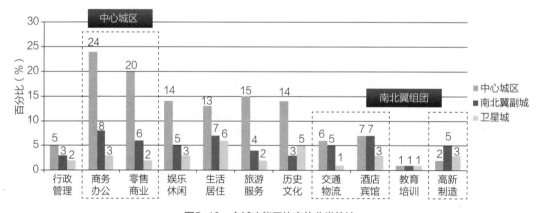

图5-19　市域功能区块定位分类统计

从市域层面的功能区块空间分布与功能结构的分析可以得出以下结论：

（1）功能区块的开发具有明显的发展阶段性：中心城市更多侧重于内部功能优化与专业化功能区建设，侧重"质"的优化与"量"的适度拓展；南北翼则主要侧重于新区，特别是产业区的开发，侧重"量"的快速扩张；而卫星城则强调综合服务功能的建设，属于"质"的适度优化与"量"的快速扩张。

（2）功能区块的发展成本与集聚能力差异大：中心城市人口相对集中，且目前中心区已经出现集聚不经济现象，如交通效率低、居住环境拥挤、产业发展杂乱等现象，具有较大的潜在郊区化倾向。中心城区的功能区块集聚能力较强，但发展成本较高；而南北翼组团的功能区块主要为新区开发，开发成本相对较低，但由于短时间内无法实现服务功能体系的建立，因此初期集聚能力会相对较弱；卫星城镇除离中心城市较近的集士港镇外，目前仍以独立发展为主，仍属于自我功能的完善阶段，具有一定发展基础，但对于宁波大都市人口的疏散与功能转移作用尚不明显。

（3）各功能区块的开发定位出现专业化趋势，但内部业态需要进一步梳理细化。功能区块定位中，商务办公的比例相对较高，由于其属于专业化的生产性服务业，不同于与日常生活密切相关的消费性和社会性服务业，因此对于其规模容量的确定仍待商榷，同时，在规模较大的现状下，对于其业态的引导将更为重要；以旅游服务、历史文化特色定位的功能区块则更加趋于地域专业化与特色化，因此要特别注重其与地域特色与文脉的结合，避免出现开发模式与业态雷同的问题；功能区块中的综合性区块定位仍需要进一步细化，需要加强业态之间关联度的分析，以其主导产业和功能为基础，进行综合服务能力导向的业态体系引导。

5.4.3　多中心城市（PC）功能现状空间格局

在《宁波市加快构筑现代都市行动纲要（2011—2015年）》中提出了"以做精中心城区为目标，着重推进东部新城、南部新城、鄞奉路滨江商务居住区、江东核心滨水区、甬江北岸区块、镇海新城、北仑滨海新城、宁波国家高新区、东钱湖旅游度假区等33个重大功能区块开发，进一步增强集聚辐射和综合服务功能，全面提升发展水平，发挥中心城区核心引领作用"的发展目标。本书将中心城区规划的33个功能区块与现状建成区范围进行叠加分析，得到结果如图5-20所示。

图5-20　规划功能区块与现状建成区叠加分析

从叠加图进行分析，根据目前规划功能区块的建设情况可划分成三类：

（1）九龙湖旅游度假区、梅山保税港区、春晓滨海新城、姚江北岸、湾头休闲旅游区块属于基本以新建为主，已有的部分建设用地主要为分散的村庄，城市业态规模尚未形成（图5-21、图5-22）。

图5-21　湾头区块与姚江北岸功能区块现状
图片来源：作者自摄（左）、谷歌地图数据（右）

图5-22　梅山保税港区与春晓滨海新城功能区块现状
图片来源：谷歌地图数据

（2）甬江南岸区块、东部新城、南部新城、甬江北岸、镇海新城、北仑西部城区和宁波市大学科技园等区块则涉及城市与乡村的过渡区，建成区一部分为新建，一部分为原始的农村居民地或城镇镇区，区域内业态差异大，且混杂度很高（图5-23）。

（3）月湖西区历史文化街区、江北中央商务区块、宁穿路综合商务旅游休闲区、老外滩改造提升、长丰滨江休闲区等区块则在目前城市建成区内部，业态体系已经具有一定基础，重点是业态品质的优化（图5-24）。

小结：现状宁波中心城市的空间拓展结构主要呈现"中心城市圈层扩张"与"滨海组团连带发展"并存的趋势，从规划功能区块的分布位置来看，除北仑片建成区外，其余都覆盖了相应的功能区块。从不同都市区结构地域的功能区块发展现状看：核心区业态丰富、体系完整；中间圈层城乡业态复杂混合；外围圈层以农村和传统镇区为主，尚未开始城市建设；

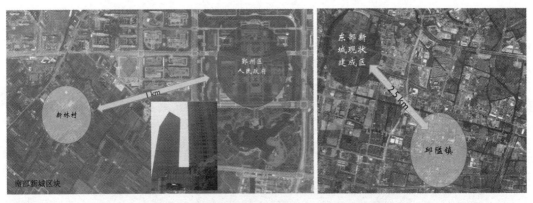

图5-23　东部新城与南部新城的城乡空间过渡地带

图5-24　多种消费业态集聚的老外滩区块

图片来源：作者自摄（左）、谷歌地图数据（右）

滨海片区业态各自成封闭体系，空间隔离；卫星城和两个旅游片区业态体系构成较为分散，且城乡空间高度混合（图5-25）。

5.4.4　多中心城市的功能空间集聚形态

从图5-26、图5-27中可以看出存在以下特征：①现状业态空间密度分布总体上呈现出以三江口为中心，从中心向外围梯度递减的格局；②业态空间分布密度的集聚中心大量分布在扇面内层，并有互相连接的趋势，在外围则主要呈离散状分布；③内部集聚中心主要分布在两个区域，分别是三江口的老城和南部鄞州核心区，外部集聚中心则分布在北仑、大榭、镇海等区域。

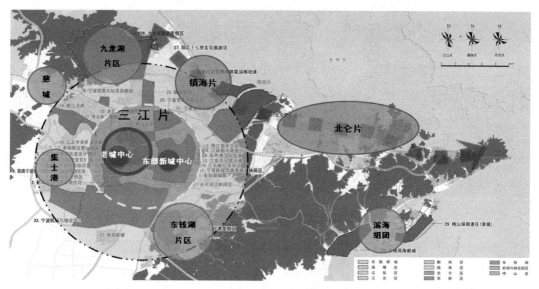

图5-25　规划功能区块与现状宁波中心城市空间拓展结构的叠加分析

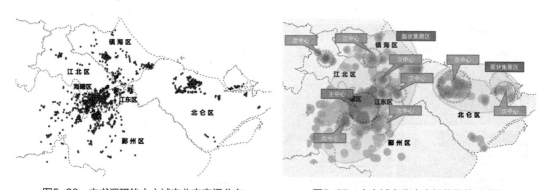

图5-26　本书调研的中心城市业态空间分布　　图5-27　中心城市业态空间集聚格局分析

现状城市业态分布的空间结构主要指城市多中心体系的集聚发展轴线（带）与各级中心组成的网络结构，而其中对于轴线的分析，学术界也尚未有权威性的方法与技术，一般认为轴线包括城市的交通主干道、城市活动最为活跃的线状区域、城市业态分布最为集中的轴带等。本书针对宁波城市业态空间结构分析的目标，采用业态线型分布密度分析法来判断现状宁波中心城市业态发展的轴带体系。

从图5-28进行初步判断，得到现状宁波业态发展比较集中的4条轴线："鄞州—海曙—江北—镇海"南北向发展轴、"海曙—鄞州—东钱湖"东南向发展轴、"北仑—大榭"滨海发展轴和"镇海—九龙湖—慈城"北部发展轴。其中，密集最高的是南北向发展轴，而其余3条相对较弱且不连续，未形成带状网络型发展。根据宁波中心城市大都市的滨海发展轴目标，镇海与北仑之间的轴带尚未形成连续分布，也即是目前规划的北仑新城区区块位置，将成为未来北部发展的关键区域。

将业态分布的总体格局与规划的功能区块范围进行对比分析（图5-29），可以发现除了三江口老城区的功能优化区块以外，大部分规划的功能区块都位于宁波都市区的近郊区，是未来宁波都市区空间形态中起到结构性作用的关键区域。

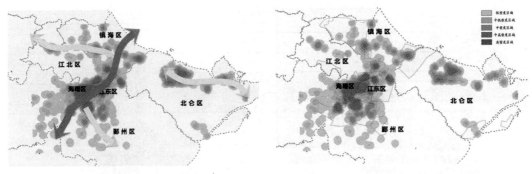

图5-28　基于中心城市业态的城市发展轴线分析　　　　图5-29　中心城市业态空间集聚密度分析

小结：从中心城区业态集聚形态看，宁波城市业态呈现"强单中心，弱多中心"的空间分布特征，一方面，高密度的综合性业态在老城中心最大化集聚，另一方面，次中心在外围逐渐增多，同时相邻的集聚中心趋向融合，使得业态格局由点状集聚向扩散化演变（吴一洲等，2010c）。

规划的功能区块与业态高集聚区紧密相连，有利于依托现有的基础设施进行发展，也缓解了远距离跨越式发展带来的"门槛"成本问题。但对于其业态引导应注重从宏观大区域、中观周边区域与微观内部结构进行系统分析，要避免城市圈层式蔓延的隐患，预留生态廊道空间，促进多中心都市区的发育。

5.4.5　多中心城市的功能规模容量等级

本书根据前述的业态空间分布密度分析结果，按照密度相对集聚较高的原则进行次级区域的划分，共划分成16个次级区块（图5-30），覆盖了本次业态调研的所有范围。从各个次

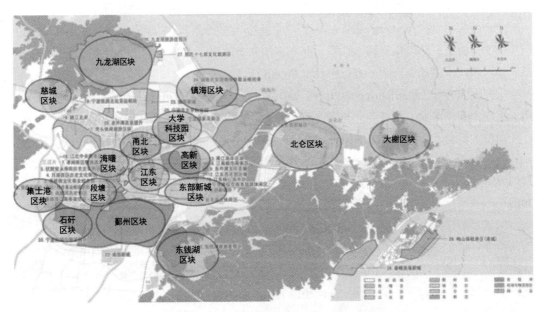

图5-30　宁波中心城区次级区块划分示意

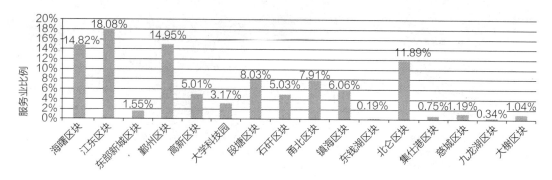

图5-31 宁波中心城区各区块服务业数量比例统计

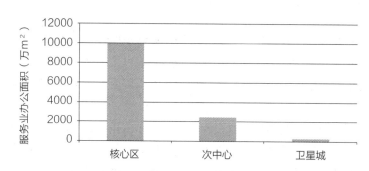

图5-32 三级中心体系划分的规模容量等级结构示意

区域的服务业总数统计结果（图5-31）看，海曙区、江东区、鄞州区、北仑区中的业态规模最大，而作为卫星城的集士港、慈城等业态容量不及中心城区的2%；按照都市区空间结构梯度的三级中心体系划分，进行业态容量的统计分析，从结果中可以明显看出第一和第二级之间的容量差距过大，这也说明了宁波目前业态过于集中于核心区，而外围发展乏力的问题（图5-32）。

按照西方具有代表性的服务业四分法，对业态类型进行四种中观业态的分类：

生产性服务业（producer services）即"中间投入服务业"，主要为生产、商务活动和政府管理提供服务，体现中间投入性质，而非直接向个体提供最终服务。生产性服务业属于信息、知识和技术密集型产业（方远平 等，2008b）。

分配性服务业（distributive services）是指为商品流通和增加能源利用提供辅助服务的部门，主要为第一产业、第二产业与最终消费者之间提供联系，为商品流通提供服务。

消费性服务业（consumer services）是指直接为个体消费者提供最终消费服务的部门。

社会性服务业（social services）是指为整体社会群体提供各类公共性服务的部门与机构，其提供主体为政府或者非营利性组织，主要以社会福利为主（方远平 等，2008b）。

本书对于这四种业态类型的空间组织研究采用空间分析法中的空间自相关技术进行，空间自相关分析（Spatial Autocorelation Analysis）中的全局自相关分析将莫兰指数作为测度变量空间相互依赖水平的指标，指相邻的单位有一个变量相似的价值观，可以解释空间集聚和离散的程度，公式如下（吴一洲，等，2010）：

$$I(d) = \frac{N\sum_{i=1}^{N}\sum_{j=1,j\neq i}^{N}W(i,j)(x_i-\overline{x})(x_j-\overline{x})}{\left[\sum_{i=1}^{N}\sum_{j=1,j\neq i}^{N}W(i,j)\right]\sum_{i=1}^{N}(x_i-\overline{x})^2}\ ,\ \text{其中}\ \overline{x}=\sum_{i=1}^{N}x_i\Big/N$$

　　莫兰指数取值范围在-1～1之间，当 $I(d)$ <0时代表空间负相关，$I(d)$ >0时为空间正相关，$I(d)$ =0代表空间不相关，值越大集聚程度越大，其中Z-score用于判断其集聚程度，根据标准值的划分，大于1.65为集聚，大于2.58即为显著集聚（图5-33）。本书利用空间自相关分析对宁波的这4种服务业业态在空间上的集聚与分散程度进行研究。

　　从计算结果看，这四种业态均呈现集聚形态，其中分配性服务业集聚程度最大，而社会性服务业集聚程度相对较小（表5-18）。

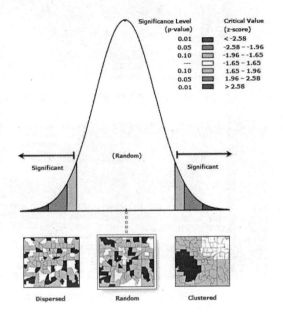

图5-33　空间自相关集聚指数判断标准

宁波中心城区宏观业态空间集聚指数计算结果　　　　　表5-18

产业分类	莫兰指数	Z-score
生产性服务业	0.045	11.53
分配性服务业	0.097	25.183
消费性服务业	0.058	14.907
社会性服务业	0.027	6.977

　　生产性服务业高规模区域集中分布在三江口老城区和鄞州中心区，呈双核结构。以三江口为中心的核心区空间集中连片，东部新城、高新区块和北仑区域呈空间局部集聚的大分散状态。两者在边缘区呈空间分离状态，业态规模高集聚的区域在城市中心区以外空间上局部集聚、相对分散。

　　分配性服务业相比生产性服务业的集聚程度更大，外围区块分布有一定的连续性，呈离心分散状，局部聚集、总体分散分布。高集聚区域主要集中分布在老城中心，相对集中连片，镇海区块和大榭区块有零星分布，相对分离（图5-34）。

　　消费性服务业的高集聚区域相对分配性服务业稍显分散，除在老城集中分布外，江北部分外围局部建成区和传统城镇区域集中分布，体现了其依托于人口较均匀分布的特征。

　　社会性服务业是四种类型中空间分布最为分散和不连续的，呈多核集聚的区位特征。高

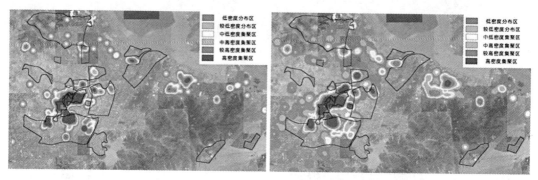

图5-34 生产性服务业空间分布密度（左）与分配性服务业空间分布密度（右）

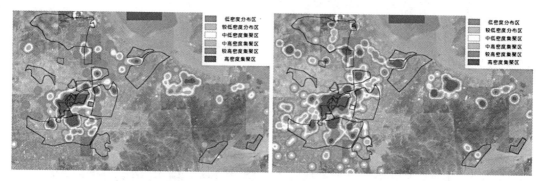

图5-35 消费性服务业空间分布密度（左）与社会性服务业空间分布密度（右）

集聚区域分布在三江口传统中心城区、北仑区、鄞州区等地，其集聚变化是由核心区向外围分散递减，外围高集聚区域的分布与居住人口的分布高度一致（图5-35）。

小结：从目前业态分布容量的规模等级来看，中心城区核心圈层的容量与次中心、卫星城的差距太大，外围组团总体发展滞后；而从四类服务业类型的空间分布看，只有与居住和生活关系最为密切的社会性服务业呈现较为显著的扩散趋势外，其余三类服务业在单中心出现容量峰值，外围分布稀少。这说明目前居住郊区化程度大大高于服务业郊区化程度，特别是受成本收益规律约束较大的经营性服务业，其扩散不足制约了人口的疏散进程，因而政府在这方面的引导就显得尤为重要。

5.4.6 多中心城市的功能地域专业化程度

宁波中心城区服务业各类产业区位熵统计 表5-19

区块名称	金融保险	房地产物业	信息咨询	计算机服务	科研服务	商务办公	交通运输	物流仓储	邮政电信	批发	零售	宾馆酒店
海曙区块	1.06	0.48	1.27	0.00	0.17	0.35	0.22	0.00	0.11	0.03	1.23	1.24
江东区块	1.00	1.52	1.52	0.46	2.24	1.32	1.52	0.71	1.15	1.53	0.93	0.63
东部新城区块	0.78	0.00	1.61	0.00	0.00	1.44	1.04	0.00	0.00	11.63	0.48	1.28
鄞州区块	1.09	1.93	1.67	5.02	0.42	2.05	0.54	2.01	0.44	0.60	0.88	0.51

续表

区块名称	金融保险	房地产物业	信息咨询	计算机服务	科研服务	商务办公	交通运输	物流仓储	邮政电信	批发	零售	宾馆酒店
高新区块	1.15	1.15	0.25	0.00	0.51	0.30	0.64	2.00	3.16	0.04	0.96	0.15
大学科技园	0.10	0.61	0.00	0.00	0.40	0.24	1.02	0.90	0.34	0.49	1.45	0.86
段塘区块	0.64	0.80	0.47	0.00	1.10	1.02	1.00	0.18	0.68	0.72	0.88	1.29
石矸区块	0.48	1.15	0.00	0.00	5.29	1.63	0.32	1.42	1.09	1.11	1.17	2.27
甬北区块	1.15	0.41	0.47	1.05	0.80	1.32	2.45	1.45	0.48	2.53	1.13	0.66
镇海区块	1.15	0.63	0.83	1.38	0.63	0.25	2.66	0.94	0.99	0.70	0.79	1.64
东钱湖区块	0.00	0.00	0.00	0.00	0.00	0.00	0.00	0.00	0.00	0.00	0.87	0.00
北仑区块	1.04	0.75	1.05	0.00	0.11	0.57	0.27	1.20	2.11	0.41	1.04	1.31
集士港区块	1.21	0.00	0.00	0.00	0.00	0.00	4.31	1.91	0.00	0.00	0.80	1.63
慈城区块	2.03	0.54	0.00	0.00	0.00	0.00	0.00	2.40	3.22	1.50	0.78	0.64
九龙湖区块	3.57	0.00	0.00	0.00	0.00	0.00	4.76	0.00	6.45	1.32	0.67	0.00
大榭区块	2.03	0.00	0.00	0.00	0.00	0.72	0.00	0.00	2.10	0.43	0.69	2.49

区块名称	娱乐健身	居民个人服务	旅游服务	医疗卫生	社会保障	教育服务	体育服务	文艺服务	广播电视	新闻出版	文体展览	公共管理
海曙区块	0.54	0.72	2.45	0.84	0.70	0.55	0.36	2.25	2.02	3.37	1.73	1.16
江东区块	1.07	1.28	1.01	0.58	1.01	0.52	0.58	1.11	0.00	0.00	0.43	0.40
东部新城区块	0.14	0.69	0.00	0.00	0.84	0.43	0.00	0.00	0.00	0.00	3.30	1.54
鄞州区块	1.61	1.25	0.35	0.63	0.61	1.15	1.41	0.67	0.00	0.00	1.20	0.77
高新区块	0.94	1.98	1.04	0.20	1.04	1.08	0.00	0.00	0.00	2.00	0.00	0.86
大学科技园	0.49	0.81	0.82	1.81	0.41	1.70	0.00	1.05	0.00	0.00	1.62	1.06
段塘区块	0.89	1.04	0.48	0.88	1.45	1.05	0.00	0.00	0.00	1.24	0.00	0.77
石矸区块	0.36	0.66	0.52	0.67	1.29	0.33	0.00	0.00	0.00	1.99	0.00	0.29
甬北区块	0.31	1.04	0.82	0.51	0.99	0.77	2.00	0.00	0.00	0.00	2.27	0.85
镇海区块	1.18	0.74	1.50	3.40	1.07	1.50	0.00	0.55	3.30	1.65	1.27	2.29
东钱湖区块	0.00	0.00	0.00	3.57	0.00	21.37	0.00	17.63	0.00	0.00	0.00	2.53
北仑区块	1.82	0.66	0.76	0.85	1.42	1.19	3.10	1.68	3.37	0.00	0.43	0.56
集士港区块	0.30	0.50	0.00	6.32	1.74	6.75	7.03	0.00	0.00	13.36	3.43	1.92
慈城区块	0.19	0.59	1.09	5.68	0.00	2.26	0.00	2.80	0.00	0.00	2.16	6.84
九龙湖区块	0.00	0.00	0.00	5.98	3.83	2.98	0.00	0.00	0.00	0.00	0.00	12.71
大榭区块	1.29	0.52	0.00	1.30	2.50	1.62	5.06	3.21	9.62	0.00	2.47	4.60

通过表5-19的数据分析可以得出：

从分类业态看，在区位熵平均水平之上的区块内，计算机服务、科研服务业的区位熵相对较高，即这两个行业在区块内分布的集中度很高，是高度专业化的；旅游服务、文艺服务、新闻出版、文体展览等行业的区位熵高于平均水平，说明这些产业已经出现区块的专业化集聚趋势；而零售、信息咨询、娱乐健身等的区位熵相对较低，相应地，其地方化程度也较低，说明这些行业与整个行业相对成比例地散布在各个区块，表明这些行业仍是整个服务业中的基础性依赖行业。

从分布区块看，江东区块除了科研服务业，其他行业的集聚程度较为一般，体现出处于成熟阶段的复合功能与混合形态的特征；海曙区块则集中了旅游服务、文艺服务、广播电视、新闻出版等业态，体现出最为成熟的综合性业态体系；东钱湖区块除了医疗、教育、管理等业态外，其他业态的区位熵趋于0，说明该区块目前仍处于居住为主的初始开发阶段，业态类型较为单一；甬北区块除交通运输和批发外，其他区位熵也普遍较低，说明该区块现状业态专业化程度较高。

小结：宁波中心城区服务业内部已经出现地域分化的趋势，向着大都市业态演化的专业化阶段转变。在此过程中的关键是要处理好不同类型业态的空间需求，根据功能区块的资源禀赋、社会需求、产业基础等确定其业态定位；生产服务类业态组织按照专业化集聚、分工协作的原则，引导业态向相应定位的功能区块有序集聚；社会与生活服务类业态组织按照体系完整、规模均衡、全域覆盖的原则，重点加大这些业态的服务效率与覆盖面。

5.4.7　多中心城市的功能区块联系效率

从宁波目前中心城区的人口密度分布情况看，呈现明显的单中心形态，都市区内外部差异极大。将人口密度与规划的功能区块进行叠加分析（图5-36），可以看出两个明显的特征：一是核心区范围与业态分布密度错位，容易导致区块内部"钟摆式"交通，特别是三江口已经达到集聚峰值；二是外围功能区块人口分布稀疏，因此功能区块的开发时序就显得至关重

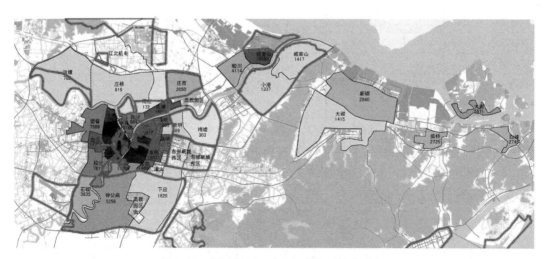

图5-36　中心城区人口密度与功能区块叠加分析

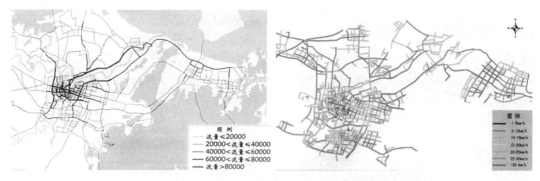

图5-37　2003年公交客流主流向（左）与2010年市六区高峰时段道路车速分布（右）

要，因为人口的增长与扩散速度是具有规律性的，而目前中心城区内部的功能区块的建设将大大提高中心城区的生活品质，很有可能会加剧人口向核心区的进一步集聚，从而造成外围区块的发展乏力。

从2003年交通流量和2010年的高峰时段车速进行比较（图5-37），发现如下特点：①中心城区的拥堵道路比例大大增加；②2003年外围组团内部的交通情况较好，但分析2010年的高峰时段车速发现其交通效率也出现了下降，在组团内部局部地区也出现了不同程度的拥堵问题；③外围组团之间，及其与中心城区之间的交通流量水平仍较好。

从交通流量的变化中可以看出，目前中心城区功能区块之间的联系效率：①较为成熟的功能区块内部运行效率较低，但功能区块之间的联系效率较高；②区际联系道路，除鄞州与三江片之外，均负荷较低，说明外围区块的职住内部较为平衡，而核心区内部小尺度职住分离较大，印证了都市区扩张发育阶段的特征——组团间联系还不够紧密；③目前在高端服务业态高度集聚在核心区的格局下，上下班和周末等出行发生的高峰期将对核心区造成巨大的交通负荷；④拥堵发生点主要在核心区内部，外围组团间的联系环路效率相对较高。

小结：三江片的交通问题已经成为制约宁波都市核心高效运转的主要症结，从世界大都市发展经验来看，目前最有效的方法有两种，一种是发展大运量轨道公共交通，另一种便是发展多中心职住均衡的城市空间结构；前者从提升通道单元时间流量的思路来解决，后者则是从分散交通流量峰值的思路来解决。宁波目前已经开始建设地下轨道交通，但在地铁网尚未形成规模之前，交通问题仍不会得到明显改善。因此，目前亟须通过培育外围副中心和卫星城的就业及服务体系，从重视中心城区建设转向外围次中心强化，引导多中心城市的早日形成，这也是解决宁波中心区拥堵问题的根本途径。

5.4.8　多中心城市的商务功能空间格局

1．宁波商务业态的空间演化历程（马静武 等，2009）（图5-38）

（1）1990—2001年宁波中心城区商务楼空间分布格局。

宁波商务楼于1990年开始兴起，集中于宁波最早的CBD区域，即中山西路地块，这个阶段的商务楼以中高层为主。1997年后进入城市建设的高峰，天一广场商圈成为宁波市中心，商务楼沿街大量开发，主要分布在中山西路、解放南路、药行街一带。宁波重要的商务

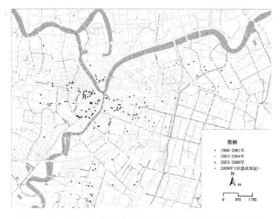

图5-38　1990年以来宁波市区商务楼空间分布的演化

办公楼，如世贸中心、建行大厦、中银大厦等都在1997—2001年间建成。2001年底前，宁波的58幢商务办公楼都集聚在三江口区域，尤其是海曙区，呈明显的"单中心"结构。

（2）2002年以来商务办公楼分布演变及趋势。

2002—2008年间，宁波共建商务办公楼118幢，其开发模式包括旧城更新和新区开发两种。老城区进行"退二进三"土地功能置换，通过重要项目实现旧城更新。海曙区于2003年提出"大力发展楼宇经济"，但是作为老城区的核心区域，可利用空间十分有限。因此，商务楼开发主要通过拆旧建新和见缝插针的形式建造甲级写字楼，成为宁波商贸和商务服务的中心。随着老城区影响力的扩大，城区外围如江东区和江北区分散的写字楼逐渐连网成块。而天一商圈在建的环球中心等甲级写字楼将进一步加强老城区的商务服务职能。

外围组团中，南部鄞州区以传统工业，特别是纺织、食品等轻工业和传统制造业见长。由于其拥有丰富的用地资源和雄厚的经济实力，区政府加大建设力度，致力于将其建设为宁波副中心。截至2007年底，鄞州区共有写字楼10幢，已有商务楼主集中于万达广场周边的天童北路。在东部区域，1997年宁波国家高新园区被批准升级为国家高新技术园区，成为新的行政区域，并于2007—2008年间建成8幢商务大楼，形成集聚。商务楼以产业孵化园和软件园为主，以一、二类高新制造业为主导产业。目的是吸引与先进制造业相关的生产性服务业的进驻，实现工业经济发展和商务经济互动发展。

北仑和镇海区随着港口发展，商务功能不断完善，保税区内有少量以信息、贸易为主的办公楼。东部新区则全面展开住宅、办公、商业功能的开发，以期打造成宁波未来的行政商务中心。

2．宁波商务楼的空间分布现状特征（马静武 等，2009；马静武，2010）

对于现状商务楼的分析，本书采用实地调研为主，网络和电话采访调研为辅的方式，共调研中心城区写字楼371栋。从写字楼的分布情况上看，主要呈现如下特征：

（1）商务楼分布呈"大分散小集中"格局，多中心雏形显现。

多中心指老城区、南部鄞州中心区、宁波国家高新技术园区和北仑区，镇海区还未集聚足够规模的商务办公楼。商务办公楼主要集中在老城区的三江口附近，形成高密度圈层；东至彩虹路，西至护城河，南至铁路，北至江北核心区为次高密度圈层。其中，江东区的商务楼主要集中于桑田路与百丈东路交会处，江北区的商务楼极少且主要位于槐树路与外滩一带。南部鄞州区的商务办公楼主要沿天童北路分布，并呈现块状集聚特征（图5-39）。

（2）商务楼空间分布不均，主要集中于老城区，占较大比重。

老城区仍是商务中心。商务楼主要集中在老城区的三江口区域，其中天一商圈密度最高，尤其是解放南路、灵桥路、中山西路。从商务楼分布数量的次级区块统计结果看，海

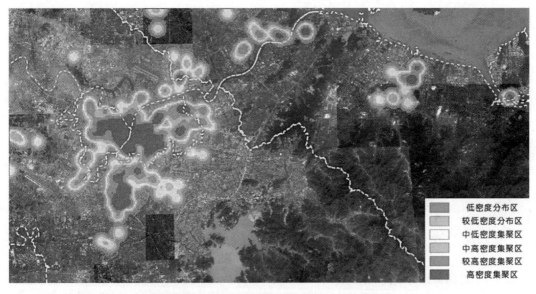

图5-39　宁波中心城市现状写字楼空间分布密度

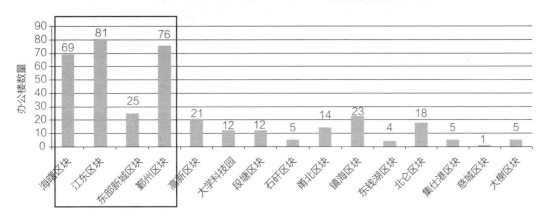

图5-40　宁波中心城区商务楼分布区块统计

曙、江东、鄞州3个区块占据明显优势，其商务楼分布比例达到整个中心城区的60.9%，空间分布高度集中（图5-40）。

（3）以三江口为中心呈圈层结构分布，沿交通轴线规律明显。

商务楼分布与城市主干道结构契合度较高，在三江口呈圈层分布，沿道路呈轴状外溢。解放南路、中山东路、灵桥路、药行街构成环形路，商务楼呈内核心圈层分布，长春路与灵桥路构成商务楼分布的次级圈层，其次是三江交汇处的江东沿岸、灵桥路沿边、江北外滩一带。在南部鄞州区，现状商务楼基本都沿着天童北路分布。

（4）外围区块的商务楼开发规模有所增加。

随着核心区的集聚成本上升、城市功能的外迁，同时宁波外围区块的发展环境逐渐改善，外围商务中心也已成为商务楼开发的主要区域。鄞州中心区作为宁波次级中心，在外围区域中商务楼数量最多；宁波高新技术园区、北仑中心区和镇海区都分布一定数量的商务楼；随着城市中心东移，东部新城商务楼开发增多，"多中心"的格局逐步显现。

（5）不同类型的商务楼具有不同的空间集聚特征。

甲级写字楼主要分布于老城区和城市新中心。三江门中心地段是甲级写字楼主要的聚集区，近年来主要开发甲级写字楼，如天一豪景、都市仁和中心、恒隆中心等都位于此区域。天一广场附近主要入驻跨国公司、国内知名企业总部、贸易和物流等高级别的生产性服务业。此外，鄞州新区和东部新城也有甲级写字楼的开发。

商业办公混合型商务楼主要集中在老城区中心和次中心，通常底层部分为商场、店铺，而上层部分为办公。而一般将位于中心地段的商务楼，只有底部几层用作商业，其余为办公用途的视为纯办公用途的商务楼。

商业居住混合型商务楼以高层为主，主要集中在老城区中心外围的次级圈层区域、次级中心及新区中心。在传统城区，核心区域被商铺、百货、商务楼等占据，商业居住混合型商务楼被迫迁移到城市中心次外围区域。在城市外围区，商业居住混合型商务楼主要建设在片区中心。

3. 宁波商务楼的供需关系现状特征（图5-41）

本书采用实地走访与电话采访的形式，针对目前宁波中心城区的商务楼进行了空置率数据的收集，总体上看呈现以下特征：①以海曙区块、江东区块为主的老城区内商务楼空置率很低，基本在10%以下；②鄞州区块可分为两种，一种是单位专用，另一种是新建和在建的商务楼，大部分还未有企业入驻；③高新区块商务楼不多，但空置率较低，空置率基本在15%以下；④大学科技园区块中商务楼为在建的居多，企业尚未入驻。

商服用地出让近三年持续高位。2009—2011年，宁波市商服用地平均每年达365万m²，大于2007年和2008两年总和。以三年的建设周期预算，未来的潜在供应量将达1094.9万m²（表5-20）。

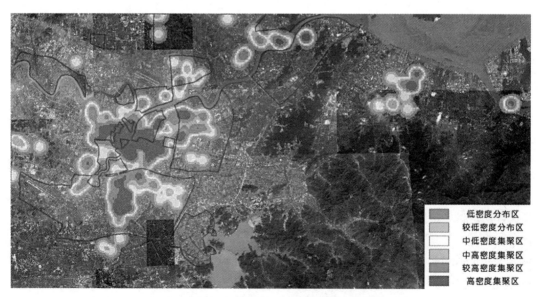

图5-41 宁波中心城区写字楼分布与功能区块的叠加分析

2001—2011年宁波市土地供应情况　　　　表5-20

年份	供应量（万m²）			供地类型（万m²）				商服占新增（%）	商服比住宅
	合计	新增	存量	工矿仓储	商服	住宅	其他		
2001年	2875	2568.8	306.2	1554.4	58.5	323.1	939	2.28	18.11%
2002年	4673.8	4128.3	545.5	2357	83.8	589.1	1643.9	2.03	14.23%
2003年	7122.4	6778.5	343.9	4240.6	267.7	975.9	1638.2	3.95	27.43%
2004年	3985.3	3540.4	444.9	2165.9	166	658.2	995.2	4.69	25.22%
2005年	4990.1	4093.5	896.6	1700.8	172.6	523.2	2593.6	4.22	32.99%
2006年	4083.9	2228.2	1855.7	2620.1	168.3	637.4	658.1	7.55	26.40%
2007年	4248.8	3388.9	860	1923.2	183.7	525.1	1616.9	5.42	34.98%
2008年	2613.8	1855.4	758.4	1239.8	148.6	500.6	724.8	8.01	29.68%
2009年	2819.7	1898.3	921.4	879.6	376.3	911	652.9	19.82	41.31%
2010年	4784.6	3187.7	1596.9	1161	349.3	1355.9	1918.4	10.96	25.76%
2011年	5850.8	3398.5	2452.3	2234.4	369.3	1396	1264.7	10.87	26.45%
2009—2011年合计	13455.1	8484.5	4970.6	4275.0	1094.9	3662.9	3836.0	12.90	29.89%

来源：朱雁，2013

销供比超过国内一线城市。合计2007—2010年主要大中城市办公商业销售面积与新开工面积发现，宁波供销比约1.8：1，远超上海（1.09）、南京（1.64）、广州（1.65）、北京（1.26）和厦门（1.23）（表5-21）；另据《中国房地产统计年鉴》，2005—2010年中心城区新开工的办公商业建筑面积980万m²，比同期销售出租面积合计高27.16%，新开工：销售出租为1.27：1。

主要大中城市办公商业销供比（2007—2010年合计）　　　表5-21

	销售面积（万m²）	新开工面积（万m²）	新开工：销售	批准上市面积（万m²）	上市：销售
宁波	422.00	749.92	1.78	—	—
杭州	352.65	878.20	2.49	—	—
上海	1602.73	1740.39	1.09	1028.14	0.64
南京	342.81	561.22	1.64	—	—
广州	528.44	871.24	1.65	505.90	0.96
深圳	161.00	390.30	2.42	—	—

续表

	销售面积 （万m²）	新开工面积 （万m²）	新开工：销售	批准上市面积 （万m²）	上市：销售
北京	1496.47	1891.00	1.26	1358.25	0.91
大连	203.54	568.18	2.79	179.97	0.88
青岛	324.00	794.82	2.45	—	—
厦门	267.69	329.77	1.23	—	—
重庆	813.38	1675.87	2.06	—	—
成都	456.42	830.88	1.82	—	—

来源：《中国房地产统计年鉴》与中国指数研究院数据库

办公商业年度投资总额较高。2010年宁波中心城区的办公商业建筑投资总额与南京、杭州、厦门、青岛、武汉、广州和深圳的差距超过了宁波与这些城市的第三产业增加值差距。尤其是在与南京、青岛的比较中，宁波第三产业增加值比南京、青岛分别低13.8%、21.7%，但办公商业投资额却高出11.6%和27.2%（图5-42）。

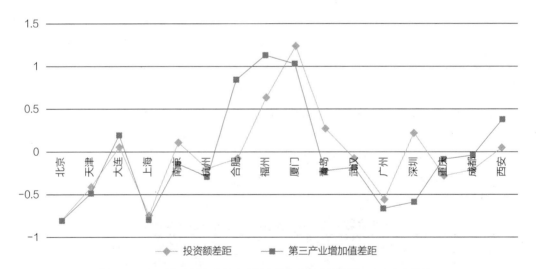

图5-42 2010年宁波与主要大中城市的办公商业投资额、三产实力比较
来源：《中国统计年鉴》与《中国城市年鉴》

小结：宁波目前已建成的商务楼主要集中在三江片与鄞州商务区，而外围地区（高新区、余慈地区等）也正大规模开始建设。从商务楼内部业态结构看，专业化的趋势不明显，不同区域商务楼内部企业的行业类型混合度较高。而从近几年宁波社会经济发展趋势与商务楼的开发量之间的关系看，供给量的增加速度与国内其他大城市相比，宁波短期内的商务楼供给量会大于需求量。根据国外办公区位理论原理，未来宁波的商务楼业态会呈现相同行业逐步集聚的趋势；并且，除三江口和鄞州商务区外，还会在外围区域和周边县市中形成多个商务副中心。

5.4.9 多中心城市的酒店功能空间格局

1. 宁波酒店宾馆的空间分布现状

本书通过实地调研与网络调研相结合的方式，共调研宁波中心城区酒店233个，在调研样本中：2星以下113个，2星16个，3星49个，4星36个，5星19个（表5-22、图5-43）。总体上看，酒店宾馆的分布主要成"中心块状集聚、外围点状分散分布"的基本格局。由于不同区域的经济文化和地理位置不同，所以酒店分布也表现出不同特征（图5-44～图5-47）。

宁波中心城区酒店宾馆调研分类统计　　　　　　　　　　　　　　表5-22

分布区域	2星以下	2星	3星	4星	5星	总数
海曙区	12	15	20	12	6	65
江东区	40	1	15	8	4	68
江北区	14		1	2	1	18
鄞州区	28		6	10	4	48
镇海区	4		5	1	1	11
北仑区	15		2	3	3	23

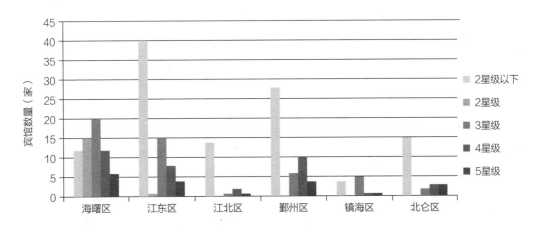

图5-43 宁波中心城区酒店宾馆调研分类统计

海曙区为宁波市老城区，也是宁波的政治、经济、文化中心，集中了大批高档酒店，包括南苑饭店、新园宾馆、宁波大酒店等（图5-43）。许多较低等级的酒店宾馆和类似农居出租房的简易旅社则分布在火车南站附近。江东区近几年来新建酒店数量较多，较早建成的有东港大酒店、开元大酒店等。江北区是轮船码头所在地，拥有金港大酒店以及许多普通的旅馆（林巧 等，2005）。

宁波城区规模最大的旅游景点——东钱湖，在其周边分布的高等级酒店较少，较多的是类似家庭旅馆类型的旅游餐饮住宿设施。旅游景点周边、经济开发区及临港产业区内也缺乏高等级酒店，如镇海区内三星以上的只有7家（林巧 等，2005）。

图5-44　宁波中心城市全部酒店宾馆分布密度

图5-45　宁波中心城市三星级酒店宾馆分布密度

图5-46　宁波中心城市四星级酒店宾馆分布密度

图5-47　宁波中心城市五星级酒店宾馆分布密度

2．宁波酒店宾馆的空间分布特征（林巧 等，2005）

（1）酒店宾馆分布密度与地价水平成正比。

酒店宾馆分布与地价水平密切相关。一般而言，酒店宾馆的等级越高，其运营成本也越高，愿意承担更高的土地成本，于是越少分布在低地价地区。而越在高地价区星级越高，导致高星级的投资者偏好高价地段。

（2）酒店宾馆发展受交通基础设施引导显著。

酒店宾馆的分布与交通区位也密切相关。宁波市区酒店宾馆空间分布的集聚区，除三江口是以老城区的综合服务中心而形成大面积集聚外，其余外围集聚点都靠近交通干道，或位于主要的交通枢纽周边。另一方面，旅游者（尤其是商务通勤者）对便利性的要求较高，有利的交通区位能够为酒店宾馆吸引更多客源。

（3）酒店宾馆空间结构与城市商圈结构较一致。

市级商业中心以"三江口"为中心，沿"三江六岸"向四周辐射，此区域包括了宁波最大的天一商圈以及老外滩地段。天一商圈集中了宁波大部分的大型百货商店、娱乐设施以及金融机构，是宁波最繁华的地段，酒店宾馆等级普遍较高；老外滩地段由于其附近有轮船码头，因此这里的商业设施集聚度也很高。而火车南站商圈、火车东站商圈已经形成批发零售贸易集聚区，因此对于酒店宾馆的需求也十分旺盛。

3．宁波酒店宾馆的客房出租率情况

从2008—2012年宁波旅游统计的酒店宾馆客房出租率和平均房价看（表5-23、表5-24），最高的出租率还是以一星级及以下为主，基本接近80%，而四星以上的出租率均在

60%以下，说明宁波目前的消费者水平主要还是以中低阶层为主，高级消费者数量相对较少；从平均房价水平看，四星级与五星级酒店只相差100多元，而四星与三星之间的差距更小，由此也可以看出目前酒店宾馆消费者人群整体消费水平其实并不高，而酒店宾馆数量较多，使得价格竞争加剧，与所定星级标准存在差距。

酒店宾馆客房出租率（单位：%）　　　　　　　　　　表5-23

星级	2008年	2009年	2010年	2011年	2012年
全市平均	63.38	57.05	59.47	60.23	57.47
五星	56.77	51.48	55.01	60.42	56.77
四星	61.76	53.48	58.34	58.32	55.81
三星	65.1	60.42	62	60.77	57.34
二星	65.84	60.97	63.82	62.94	60.3
一星	72.69	69.23	68.96	78.25	77.79

酒店宾馆平均房价（单位：元/间天）　　　　　　　　表5-24

星级	2008年	2009年	2010年	2011年	2012年
全市平均	299.86	296.66	308.91	324.62	333.2
五星	599.01	590.78	578.69	560.95	562.75
四星	411.89	401.67	382.13	386.24	387.69
三星	240.64	235.17	234.27	240.34	251.83
二星	165.89	152.44	152.61	158.54	161.52
一星	112.29	118.82	139.2	141.48	120.66

小结：从以上分析可以看出，宁波中心城区现有酒店宾馆的区位大多符合配套齐全、交通便利、成本经济的要求，与城市整体的"单中心"为主的功能结构相吻合。然而与宁波未来多中心网络化现代都市的发展目标相对比，其酒店宾馆业态的发展体现出空间局部错位问题，主要是在风景旅游和休闲度假区域分布不足，同时不同档次的酒店业态集中在市中心虽然为顾客提供了多种选择，但同时也导致了同质竞争的弊端。

5.4.10 多中心城市的特色功能空间格局

1. 外来品牌业态居多，业态差异性不明显

以天一广场区域为例，区域内的186家餐饮类商铺中，带有宁波特色的海鲜酒楼和宁波特色餐饮店铺共计13家，占6.98%，这些餐饮均以海鲜为主要特色，缺乏差异化竞争，暂无连锁品牌经营；区域内141家零售商业中，仅有9家为本地品牌连锁，占6.4%。此外，诸如肯德基、麦当劳、星巴克等异域风味的餐饮休闲吧重复率高，使得地域特色餐饮的生存空间大大减小。

2. 业态经营模式落后，品牌辐射能级不足

罗蒙、雅戈尔、杉杉等宁波市知名品牌在业态层级转化上尚待提升，都未形成外资品牌流行的主题化经营模式；根据对鼓楼商业街的200余家店铺调研，现状业态低端餐饮和服饰占据较大比重，业态能级明显不足；2011年，宁波中心城区内酒吧、咖啡馆、茶馆共有356家，以老外滩码头区为例，大量酒吧入驻后，由于商业模式缺乏特色品牌的支撑，部分已经开始出现店面空闲情况。

3. 缺乏历史文化韵味，开发利用模式单一

孝闻街历史街区内生活面积约占70%，区块内以规模不大的小型店面为主，主要满足日常生活所需，业态缺乏特色且品质不高；月湖历史街区、鼓楼街区、郡庙街区里、外马路街区、伏跗室永寿街区均遭到不同程度的破坏，原5处历史文化街区占地125hm^2，保存至今的不足40%，即使外马路街区进行了部分保留，但历史建筑的改头换面使得这里的生活、商贸都难有历史韵味。

4. 业态发展各自为营，缺乏政府科学引导

根据对宁波市中心城区和南北两翼区块调研，目前宁波业态现状布局基本由市场自由发展形成，各区块间业态发展各自为营，互补性、差异性、层次性严重不足，各区块内部业态布局也存在着发展短见、规模小、层次低、趋同等弊端。即使是中心城区以及经济较发达的北翼余慈区块，虽具有部分中高端业态布局，但仍难以与当地的社会经济发展水平相匹配，当地居民的业态需求难以得到满足，而南翼等其他区块无论业态的能级还是丰富程度都显不足。北翼区块虽然经济基础较好、收入水平普遍较高，但消费市场却更多被上海和杭州所吸引，亟须导入更高品质、更高层级、更加丰富的业态。从业态发展的资本来源来看，海曙区住宿、餐饮的实收资本有将近50%来源于个人，这能有效规避政府投资带来的一些弊端，但也带来了资本实力不足、资本对业态的培育能力较差等问题。

5.5　宁波多中心城市功能空间组织特征

5.5.1　都市区结构趋于完整，需差异化发展南北部业态

由于自然环境与空间区位的差异，宁波市域中、北部地形平坦，多为冲积平原，山体较少，水网密集，交通区位较好，深水海岸线条件优越且开发程度较为成熟，但市域南部山地居多、生态环境优越，现有交通条件较为落后，网络化程度低，经济发展层次相对较低，以农副生产、传统制造业、渔业养殖及生态旅游为主，人口密度、城镇密度相对较低。因此，从业态发展的角度看，北部区域更有利于人口集聚，从而促进业态的进一步发展，而南部区域则人口密度较稀疏，集聚能力相对不足，这也加大了南部区域业态提升的难度。

因此，对于中心城区业态优化的重点是品质型业态的打造；对于经济发展基础较好的北部余慈地区的重点是高档文化娱乐型业态的强化；对于生态旅游禀赋较好的南部区域的重点是特色型休闲消费业态的培育，通过差异化发展，最大程度发挥不同区域的比较优势。针对

目前已经规划的市域50个功能区块，亟须进一步细化与其功能定位相匹配的业态类型，通过政府的适当引导保证其功能的健康发展。

5.5.2 单中心业态集聚不经济，外围业态综合服务能力弱

宁波中心城的外围组团规模较小，人口密度较低，其生活配套服务功能不强，并没有起到对核心区的服务功能和高密度人口的疏导作用。同时，中心城特别是三江片用地的发展中工业用地的比例仍较大（图5-48），与都市核心区的现代服务业集聚区的业态定位严重不符，一方面影响都市区健康发育，核心区周边被分散的工业组团包围，在未来难以进行结构调整，另一方面使周边组团与核心区的差距拉大，难以有效形成多中心体系。已经规划外围功能区块，如甬江北岸、北仑西部城区、春晓滨海新城等，目前这些区块内部仍以工业发展为主，生活服务性和生产服务性业态严重缺乏，也限制了这些区块的快速启动和集聚能力的建设。

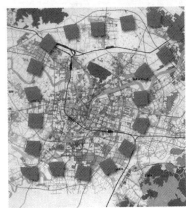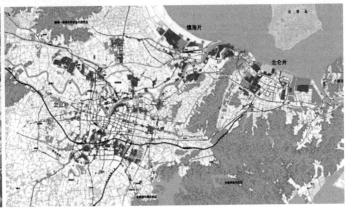

图5-48 宁波三江片与中心城区的工业用地分布

城市中心区综合功能不断强化，中心区外围的部分职能应迁移到城市次中心。当中心区发展到以商务商业为主的高级阶段时，一些次要功能（如专业市场、物流中心等）会在外围区域进行发展，以平衡和完善整个城市服务功能的总体结构（骆祎，2005）。

从现状宁波中心城市业态的分布密度来看，空间分布极不均衡，呈强单中心结构特征。目前综合性服务类业态主要集中分布在三江口核心区，空间集聚效应已达到顶峰；市级公共中心已有相当规模，然而由于过强的向心作用和贫瘠的发展空间，产生环境、交通等问题（图5-49）。

从宁波核心区业态容量的空间分布统计图（图5-50）来看，表现出了明显的内圈层高密度集聚的特征，核心区容量达到次圈层（次中心）的5倍左右，而卫星城尚不及次圈层（次中心）的1/4，说明处于次圈层以外的各中心与卫星城集聚能力仍非常弱。从形态上看，都市区跨越发展的框架已经建立，但由于镇海、北仑组团受重化工业和深水港口运输业的影响，综合性服务功能并没有形成，没有形成真正意义上的城市功能体系。

从国内外大都市的相关经验来看，城市中心的业态等级规模一般成阶梯状分布（如3：2：1），而中心数量与容量等级规模一般成金字塔状分布（如1：2：16：45）。次级中心

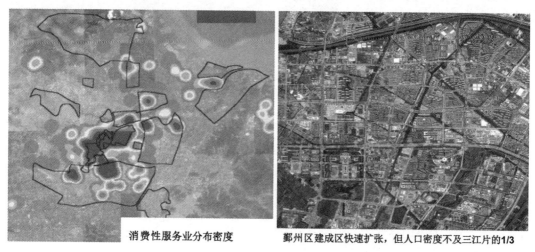

消费性服务业分布密度　　　　鄞州区建成区快速扩张，但人口密度不及三江片的1/3

图5-49　宁波城市业态发展与用地拓展的空间错位示意

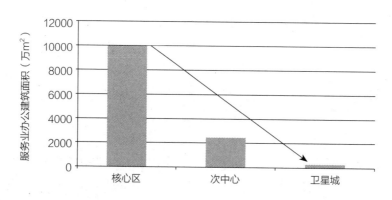

图5-50　三级中心体系划分的规模容量等级结构示意

与三级中心则应注意其合理规模与服务辐射范围的匹配，这是构建均衡高效城市的关键。城市中心体系等级规模结构的演化是由城市发展门槛效应推动的，只有城市核心达到一定规模，次中心才可能产生，而在此过程中会经历一个漫长的外围业态培育期。城市规模越大的城市，城市次中心就越多。从宁波现状城市中心体系的规模等级特征来看，存在以下特点：

（1）中心数量等级比例为1：3：5，接近金字塔形分布，与国际经验相符，说明随着宁波城市的不断发展，已经出现了多中心格局的雏形，从次中心与三级中心的集聚点数来看已经接近合理形态；

（2）业态容量规模等级为28：6：1，接近倒金字塔形分布，说明服务业容量的空间分布等级中，二级与三级的规模差异与国际经验相比过于悬殊，反映出宁波城市中心体系中的次级中心容量偏小问题。

综上所述，宁波现状城市中心体系的业态规模等级结构在数量级上是较为合理的，但在规模上却表现出外围区块的相对落后，这也表明宁波正处于从单中心向多中心过渡阶段，各次级中心雏形已呈现，但其外围功能和规模尚在提升与形成过程之中，借鉴德国的相关经验，此时如果政府能通过相关政策措施和资金投入主动进行外围区块业态培育，将会有效加快大都市空间框架的形成进度。

5.5.3　业态分类集中趋势不明显，地域专业化分工需引导

从国际大都市的城市中心功能演化规律来看，都会经历一个"单一低端→中端专业化→复合高端"的演化过程，从宁波现状中心体系的职能结构来看，除海曙、江东和江北区块外，其余几个功能区块都带有专业化（同一种业态集聚在一起）的特色，但是这几个中心整体水平和层次仍偏低，功能配套不齐（图5-51）。可见，宁波的业态中心体系职能演化尚处于专业化阶段的初期。

因此，宁波必须通过科学的规划与分析，明确各级中心的职能导向，今后宁波的现代服务业在各个次级中心将趋向专业化集聚。从大都市区域层面看，宁波三江片主城区中心将会是宁波都市区的综合性服务中心，功能结构趋向高端化与复合化，而高新区、镇海、北仑和鄞州等副中心则形成专业化副中心，具有各自的专业化业态。未来宁波都市区业态会呈现垂直与水平分工相结合的体系：垂直分工指主中心（三江片和东部新城）会是最高端的都市综合服务中心（服务整个宁波都市圈），而镇海、北仑、余姚、慈溪等会是次一级的服务中心，虽然基本的服务类型相似，但档次上会有明显的差距；水平分工则指不同片区的专业化方向不同，如北仑和镇海主要为临港业态，而南部新城（鄞州商务区）和东部新城主要为行政和商务办公业态。

图5-51　宁波功能区块部分无序业态现状

5.5.4 业态用地结构与规模待优化，外围区域开发强度低

国际经验表明成熟的城市中心区所提供的功能和服务具有最高水准、具有城市地区中最多的人流量，24小时人口的变化值也最高；同时也是城市中开发强度最大的区域。从国际大都市的CBD相关指标来看，容积率多在5.0以上，城市空间的纵向开发强度极高，是就业人口和财富密度最为集中的地区。

国外大都市核心区开发强度　　　　　　　　　　　　　　　表5-25

城市	市中心区面积（km²）	CBD用地面积（km²）	CBD建筑面积（km²）	平均容积率	备注
纽约	60	4.3	2200	7.1	下曼哈顿，中城
伦敦	47	2.8	1496	5.3	金融城，加纳利
东京	41.5	4.5	2200	5.5	丸之内，新宿等
巴黎	39	3.6	1850	5.3	金融中心，拉德方斯

表格来源：石忆邵，2010b

从国际大都市的CBD相关指标来看，CBD用地面积约3～5km²，总体建筑容量规模都在1500万～2200万m²之间，同时容积率多在5.0以上，城市空间的纵向开发强度极高，是就业人口和财富密度最为集中的地区（表5-25）。与发达国家成熟的CBD相比，从宁波中心城区用地强度来看（表5-26），与国际大都市的5.0以上相距甚远。3个指标的对比说明了宁波城市中心的规模还很小，宁波整体开发强度较低，还处于大都市建设的初级阶段。

宁波各城区土地开发强度　　　　　　　　　　　　　　　　表5-26

城区名称	建筑总面积（hm²）	建筑占地总面积（hm²）	综合容积率	建筑密度
江北区	5708.95	1495.49	1.21	0.31
宁波市	53951.86	20702.35	0.71	0.27
镇海区	3325.72	1343.23	0.56	0.22
北仑区	4312.13	2418.7	0.33	0.18
海曙区	2651.74	499.86	1.13	0.21
鄞州区	13807.04	5694.79	1.08	0.44
江东区	2935.59	714.5	1.13	0.27

国际经验研究中，业态发展将影响城市土地开发类型，城市的土地利用结构与城市的整体发展阶段具有十分紧密的联系。纽约城市土地利用类型的分布带有明显的区域差异性，如在曼哈顿，多户住宅、商住混合和商业/办公用地的比例明显偏高，其公共建设用地占到了将近1/3的比例（其中商住混合12.6%、商业办公10.39%、公共事业11.63%），而其工业用地只占到了2.18%；根据伦敦市2007—2016年住房十年发展规划的数据，在规划期限内，伦

敦市的土地利用结构中居住、办公、商业、工业和市政公用的土地利用所占比例将分别为
23%、7%、9%、23%和5%，其中办公、商业和市政公用用地的比重也将超过20%。日本东
京都区部包括23个区，国际性商业金融中心的功能体现在其土地利用结构上，其服务业用地
比例达到32%，这个比例在发达国家中也是相当高的。可见，国际性大都市的用地结构中其
公共设施用地基本都在20%以上，一般可以达到30%左右。

　　2010年现状宁波中心城区的6个城区内的服务型业态用地比例分别为海曙25%、江东
24%、江北16%、鄞州14%、北仑9%、镇海10%，只有的海曙和江东的服务设施面积达到了
20%以上，其他城区均在16%以下（表5-27），从总体结构上看，与现状宁波的发展水平还
是相匹配的，但其空间结构仍不尽合理，应适当提升鄞州区、北仑区与镇海区的服务型业
态用地比例，使6个城区的业态分布更趋结构性平衡。未来随着宁波的发展与产业结构的升
级，需对城市用地结构进行动态调整，包含两方面内容：一方面是适应城市外延扩展的新增
服务型业态用地的建设，这应该成为近期建设的重点；另一方面则是对现状建成区内的业态
功能优化，释放存量服务设施用地。

宁波各分区现状城市用地结构比例统计　　　　　　　　　　表5-27

城镇名称	商服用地	工矿仓储用地	住宅用地	公共管理与公共服务用地	特殊用地	交通运输用地	水域及水利设施	其他土地
海曙区	8.85%	16.24%	42.70%	16.92%	1.10%	12.30%	1.00%	0.88%
江东区	11.83%	24.35%	33.07%	13.02%	0.57%	9.94%	2.06%	5.17%
江北区	3.12%	38.04%	32.84%	13.15%	1.44%	6.27%	0.59%	4.54%
北仑区	2.32%	65.94%	14.61%	6.16%	0.38%	9.80%	0.27%	0.52%
镇海区	2.04%	68.81%	16.35%	8.38%	0.31%	3.04%	0.66%	0.41%
鄞州区	3.25%	35.32%	27.67%	11.05%	0.47%	15.07%	6.46%	0.71%

5.5.5　都市业态发展趋于精致化，文化特色型业态需提升

　　在宁波的城市化进程中，城市的发展与城市特色保护之间发生过多次冲突现象，城市的
发展不可避免带来传统文化遗产的保护与经济的发展争夺城市空间的现象。在经济利益的作
用下，越来越多的历史街道被拆除，传统文化日渐消退。经济的发展使得城市的形态趋同，
城市的文化差异也逐渐消失，宁波也走在文化特色消失的边缘，保护宁波的城市历史文化已
成为亟待解决的问题（图5-52）。

　　宁波虽具有丰富的文化底蕴和历史遗产，但目前利用率不高，特别是与相关业态结合的
程度较低。在当前国际城市竞争以特色竞争为主的时期，缺乏鲜明的城市特色和相应的空间
载体，是宁波城市发展中亟须解决的重要问题。宁波与大连、青岛、厦门、深圳同属非省会
的沿海副省级城市，在城市业态与环境特色塑造方面，远远落后于另外4个城市。因此，必
须在城市业态发展与空间营造方面，特别关注宁波的地域特色与文化底蕴，采用保护、植

图5-52　宁波历史街区一角

入、重现等方式手段，对城市空间组织和业态规划进行优化。

根据对宁波市各项消费指标的分析，按照罗斯托经济发展理论阶段，宁波已进入高额群众消费阶段和追求生活质量阶段；根据对宁波市中心城区居民业态需求的调查，按照马斯洛人本需求层次，居民越来越重视"社交需求""尊重需求"和"自我实现"。人们对生活品位与质量的要求提高，对"精神消费"的追求将成为普遍的意识与行动，未来必须着力优化包括物质生活、文化生活和主观幸福感在内的生活品质型和特色型业态。

5.5.6　部分业态的开发规模需控制，空间战略布局需优化

现状宁波商务楼主要集中于三江片的老城区范围，外围开发日渐增多，目前核心区的商务楼使用效率较高，空置率指标较低；外围新建商务楼潜在供给量较大，但目前的租售情况仍不是十分理想。未来随着宁波各个功能区块的加速建设，其中有70%的功能区块都有商务办公功能的相关定位与项目开发，因此可以预见在未来5年左右会出现宁波商务楼供应的峰值，就目前的消费情况看仍不乐观。因此，在商务楼具体的开发量上，应尊重办公业态自身的区位需求特征，在宏观上进行总规模的科学预测，在微观上对每个区块的开发规模进行适当控制。

目前商务楼的企业类型已经出现一定程度的专业化趋势，但与所在片区的业态结合度仍有待提高，应引导商务楼的生产性服务业与开发区、高教园区的产业进行链接，延长区域业态内部产业链长度，从"产业竞争"模式转向"产业链竞争"模式，这就需要明确各个商务业态集聚区的具体业态类型导向。

另一方面，部分业态的空间战略布局需要进一步优化引导。以酒店宾馆业态为例，当前酒店宾馆业态的发展与都市区功能结构尚未完全契合，在空间布局战略中，在高级别景点和交通节点的分布较少，目前高星级酒店过于集中导致竞争内耗。因而，需要分析研究不同类型业态空间发展规律，以选择适宜区位进行空间布局的优化。

5.6　宁波多中心城市功能组织发展趋势

5.6.1　宁波现代都市经济社会发展环境与宏观趋势

1．消费理念从重视"物质消费"转向"精神消费"

随着经济发展与居民收入的提高，城市居民的公共消费将迅速上升，对生活品位与质量的要求更高，对教育、文化、身心健康等方面的需求更加强烈，对生活品质的追求将成为居民普遍的意识与行动。

衣食足而求美乐。在过去的20多年中，宁波一直致力于提高物质生活水平，而宁波未来发展的出发点和落脚点则在于提高生活品质。因此在功能区块空间组织和业态优化上，要满足人们日益增长的物质需求及精神需求，以生活品质提升为根本点。

2．从"土地、资源消耗型"业态转向"高智、集约型"业态

经济发展进入后工业化时期，产业结构升级加速，从土地、资源消耗型全面转向以现代服务业、高新技术产业、文化创意产业、先进制造业为主导力量的集约型业态结构，对写字楼、商服业态的需求量激增。

进入后工业化阶段的宁波，业态发展的内在素质将逐步提高，原本依靠土地、资源消耗、靠投资拉动和制造业推动的经济增长方式，在资源短缺、要素成本快速提高的背景下，大力发展集约型业态结构，实现产业升级，成为宁波未来经济社会持续协调发展的必然选择。而这些业态所占比例的提升必将增加宁波对楼宇经济、城市综合体的需求。

3．从"功能混合集中"转向"多中心专业化分工"

随着市域网络化大都市建设步伐的加快推进，宁波从"三江口时代"向"海港时代"迈进，城市功能布局由块状向网络转变，城市从单核向多核发展，将是一种必然。

东部新城、余慈副中心和卫星城等外围都市次级核心的建设拓展了宁波的空间，同时由于中心区的拥挤和较高的使用成本，一方面，将劳动、资本密集型的传统制造业迁移到郊区，另一方面，在中心区集中知识密集型产业，尤其是生产性服务业。

5.6.2　宁波现代都市空间演化与功能组织的宏观趋势

2010年宁波的城市化水平已经达到65%，已经超过城市总体规划250万人口的预测规模，如此大规模的人口增长，使得宁波城市空间拓展与结构调整也十分剧烈。根据城市化发展的国际经验，在今后5年时间内，宁波城市化仍将处于加速阶段，城市化滞后工业化的"补偿效应"和高速经济增长将共同作用于宁波的跨越式发展。

1．业态功能向多样复合化发展，满足居民日益提高的生活品质追求

随着经济发展与居民收入的提高，越来越多人追求美好的生活品质，宁波市民消费结构发生的根本性变化改变着功能区块的业态与发展模式：

（1）公共消费趋势的国际化与前卫化，促进业态功能向多元化发展。

（2）享受型消费比重进一步加大，促进商业化业态向高档规模化发展。

（3）各级功能区块中心的集聚作用促进开发形态向"复合一站式"业态转型。

（4）对日常生活品质的要求日益提高，客观要求业态的服务范围趋向全覆盖。

2．后工业化时期发展以承载现代服务业经济形态为主导的楼宇经济

宁波的经济发展水平已接近日本、新加坡以及中国台湾地区20世纪80年代中后期的发展水平，进入工业化高级阶段，产业经济发展的内在素质将逐步提高，大力发展现代服务业和先进制造业，大力推动科技进步和自主创新，实现产业升级，成为宁波未来经济社会持续协调发展的必然选择。

（1）服务业的高速增长将主导功能区块发展格局，其主要表现在承载生产服务和消费性服务业态的空间不断增加。

（2）文化创意产业是继技术、贸易和资本后又一个推动宁波社会经济成长的新要素，并将成为产业结构升级和先进制造业发展的重要途径与支撑。

3．实现向"海港时代"网络化现代都市转型，功能组织向网络状转变

（1）扩散趋势使产业和人口向城市外围出现，产生包括新的制造业中心、居住中心和办公园区的功能中心；集聚趋势则促进中心区的进一步发展和繁荣，三江片主中心的综合功能更为显著（谢守红，2003）；随着城市规模的扩大，城市将产生许多新的功能，产业结构梯度推进导致的空间结构的梯度推进还将继续发展。

（2）临港工业的分布结合北仑港和镇海化工区的建设基础及得天独厚的条件，将形成沿海岸线展开的分布形态；高新技术产业，主要集中在城市中心的边缘区，且与中心有便捷的交通联系；而传统加工业继续发展并逐渐集中在城市外围地区，尤其是都市区北部的余慈地区，大规模工业园区则安排在杭州湾大桥南岸出口处，未来成为功能完善的工业新城，现正处于演化和更替之中（沈磊，2004）。

（3）新城和副中心的建设拓展了城市空间，打破城市原有的空间格局，影响城市结构的发展与变化。在中心城区规划建设"33个功能区块"，是适应宁波外延拓展，完善内部功能结构的必然，要根据发展需要和地区潜力有意识地选择新的生长点，真正承担城市的功能并具有集聚和辐射的效应。

4．构建开放、弹性的"有机组团式"精明理性发展模式

（1）适当控制主导业态用地供给量，在科学的城市有机更新中，引导土地利用，集约高效地建设中心城区和新城，如多功能、高效率的城市综合体，提倡紧凑式建筑设计。

（2）充分发挥基础设施的引导作用，大力发展以公共交通，特别是轨道交通和公交优先为导向的城市发展模式，未来功能组织应结合交通枢纽、地铁站点和重要换乘中心发展，这也是城市专业性街区和消费性业态能级发展的最主要类型之一。

（3）推动城市发展、人口增长、产业发展和土地利用之间的良性互动，推动城市规划创新。遵循城市业态区位选择规律，通过对不同等级区位功能的全面分析，来确定城市业态空间布局及相应的土地开发的控制条件。

（4）具备较为全面的职能结构和自我成长的能力。组团间通过快速交通联系，在支持、促进城市发展活力的同时维持良好的生态环境。

第 **6** 章

多中心城市空间
演化的微观机理:
区位选择研究

6.1 微观区位选择分析的依据

6.1.1 区位选择研究

20世纪80年代初以来,我国采取了市场经济体制,住宅产业获得了快速发展,为此对住宅的研究提出了迫切的要求。目前对住宅的研究,主要侧重于宏观分析,而从微观视角对基于居民住宅选择的研究较少。本书对国内数篇基于居民视角研究住宅区位选择行为的文章做了评述。

李铁立(1997)通过对北京市老城区和新城区的问卷调查研究,阐述了居民住房选择的行为的意义。作者通过对被调查者选择住房时所考虑的五类要素(住房面积、住房类型、户型、房屋设备配置状况、居住地段)的调查,确立了其各自的重要性。数据显示,对居民购房最重要的影响因素是住房面积和居住地段。李铁立的研究主要表明区位因素对居民住宅选择的重要性,但未从微观角度研究居民住宅区位选择主要考虑哪几类因素。

王冬根等人(Wang et al.,2006)采用Logit模型研究广州居民住宅区选择的影响因素。主要研究了房价、住宅朝向、物业管理费、购物便利度、公共交通可达性、家庭收入、户主年龄结构及受教育程度等对居民住宅区位选择的影响(施鸣炜,2006)。结果表明,选择郊区以及新开发区域的主要是高收入家庭,选择城市核心区位居住的主要是受教育程度低的群体,新开发的区域则更多地被受教育程度高的群体接受,邻里品质及安全因素则是年龄高的群体主要考虑因素。

2003年,清华大学采用排序Logit模型对北京、上海、广州、武汉、重庆的有关居住住宅选择行为的问卷数据进行分析。将城市由中心向外划分为城市中心区、中心与市郊之间区域、市郊区域,讨论户主职业、年龄、对繁华或宁静的城市氛围的偏好程度、收入、房价等因素对居民住宅区位选择的影响。实证结果显示选择居住在城市中心区域的居民,一般家庭收入较高,其能承受的住宅价格也较高;喜好繁华者倾向于选择市中心区域,喜欢宁静者选择市郊区域;居民选择距离市中心较远的区位的概率随着城市的扩张而增大,居民更倾向于选择离工作地点较近的区位(施鸣炜,2006)。此研究从微观层面探讨了居民住宅区位选择的影响因素,但是,由于5个城市的房地产市场发展成熟度不一致,居民做出的判断也是不一致的,将调查数据合在一起分析,会对结果造成一定的影响。

1967年,普雷德(Pred)提出行为矩阵理论,将不完全信息和非醉驾行为纳入区位选择的影响因素,构建了包含信息水平和信息利用能力的行为矩阵;由于个人掌握的知识、具备的能力、获得的信息和利用信息的能用有限,所以在区位决策上很难达到经济学中的最优组合,所以通过行为矩阵对企业选址区位进行预测更为合理。区位选择行为理论首次承认了次优区位选择的可能性,并引入不确定性与决策动态的想法,认为个人考虑的重要性在部分状况下会超过一些传统区位要素。企业选址区位往往受决策者的兴趣和空间偏好影响,选择结果往往不是经济活动的最优区位。

上述区位选择的理论和方法会受到人主观方面不确定性的影响,而行为计划理论考虑人的行为意图和知觉行为控制,行为意图包括态度、主观规范、知觉行为控制3个维度。行为计划理论对区位选择等研究具有更大的应用价值。

6.1.2　计划行为理论

计划行为理论在理性行为理论（Ajzen et al.，1980）的基础上进行了延伸，是目前最为广泛运用的行为理论。

理性行为理论（Theory of Research Action, TRA）的假设前提是，人具有行为理性，行为前经历信息加工、分析和理性思考，一系列理由构成行为实施的动机（杨廷忠 等，2002），如图6-1所示。

理性行为理论用态度和主观规范来解释行为意象，而行为意象是行为的唯一解释。但是在许多研究中表明，态度对行为意向的解释并没能获得令人满意的结果。仅用"态度"这一个中介变量来解释对行为意向的影响在实证分析中与令人满意的结果之间还是存在不足。

Ajzen认为理性计划理论可以解释纯粹由意志指导的行为，但此模型只能解释依靠行为意向就能完成的比较简单的行为（张海微，2008）。为此，Ajzen提出一个针对行为不完全受意志控制的行为理论模型，即计划行为理论模型（Theory of Planned Behavior，TPB）。计划行为理论在理性行为理论模型的基础上，增加了一个重要变量——感知行为控制，即在计划行为理论中，行为意向主要受到3个内生的心理变量包括态度、主观规范和行为控制认知的影响（李华敏，2007）（图6-2）。

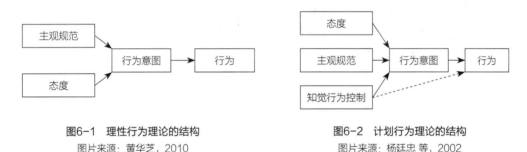

图6-1　理性行为理论的结构　　　　　图6-2　计划行为理论的结构
图片来源：黄华芝，2010　　　　　　　图片来源：杨廷忠 等，2002

态度是指在某个环境中，人应对某个问题所表现出来的稳定倾向，而关于问题的思考方式、感觉方式和行为方式将通过倾向表现出来，它由感知（信念、知识和理解）、情感（喜欢和不喜欢）和行为（参与）等3个维度构成。3个维度间的关系不确定并受到一系列因素的影响（卢小丽，2006）。

感知行为控制是个体感知完成行为的难易度。由于较强的意向和感知行为能提高行为的可能性，因此将感知行为控制作为行为的预测变量之一。感知行为控制是实际控制的投射和近似测量，将直接影响行为的完成。越容易的行为完成的自愿性越高，所以在行为计划模型中感知行为控制是决定行为意向的第三个重要变量（张海微，2008）。

该理论有以下几个观点（黄华芝，2010；梁慧娟，2011）：

（1）行为意向影响个人行为，行为人的能力、机会、资源等控制条件同样对非个人意志完全控制的行为产生影响，若实际控制条件充分，意向决定行为；

（2）准确的知觉行为控制可替代实际控制条件，作为测量指标预测行为发生的可能性（如图6-3中虚线所示），因为它反映了实际控制条件的状况，而知觉行为控制的真实程度决定预测的准确性；

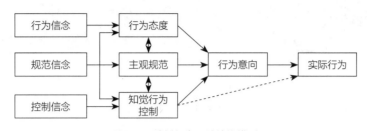

图6-3　计划行为理论结构模型
图片来源：段文婷 等，2008

（3）行为意向主要由行为态度、主观规范和知觉行为控制3个变量决定，态度越积极，被支持度越高，知觉行为控制越强，行为意向就越大，反之越小；

（4）在特定的环境条件下，个人可被获取的、对行为的信念被称为突显信念，是行为意图的认知基础；

（5）个人以及社会文化等因素也会影响行为信念，并间接影响行为态度、主观规范和知觉行为控制，从而影响行为意向和行为；

（6）行为态度、主观规范和知觉行为控制在特定的条件下可能拥有共同的信念基础，但可从概念上完全区分，因此两者彼此相关又独立（段文婷 等，2008）。

计划行为理论结构模型如图7-3所示。

此外，梁慧娟（2011）对计划行为理论的五要素做出如下解释：

（1）态度（attitude）是指个人对行为所持的正面或负面的感觉，其组成成分被视为个人对行为结果的显著信念的函数。

（2）主观规范（subjective norm）是指个人或团体（salient individuals or groups）对个人是否采取某项行为所产生的影响。

（3）知觉行为控制（perceived behavioral control）是个人过往经验和预期阻碍的反应，知觉行为控制越强，则个人掌握的资源、机会越多，预期阻碍越少。

（4）行为意向（behavior intention）是指实施某特定行为的意愿。

（5）行为（behavior）指针对某种行为意向实际采取的行动。

一般而言，个人对于某项行为的态度越积极，主观规范越正向，知觉行为控制越强，个人行为意向也越强。本书正是基于此确定了影响居民住房选择的三类因素，从而探究居民意向选择下的居住空间分布规律。

6.2　微观区位选择分析的方法

6.2.1　主成分分析模型

因子分析（factor analysis）：用几个关键因子来描述众多因素间的关系，以较少的指标反映原始资料大部分信息的统计学分析方法（田英，2009）。

主成分分析（principal component analysis）：是因子分析中使用频率最高的分析方法。

具体步骤为：将多个相关变量转换为另一组不相关的变量，筛选其中方差最大的主成分，如此通过几个原变量就可以反映原变量的大部分信息。

两者关系：因子分析（FA）和主成分分析（PCA）都是把为了方便描述、分析和理解而减少变量数，而主成分分析（PCA）是因子分析（FA）的一个特例。

本书主要采用主成分分析，通过下面的数学模型来表示：

$$z_1 = l_{11}x_1 + l_{12}x_2 \ldots + l_{1p}x_p$$
$$z_2 = l_{21}x_1 + l_{22}x_2 \ldots + l_{2p}x_p$$
$$\ldots$$
$$z_m = l_{m1}x_1 + l_{m2}x_2 \ldots + l_{mp}x_p$$

其中，$x_1, x_2, \cdots, x_p$ 为原变量指标，z_1，z_2，$\cdots$，z_m（$m \leq p$）为新变量指标，即原有变量的第一、第二……第 p 个主成分。z_1 是原变量指标线性组合中方差最大的指标，z_2 是与 z_1 不相关的原变量指标所有线性组合中方差最大的指标。新变量指标 $z_1, z_2, \cdots, z_m$ 被称为原变量指标的第一，第二，……第 m 主成分。主成分分析实质就是确定原变量 x_j（$j=1,2,\cdots,p$）在各主成分 z_i（$i=1,2,\cdots,m$）中的荷载 l_{ij}。

6.2.2　二元logistic回归模型

logistic回归为概率型非线性回归模型，研究因变量与一些影响因素间关系的多变量分析方法。基本原理是用一组因变量拟合logistic模型，揭示若干影响因素和一个因变量取值的关系。logistic回归要求因变量（y）取值为分类变量（两分类或多个分类），本书采用二元logistic回归，模型中因变量只能取1和0（虚拟因变量），其函数形式表达如下（杨茜，2010）：

$$f(x) = \frac{l^x}{1+l^x}$$

因变量 y 只取0、1两个离散值，不适合直接作为回归模型中的因变量，而 $E(y)=\beta_0+\beta_1 x_1+\cdots+\beta_k x_k$ 表示在自变量为 $x_i(i=1,2,\ldots,k)$ 条件下 $y=1$ 的概率，因此可以用它来代替 y 本身作为因变量，其logistic回归方程为：

$$f(p) = \frac{lp}{1+lp} = \frac{l(\beta_0+\beta_1 x_1+\ldots+\beta_k x_k)}{1+l(\beta_0+\beta_1 x_1+\ldots+\beta_k x_k)}$$

$f(p)$ 在0和1附近取值时，函数 $f(p)$ 对 x 的变化不敏感，线性程度较高。这就要寻求一个 $f(p)$ 的函数 $g(p)$，使得 $g(p)$ 在 $f(p)=0$ 或 $f(p)=1$ 的附近变化幅度较大，而函数的形式又不是很复杂。因此，引入 $f(p)$ 的logistic变换，即

$$g(p) = ln(\frac{f(p)}{1-f(p)}) = \beta_0+\beta_1 x_1+\ldots+\beta_k x_k$$

或

$$p(y=1/x_1, x_2,\ldots x_k) = \frac{1}{1+e^{-(\beta_0+\beta_1 x_1+\ldots+\beta_k x_k)}}$$

6.2.3　可信度分析

可信度分析研究测量数值和组成研究项目的特性，以及常用测量方法数值的可靠性，并

得到每个项目间的相关系数，项目内部相关系数还可以将其用来估计项目内部的可靠性。通过研究测量数值和组成研究项目的特性，筛除无效或影响小的项目，从而建构能反映研究对象的数据结构，提高数据的可靠性。可靠性分析主要应用在多个指标反映对象的问题上，这种分析方法能够降低研究的难度且不影响研究对象（于琛琛，2005）。

本书采用克隆巴赫系数（Cronbach's alpha）来测量数据的可信度。目前社会科学研究中最常用的信度分析方法——克隆巴赫系数是由李·克隆巴赫（Lee Joseph Cronbach）在1951年提出的一种检视信度的方法，它弥补了部分折半法的缺陷。根据农纳利（Nunnally）在1978年的概念所确定的，一般探索性研究的克隆巴赫系数大于0.6，基准研究则大于0.8，而通常克隆巴赫系数大于0.6时，认为研究具有较高的可信度（马喜臣，2014）。

6.2.4　相关性分析

函数关系是对应的确定性关系，即线性关系，分析和测量难度较小，但运用到社会经济学研究时往往难度会加大。比如，本书中的企业产业、企业规模、现状基础配套设施状况等，这些事物之间存在某种关系，但这种关系无法像函数关系一样用一个公式来描述（孙逸敏，2007）。

一个变量的关系无法由另一个或一组变量来进行唯一、精确的确定，就称之为统计关系，但大量数据的分析可以揭示这些事物间的或强或弱的某种统计关系（孙逸敏，2007）。

相关性分析是一种研究变量间密切程度的统计方法，常用来研究社会经济现象数量依存关系。相关分析即衡量事物间线性相关度的强弱并用指标表示，通常用数学方法测定两个对等的数学数列中反映其变动联系程度和方向的抽象化数值，即相关系数（孙逸敏，2007）。

相关系数是描述两个变量间线性关系程度和方向的统计量，用r描述。相关系数的计算有三种：Pearson、Spearman和Kendall（童丹丹，2008）。

相关性分析时相关性r，若变量y与x是统计关系，则$-1<r<1$，若x，y变化的方向一致，则称为正相关，$r>0$；若x，y变化的方向相反，则称为负相关，$r<0$；$r=0$表示不存在线性相关，通常来说，$|r|>0.95$存在显著性相关；$|r|>0.8$高度相关；$0.5<|r|<0.8$中度相关；$0.3<|r|<0.5$低度相关；$|r|<0.3$关系极弱，认为不相关。

当相关系数检验的t统计量的显著性概率$p<0.05$时，表明两者间具有显著相关性，在概率值上方用"*"表示；当$p<0.01$时，表明两者具有显著相关性，在概率值上方用"**"表示；当$p>0.05$时，说明两者间不存在显著相关性，只显示概率值（孙逸敏，2007）。

6.3　居民微观主体区位选择机理

6.3.1　基于计划行为理论的模型构建

在利用计划行为理论确认居民区位选择的变量时，必须遵循一致性原则，要求所有研究变量的测量必须有一致的行为元素，即所测量的应是对特定行为的意向、态度、主观规范和知觉行为控制，这样做有助于解释变量之间的关系，使所测量的行为与其现实状况下发生的行为一致。本书是基于居民在对比意向居住区位与当前居住区位的前提下，所产生的对搬迁这一行为的选择。所测量的意向、态度、主观规范和知觉行为控制均是围绕这一行为（段文婷 等，2008）。

为获得准确的研究结果，引出突显信念。针对计划行为理论的三大要素，即态度、主观规范、知觉行为控制，设立三类问题：目标行为有何益处和害处，目标行为受哪些个人或团体的影响，行为发生受何种因素的推动或限制，获得关于三类要素的信念，然后对这些信念进行内容分析，提取出现频率较高的信念，并将这些信念组成突显信念模式，即构成了计划行为理论模式下的居民居住区位选择的变量集（表6-1）（段文婷 等，2008）。

基于计划行为理论的变量表　　　　　　　　　　表6-1

要素	变量	变量解释
态度	交通费用	交通费用对居民居住区位选择有一定影响，一般而言，居民愿意选择交通费用较低的居住区位
	公共交通条件	公共交通条件对居民居住区位选择有一定影响，一般而言，居民愿意选择公共交通条件较好的居住区位
	上下班时间	上下班时间对居民居住区位选择有一定影响，一般而言，居民愿意选择上下班时间较省的居住区位
	教育设施	教育设施对居民居住区位选择有一定影响，一般而言，居民愿意选择教育设施配套较好的居住区位
	医疗设施	医疗设施对居民居住区位选择有一定影响，一般而言，居民愿意选择医疗设施配套较好的居住区位
	商业设施	商业设施对居民居住区位选择有一定影响，一般而言，居民愿意选择商业设施配套较齐全的居住区位
	文化娱乐设施	文化娱乐设施对居民居住区位选择有一定影响，一般而言，居民愿意选择文化娱乐设施较齐全的居住区位
	绿地公园设施	绿地公园对居民居住区位选择有一定影响，一般而言，居民愿意选择离绿地公园较近的居住区位
	居住区档次	居住区档次对居民居住区位选择有一定影响，一般而言，居民愿意选择档次较高的居住区
	整体环境品质	整体环境品质对居民居住区位选择有一定影响，一般而言，居民愿意选择整体环境品质较好的居住区位
	房价/租金	房价/租金对居民居住区位选择有一定影响，一般而言，居民愿意选择房价租金较低的居住区位
主观规范	家人	家人意见对居民居住区位选择有一定影响，一般而言，居民愿意选择获得家人支持的居住区位
	同事	同事意见对居民居住区位选择有一定影响，一般而言，居民愿意选择获得同事支持的居住区位
	朋友	朋友意见对居民居住区位选择有一定影响，一般而言，居民愿意选择获得朋友支持的居住区位
	邻居	邻居意见对居民居住区位选择有一定影响，一般而言，居民愿意选择获得邻居支持的居住区位

要素	变量	变量解释
知觉行为控制	经济实力	经济实力对居民居住区位选择有一定影响，一般而言，居民愿意选择有足够经济实力支持搬迁的居住区位
	精力	精力对居民居住区位选择有一定影响，一般而言，居民愿意选择有足够精力支持搬迁的居住区位
	时间	时间对居民居住区位选择有一定影响，一般而言，居民愿意选择有足够时间支持搬迁的居住区位
	信息	信息对居民居住区位选择有一定影响，一般而言，居民愿意选择搬迁到自身较了解的居住区位

6.3.2　自变量的描述性统计分析结果

研究对居民的态度因素、主观规范因素、知觉行为因素进行描述性统计，态度因素中，居民在选择搬迁后，新的居住区位较原先居住区位改善程度由大到小依次为：整体环境品质>居住区档次>商业设施>文化娱乐设施>绿地公园设施>公共交通条件>医疗设施>教育设施>交通费用>上下班时间>房价/租金；主观规范因素中，新的居住区位较原先居住区位可获得的支持程度由大到小依次为：家人>同事>朋友>邻居；知觉行为控制因素中，新的居住区位较原先居住区位可获得的支持程度由大到小依次为：信息>经济实力>时间>精力（图6-4、图6-5）。

6.3.3　自变量的主成分分析模型分析结果

在进行因子分析前应先判断是否适合因子分析，本书采用两种检验方法：

1. 巴特利特球形检验（Bartlett Test of Sphericity）（杨桦，2006）

该检验以变量的相关系数矩阵作为出发点，H_0 为其零假设，这个相关系数矩阵是一个

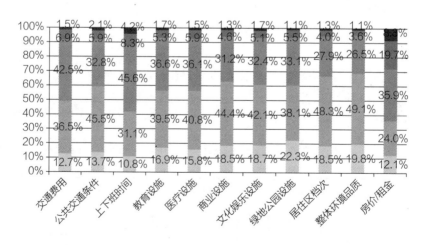

图6-4　态度因子描述性统计结果

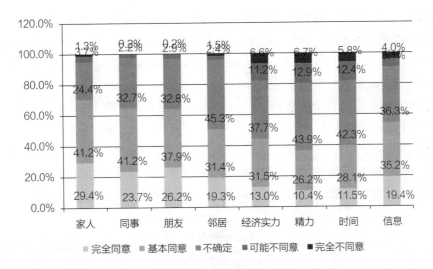

图6-5 主观规范和知觉行为控制因子描述性统计结果

单位阵，即原始变量互不相关，相关系数矩阵对角线上的所有元素都为1，非对角线上的元素都为0。

　　根据相关系数矩阵的行列式得到巴特利特球形检验的统计量，若统计量较大且对应的相伴概率值小于用户指定的显著性水平，则拒绝零假设H_0，认为相关系数不可能是单位阵，即原始变量间存在相关性。

　　2. KMO（Kaiser-Meyer-Olkin）检验

　　次检验的统计量用来比较变量间的简单相关和偏相关系数。KMO值在0~1间，越接近1，越适合因子分析。Kaiser曾给出一个KMO检验标准，即KMO<0.5，不适合；0.6<KMO<0.7，不太适合；0.7<KMO<0.8，一般；0.8<KMO<0.9，适合；KMO>0.9，非常适合（田英，2009）。本书KMO值为0.811，Bartlett球度检验的相伴概率为0.000，小于显著性水平0.05，因此拒绝Bartlett球度检验的零假设，认为适合于因子分析（徐姣姣 等，2012）。

　　在确定可进行因子分析的前提下，采用主成分分析法，得到主成分提取和旋转后的结果（表6-2）。

主成分提取和旋转后的结果　　　　　　　　　表6-2

成分	初始特征值			提取平方和载入			旋转平方和载入		
	合计	方差的%	累积%	合计	方差的%	累积%	合计	方差的%	累积%
1	4.897	25.774	25.774	4.897	25.774	25.774	3.424	18.024	18.024
2	3.968	20.882	46.656	3.968	20.882	46.656	2.881	15.166	33.189
3	1.689	8.889	55.545	1.689	8.889	55.545	2.751	14.480	47.669
4	1.454	7.652	63.197	1.454	7.652	63.197	2.184	11.495	59.163
5	1.241	6.534	69.731	1.241	6.534	69.731	2.008	10.568	69.731

　　可以看出：特征值大于1的主成分共有5个，其解释了原变量方差的69.7%。其中第一个成分的方差贡献率为25.8%，后4个依次为20.9%、8.9%、7.7%、6.5%。经旋转后的方差贡献率依次为18.0%、15.2%、14.5%、11.5%、10.6%，总方差贡献率为69.7%，可见，提取后的5个主成分，反映了原变量的大部分信息。

　　根据各因子与主成分的旋转矩阵结果（表6-3），可以看出：第一主成分基本上反映了教育设施、医疗设施、商业设施、文化娱乐设施4个因子变量，第二主成分基本上反映了家人、同事、朋友、邻居4个因子变量，第三主成分基本上反映了经济实力、精力、时间、信息4个因子变量；第四主成分基本上反映了绿地公园、居住区档次、整体环境品质3个因子变量，第五主成分基本上反映了交通费用、公共交通条件、上下班时间、房价/租金4个因子变量。

旋转成分矩阵　　　　　　　　　　　表6-3

	成分				
	1	2	3	4	5
交通费用	0.233	0.029	0.111	-0.047	0.818
公共交通条件	0.529	0.049	-0.085	0.069	0.633
上下班时间	0.130	0.002	0.073	0.091	0.811
教育设施	0.807	0.024	0.061	0.208	0.117
医疗设施	0.861	0.019	0.001	0.175	0.123
商业设施	0.806	0.093	-0.066	0.234	0.132
文化娱乐设施	0.772	0.035	0.013	0.269	0.117
绿地公园设施	0.314	-0.005	-0.035	0.731	0.055
居住区档次	0.372	0.035	-0.031	0.769	0.029
整体环境品质	0.291	0.021	0.060	0.816	0.038
房价/租金	-0.289	0.073	0.007	0.407	0.438
家人	0.104	0.678	0.307	-0.030	0.061
同事	-0.022	0.886	0.171	0.056	0.019
朋友	0.056	0.896	0.137	0.030	-0.048
邻居	0.035	0.798	0.246	0.019	0.072
经济实力	0.039	0.187	0.756	-0.042	0.094
精力	0.014	0.163	0.886	-0.026	0.035
时间	0.028	0.177	0.851	0.044	-0.015
信息	-0.114	0.287	0.654	0.028	0.037

　　由此，根据对因子变量主成分分析的结果，其对居民是否搬迁的影响程度由大到小依次为：（教育设施、医疗设施、商业设施、文化娱乐设施）>（家人、同事、朋友、邻居）>（经济实力、精力、时间、信息）>（绿地公园、居住区档次、整体环境品质）>（交通费用、公共交通条件、上下班时间、房价/租金）。

6.3.4　二元logistic模型分析结果

各因素的二元logistic模型结果　　　　　表6-4

因素	Wals	Sig.	Exp（B）	EXP（B）的90%C.I.	
				下限	上限
居住地	0.454	0.500	1.110	0.860	1.433
交通费用	0.736	0.391	1.149	0.880	1.501
公共交通条件	0.116	0.733	1.066	0.784	1.448
上下班时间	−3.603	0.058	0.744	0.576	0.961
教育设施	0.085	0.770	1.069	0.733	1.559
医疗设施	0.299	0.585	1.147	0.759	1.735
商业设施	4.021	0.045	1.586	1.086	2.315
文化娱乐设施	0.086	0.770	1.064	0.750	1.510
绿地公园设施	2.987	0.084	1.323	1.014	1.727
居住区档次	−4.477	0.034	0.643	0.457	0.906
整体环境品质	0.053	0.818	1.049	0.745	1.478
房价/租金	4.756	0.029	1.259	1.058	1.498
家人	−11.339	0.001	0.569	0.433	0.750
同事	0.173	0.677	1.108	0.739	1.660
朋友	−3.521	0.061	0.634	0.425	0.945
邻居	2.314	0.128	1.342	0.976	1.845
经济实力	1.750	0.186	1.214	0.954	1.544
精力	−1.165	0.280	0.801	0.572	1.123
时间	−0.009	0.924	0.982	0.719	1.342
信息	1.168	0.280	1.164	0.924	1.468

从表6-4的二元logistic模型估计结果可以看出，20个自变量中，有7个自变量在90%置信度下显著，分别是：上下班时间、商业设施、绿地公园、居住区档次、房价/租金、家人和朋友。

从进入模型的变量回归方向可以看出，在回归结果显著的7个变量中，商业设施、绿地公园设施、房价租金这3个变量的符号为正，其余4个变量（上下班时间、居住区档次、家人、朋友）符号为负。这就说明：从个人对住宅区位选择的态度的角度而言，居民在选择居住区位的时候，重点考虑的因素有上下班出行时间、居住区档次，并且上下班出行时间越短，居住区档次提升越多，其搬迁的意愿越大；而在满足这两个条件或者其中之一的前提下，该居住区位周边的商业设施配套条件、绿地公园设施配套条件以及生活在该居住区位应该支付的房价租金并不一定能得到改善。从个人主观规范的角度而言，居民在选择居住区位的时候，重点考虑其家人和朋友的意见，家人和朋友越支持搬迁，其选择搬迁的可能性越大。

6.3.5　居民微观主体区位选择机理总结

1. 居住区位选择的内在逻辑

综合自变量的描述性统计结果，主成分分析结果以及二元logistic模型结果，将居民住宅区位选择的因子变量按其重要性分成三类，结果见表6-5。

因子变量的重要性分布表　　　　　　　　　　　　　　表6-5

分类	因子
一类因子	上下班时间、商业设施、绿地公园设施、居住区档次、房价/租金、家人、朋友
二类因子	文化娱乐设施、整体环境品质、邻居、教育设施、医疗设施、公共交通条件、同事
三类因子	经济实力、精力、时间、信息、交通费用

根据居民对现状居住区位的满意度评价和意愿的居住区位选择的研究，确定了居民居住区位选择的内在机理，将其划分为3个阶段：确立居住区位选择的基础，居住区位选择，确定居住区位选择的结果（图6-6）。下面对这3个阶段做具体解释：

确立居住区位选择的基础：根据对现状居民居住区位的满意度评价可知，在家庭总开支不超过总收入的约束条件下，交通成本与住房成本之间能够达到平衡，则居民对被选择区域的满意度在"一般"以上，即被选择区域带给居民的空间收益在平均水平以上，也就构成了居民对该居住区位选择的基础。

居住区位选择：在满足居住区位选择的基础的前提下，居民进一步对居住区位进行选择。其本质是居民对住房成本和特定区位住房选择因子所带来的空间收益之间，进行权衡的过程。根据居民意愿的居住区位选择研究，可将其住房选择的因子按其重要性分为一类因子、二类因子、三类因子。如果居民能用最低的住房成本换取最高的三类因子带来的综合空间效益，则居民获得的收益最大，该空间区位的绩效最高。反之，则居民获得的收益最小，该空间区位的绩效最低。居民最终的可能的权衡结果浮动于两者之间。

确定居住区位选择的结果：通过对住房成本和区位选择的因子之间的权衡，可以确定特定城市空间区位的绩效，如果被选择区位三类因子空间综合绩效较好，则居民更多可能选择在该区位居住，对当前居住区位而言，选择搬迁的可能性更大；如果被选择区位三类因子空间综合绩效较差，则居民更少可能选择在该区位居住，对当前居住区位而言，选择搬迁的可能性更小。

2. 基于计划行为理论的居住区位选择机理

计划行为理论表明，个人的行为信念决定其行为态度，个人的控制信念决定其知觉行为控制，而规范信念则对个人的行为态度、主管规范以及知觉行为控制都产生影响。行为态度、主观规范、知觉行为控制这3个因子共同作用决定个人的行为意向，从而影响个人的实际行为。

根据计划行为理论，将居民住房选择所考虑的因子进行分类，可以看出：个人行为态度因素中，属于一类因子的有上下班时间、商业设施、绿地公园设施、居住区档次、房价/租

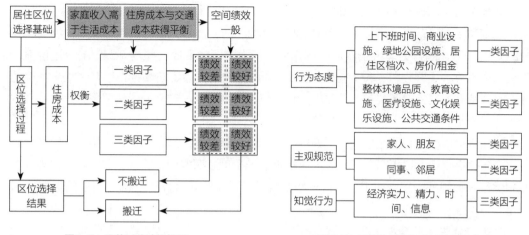

图6-6 居住区位选择机理　　　　　　图6-7 基于计划行为理论的因子分类

金，属于二类因子的有整体环境品质、教育设施、医疗设施、文化娱乐设施、公共交通条件；主观规范因素中，属于一类因子的有家人的支持程度、朋友的支持程度，属于二类因子的有同事的支持程度、邻居的支持程度；而知觉行为控制因素中，4个因子均属于三类因子（图6-7）。

行为态度因素中，上下班时间和公共交通条件影响居民的交通成本，上下班时间越短、公共交通条件越好，则居民的交通成本越少，其住房成本和交通成本之间获得平衡的可能性越高，越易构成其搬迁的基础；商业设施、教育设施、医疗设施、文化娱乐设施等公共设施间接影响居民的生活成本，设施配套越完善、可达性越高，则居民的生活成本越低；房价/租金则直接影响居民的生活成本；绿地公园设施、居住区档次、整体环境品质影响居民的生活品质，住宅区位周边公共空间可达性越高、环境越优美，则居民通过同等的住房成本可以享受更高的生活品质。

主观规范因素中，家人、朋友、同事、邻居等群体构成了居民个体色社会关系，其对居民选择的支持程度直接影响了居民将会做出的选择，其对居民居住区位选择的某一行为意向的支持程度越高，则居民越易发生该行为。

知觉行为控制因素中，居民拥有的经济实力、精力、时间、信息越充分，则其对行为的控制越强，越易根据行为意向采取相应行为。

6.4 企业微观主体区位选择机理

6.4.1 基于计划行为理论的模型构建

根据Ajzen的计划行为理论，人的行为是由行为意图和知觉行为控制两方面影响促成的，而行为意图是由态度、主观规范、知觉行为控制3个维度影响而成的。但在运用计划行为理论对未知行为进行预测时，发现3个维度，一个中间变量的理论模型不能很好地预测结果。

阿米蒂奇（Armitage et al., 2001）的分析认为意向对行为的方差解释率在19%～38%之间，态度和主观规范对意向的解释率在33%～50%之间，而行为控制认知对意向的解释率在5%～12%。即计划行为理论虽然可以解释部分行为意图的形成，并具有一定的应用价值，但仅仅由态度、主观规范、行为控制认知3个维度影响的行为意向和行为还存在相当程度的没有得到解释的行为意图，且此缺陷较大，不仅是因为方法导致部分无法解释方差，且还需考虑将新变量引入模型中来提其预测能力（刘泽文 等，2006）。

故在本书中，对企业区位选址偏好的研究，运用计划行为理论的理论框架，同时结合企业自身条件等变量，以提高分析模型的可信度、准确度。研究中，除了企业态度、主观规范及知觉行为控制外，还增加了企业自身基本状况、企业发展信心及企业现处区位情况3个新变量。

其中，企业自身基本状况包括企业所从事的产业类型，企业规模，企业职工构成等因子，对企业的未来发展的方向及规模有一定的相关性，不同企业类型对企业选址有一定的影响。企业现状所处区位条件与企业是否搬迁及选址有较大的相关性，若企业所处区位让企业内部人员及客户都感到较为满意，这企业搬迁的可能性较小，而现状区位就是企业的理想区位，即其他同类型企业的理想选址；反之，若企业对现状存有较多不满，则企业会在可能的情况下选择搬迁，并选择某些区位因素较好的选址。

故根据以上多方面考量，基于计划行为理论列出对企业搬迁及选址有影响的影响因子（表6-6）。

企业搬迁及迁址的影响因子　　　　　　　　　　　　表6-6

现状影响因素	企业基本情况	企业现状所处区位
		企业从事产业类型
		企业职工规模
		企业职工平均年龄
		企业职工平均文化程度
		企业职工是否以本地人为主
		企业发展是否产学研结合
	企业发展信心	企业现状成本变化
	企业区位现状	现状房产/租金价格
		现状上下班交通便捷
		现状出差商旅便捷
		现状相关产业情况
		现状服务配套情况
		现状自然环境
		现状治安情况

续表

计划行为理论	态度	改善房产/租金价格
		改善上下班交通便捷
		改善出差商旅便捷
		改善相关产业情况
		改善服务配套情况
		改善自然环境
		改善治安情况
	主观规范	职工对企业搬迁选址的赞同度
		客户对企业搬迁选址的赞同度
		伙伴对企业搬迁选址的赞同度
	知觉行为控制	是否有足够的经济实力支撑企业搬迁
		是否有足够的空余时间支撑企业搬迁
		是否对企业未来选址的地区有充分的了解

如表 6-6 所示，对企业搬迁意愿及选址的影响因子研究一共有 6 个维度、28 项影响因子，从多方面多角度的综合分析企业搬迁及选址的编号。根据问卷结果，将 6 个维度的 28 项影响因子在进行数据可信度分析、相关性分析及主成分分析后，筛选影响程度较大，显著性较明显的影响因子进行多元线性回归分析，得出企业对搬迁及选址选择的偏好及权重。

线性回归模型公式为：$Y = b_1 \times 1 + b_2 \times 2 + \cdots + b_k \times k$

对企业的问卷根据上节提到的 6 个维度 28 项因子进行设计，并根据不同因子类型进行赋分（表 6-7）。各项因子得分情况除企业基本情况外，各项因子赋分根据计划行为理论常用的五分法，即最高分 5 分，最低分 1 分的赋分范围。

企业搬迁意愿及选址的影响因子赋分　　　　表6-7

项目			分值
现状影响因素	企业基本情况	企业现状所处区位	城市副中心：1　城市主中心：2
		企业从事产业类型	科研计算机：1　金融办公地产：2　邮电物流信息咨询：3　其他服务业：4
		企业职工规模	100人以上：1　50~100人：2　50人以下：3
		企业职工平均年龄	25岁以下：1　26~35岁：2　36~45岁：3　46~55岁：4　55岁以上：5
		企业职工平均文化程度	初中：1　高中或中专：2　大专或大学：3　研究生以上：4
		企业职工是否以本地人为主	是：1　不是：2
		企业发展是否产学研结合	没有合作：1　少量合作：2　经常合作：3
	企业发展信心	企业现状成本变化	快速上升：1　较快上升：2　稳定：3　较快下降：4　快速下降：5

续表

项目			分值
现状影响因素	企业区位现状	现状房产/租金价格	很满意：1　较满意：2　一般：3　不满意：4　很不满意：5
		现状上下班交通便捷	很满意：1　较满意：2　一般：3　不满意：4　很不满意：5
		现状出差商旅便捷	很满意：1　较满意：2　一般：3　不满意：4　很不满意：5
		现状相关产业情况	很满意：1　较满意：2　一般：3　不满意：4　很不满意：5
		现状服务配套情况	很满意：1　较满意：2　一般：3　不满意：4　很不满意：5
		现状自然环境	很满意：1　较满意：2　一般：3　不满意：4　很不满意：5
		现状治安情况	很满意：1　较满意：2　一般：3　不满意：4　很不满意：5
计划行为理论	态度	改善房产/租金价格	比现在更差：1　未改善：2　一样：3　改善：4　极大改善：5
		改善上下班交通便捷	比现在更差：1　未改善：2　一样：3　改善：4　极大改善：5
		改善出差商旅便捷	比现在更差：1　未改善：2　一样：3　改善：4　极大改善：5
		改善相关产业情况	比现在更差：1　未改善：2　一样：3　改善：4　极大改善：5
		改善服务配套情况	比现在更差：1　未改善：2　一样：3　改善：4　极大改善：5
		改善自然环境	比现在更差：1　未改善：2　一样：3　改善：4　极大改善：5
		改善治安情况	比现在更差：1　未改善：2　一样：3　改善：4　极大改善：5
	主观规范	职工对企业搬迁选址的赞同度	完全不同意：1　可能不同意：2　不确定：3　基本同意：4　完全同意：5
		客户对企业搬迁选址的赞同度	完全不同意：1　可能不同意：2　不确定：3　基本同意：4　完全同意：5
		伙伴对企业搬迁选址的赞同度	完全不同意：1　可能不同意：2　不确定：3　基本同意：4　完全同意：5
	知觉行为控制	是否有足够的经济实力支撑企业搬迁	完全不同意：1　可能不同意：2　不确定：3　基本同意：4　完全同意：5
		是否有足够的空余时间支撑企业搬迁	完全不同意：1　可能不同意：2　不确定：3　基本同意：4　完全同意：5
		是否对企业未来选址的地区有充分的了解	完全不同意：1　可能不同意：2　不确定：3　基本同意：4　完全同意：5

6.4.2　相关性与回归模型分析结果

本书在杭州和宁波的城市主中心、副中心和组团中心的第三产业企业共发放250份问卷，收回246份，其中有效问卷200份。收回问卷根据上节提出的量化统计方法统计，并对其进行可信度分析、相关性分析、主成分分析及多元线性回归。

1. 可信度分析

利用SPSS19对问卷所得的28项数据进行可信度分析，克隆克赫系数值为0.619，标准化项的克隆克赫系数值为0.604。分析表明，问卷可信度于0.5～0.7之间，是较为常见的可信度范围，属于很可信。同时，Hotelling 的 T 平方检验结果中，显著性为0.000，属于非常显著，且各项间均值不等。对问卷结果的可信度分析是后续研究的前提工作，只有当问卷结果的可信度较高时，研究利用问卷数据进行后续的分析研究才是有实际意义的。

2．相关性分析

对问卷数据进行相关性分析，采用Pearson系数和Kendall两种相关性系数表示分析结果，见表6-8所列。

	相关性系数		表6-8
		Pearson系数	Kendall 的 tau_b系数
企业基本情况	企业区位	−0.124	−0.143*
	产业	0.153*	0.135*
	职工规模	0.039	0.058
	平均年龄	0.031	0.042
	文化程度	−0.194**	−0.168*
	是否以本地人为主	−0.126	−0.106
	产学研结合	0.045	0.025
企业发展信心	现状成本变化	0.113	0.072
企业区位现状	现状房产/租金价格	0.115	0.09
	现状上下班交通便捷	0.059	0.047
	现状出差商旅便捷	0.074	0.05
	现状相关产业情况	0.115	0.112
	现状服务配套情况	0.179*	0.142*
	现状自然环境	0.073	0.057
	现状治安情况	0.138	0.096
态度	改善房产/租金价格	0.186**	0.195**
	改善上下班交通便捷	0.058	0.045
	改善出差商旅便捷	0.046	0.027
	改善相关产业情况	0.102	0.102
	改善服务配套情况	0.04	0.05
	改善自然环境	−0.025	−0.022
	改善治安情况	0.041	0.07
主观规范	职工赞同	0.129	0.162*
	客户赞同	−0.032	0.017
	伙伴赞同	0.052	0.062
知觉行为控制	经济实力	0.296**	0.312**
	时间实力	0.300**	0.302**
	全面了解	0.233**	0.227**

注：* 在0.05 水平（双侧）上显著相关。
　　** 在0.01水平（双侧）上显著相关。

回归模型计算结果

表6-9

模型		模型一	模型二	模型三	模型四	模型五	模型六	模型七	模型八	模型九
企业基本情况	企业区位	-0.091*	-0.081	-0.100*	-0.088	-0.075	-0.097*	—	—	
	产业	0.207**	0.210**	0.167*	0.249**	0.255***	0.209**	—	—	0.183*
	职工规模	0.096	0.097	0.041	0.092	0.160*	0.119	—	—	
	平均年龄	-0.035	0.028	-0.037	-0.011	0.014	-0.016	—	—	
	文化程度	-0.334**	-0.359***	-0.326**	-0.228*	-0.342***	-0.327**	—	—	-0.329***
	是否以本地人为主	-0.212**	-0.230**	-0.220**	-0.208**	-0.156*	-0.204**	—	—	-0.202**
	产学研结合	0.106	0.110	0.077	0.134*	0.128*	0.114	—	—	
信心	现状成本变化	0.147	0.186*	0.122	0.143	0.159*	—	0.140	—	0.169*
企业区位现状	现状房产/租金价格	0.050	0.064	0.097	0.068	—	0.546***	0.084	—	0.242**
	现状上下班交通便捷	0.113	0.056	0.117	0.085	—	0.247	0.086	—	
	现状出差商旅便捷	-0.009	0.103	-0.004	-0.023	—	0.181	-0.118	—	
	现状相关产业情况	-0.093	-0.090	-0.063	-0.141	—	0.187	-0.076	—	
	现状服务配套情况	0.108	0.061	0.129	0.135	—	-0.526*	0.239	—	
	现状自然环境	-0.144	-0.101	-0.173	-0.136	—	-0.087	-0.143	—	
	现状治安情况	0.233**	0.208*	0.221*	0.255**	—	0.226**	0.167	—	
态度	改善房产/租金价格	0.214**	0.301***	0.273**	—	0.453**	0.019	0.171	0.238**	0.202**
	改善上下班交通便捷	0.028	0.143	0.015	—	0.232	-0.144	-0.134	-0.167	
	改善出差商旅便捷	-0.164	-0.192	-0.238	—	0.267	0.414	-0.005	0.062	
	改善相关产业情况	0.465*	0.454*	0.431	—	0.278	-0.055	0.463*	0.445*	0.259*
	改善服务配套情况	-0.118	-0.240	-0.116	—	-0.634**	-0.121	-0.166	-0.032	
	改善自然环境	-0.120	-0.088	-0.183	—	-0.090	-0.042	-0.295*	-0.153	
	改善治安情况	-0.036	0.111	-0.007	—	0.239**	0.020	-0.016	-0.163	

续表

模型		模型一	模型二	模型三	模型四	模型五	模型六	模型七	模型八	模型九
主观规范	职工赞同	0.207	0.386	—	0.617***	0.008	0.121	0.206	0.308	
	客户赞同	−0.560**	−0.825***	—	0.284*	−0.106	−0.018	−0.481*	−0.515*	
	伙伴赞同	−0.074	0.623**	—	0.119	0.448*	−0.066	−0.138	−0.124	−0.463**
知觉行为控制	经济实力	0.553***	—	0.391**	0.296	−0.101	0.114	0.559***	0.488**	0.569***
	时间实力	0.223	—	0.239	−0.569**	−0.018	−0.121	0.251	0.264	0.304**
	全面了解	0.173	—	0.078	−0.142	−0.187	0.238**	0.142	0.269	

注：*为10%的显著性，**为5%的显著性，***为1%的显著性。

根据相关性分析结果（表6-9），研究的28项因素中，仅有小部分因素有较好的显著性，大部分因子与企业是否搬迁没有显著的相关关系。

此外，影响因子的相关性系数都较低，仅在知觉行为控制方便的相关性系数在0.2~0.3之间，其余各项影响因子的相关性系数均普遍偏低。这说明在企业是否搬迁和区位选址的问题上，需综合考虑多项影响，并不存在某种最为主要的或是具有决定性的影响因素。从企业的自身条件到未来区位的发展条件，再到企业经营伙伴、客户、职工的态度，各方面都对企业选址有不同程度的影响。

综合Pearson系数和Kendall的tau_b系数，企业区位、企业产业类型、企业职工文化程度、现状服务配套设施情况、未来区位的租金价格、企业对搬迁区位的了解程度、经济实力和时间宽裕度，这8项影响因子有较好的显著性，表明这8项影响因素对企业搬迁及选址有显著的相关性，但相关的程度较弱。

3．多元线性回归

运用SPSS对问卷结果进行多元线性回归，无常数项，置信区间为90%，对多个模型进行回归，得到结果如表6-9所示。

综合9个回归模型结果可以看出，企业基本情况中的企业所从事的产业类型、企业平均文化程度、企业职工是否以本地人为主；企业区位现状所处区位的治安情况；态度中的未来区位租金价格；主观规范中的客户和工作伙伴对未来区位的满意度；知觉行为控制中的企业是否有搬迁经济实力7项因子对企业是否搬迁有显著性影响，且影响程度较大。

（1）企业基本情况。

在企业基本情况的7项因子中，企业从事的产业类型、企业职员平均文化程度和是否以本地人为主是在回归结果中对企业是否搬迁具有明显显著性的影响的，且与企业职工规模、职工平均年龄和企业是否与高校合作3项的影响程度有较大的差距，该3项因子对企业搬迁与否的影响程度较大。

根据多元线性模型的数学公式可知，企业职工平均文化程度和是否是本地人两项因子与企业搬迁的可能性呈反比，即企业文化程度越高，或者职工中本地人的比例越高，企业搬迁的可能性越小；而企业从事产业类型方面，生产型服务业较消费型服务业在企业区位上更为稳定。企业基本情况中的其他4项均无统计学意义，对企业是否搬迁无规律性的影响。

（2）企业发展信心。

根据问卷中企业主管对企业自身发展期望的结果，进行多元线性回归时，回归结果无统计学意义，即对企业是否搬迁有着不同的影响，难以进行归纳。

（3）企业区位现状。

在企业区位现状的7项影响因子中，仅有现状治安状况在多元线性模型回归中具有显著性，对企业是否迁移有较稳定且明显的影响。其他六项影响因子的回归系数均不具有统计学意义，即对企业是否搬迁无明显且稳定的影响。

现状出差便捷程度和现状服务配套情况虽然在多个模型回归中没有较好的显著性特征，但其回归系数也较大，可以理解为该两项影响因子虽然在大量样本中对企业是否搬迁未起到相对稳定的影响，但可以看出其影响程度较大。

（4）态度。

根据计划行为理论中五要素之一的态度进行问卷，线性回归结果发现7项影响因子仅未来区位的租金价格具有较好的显著性，此外未来区位的相关产业情况在部分有较好的显著性。而其他5项因子仅在少有的模型中出现显著性较好的情况，故在态度方面，这5项影响因子在统计学上是无意义的，即对企业是否搬迁和区位选择无稳定的影响。

根据模型回归后的系数，企业未来区位租金和相关产业情况的系数明显大于其他5项因子的系数，这说明计划行为理论中态度所包含的未来区位租金价格和相关产业情况对企业搬迁的可能性和区位选择有较稳定和明显的影响。

（5）主观规范。

主观规范也是机会行为理论的五要素之一，问卷中分了3项影响因子。其中企业主要客户是否赞同搬迁的统计回归结果有较好的显著性，而其他两项在不同的模型中出现不具有统计意义的显著性。

回归结果中，客户对企业搬迁的赞同度越高，则企业搬迁的可能性越大，且客户对企业是否搬迁和选址有较大的影响作用。

（6）知觉行为控制。

在知觉行为控制方面的3项问卷调查中，企业是否有经济实力完成企业搬迁的回归结果有较好的显著性，而是否有足够的时间搬迁和是否对未来区位有全面的了解回归结果相对较差。

企业的经济实力越强，企业搬迁的可能性也越大，这对与我们平时理解的结果相一致，且企业是否有经济实力进行搬迁对企业是否搬迁起到较大的影响作用。

通过多次调试模型，筛选具有较好显著性的影响因子，成立多元线性回归公式。

企业搬迁意愿=0.104×产业类型−0.170×企业职工平均文化水平−0.184×职工是否以本地人为主+0.101×现状成本变化+0.128×现状地租价格+0.088×改善租金价格+0.103×改善相关产业情况−0.183×伙伴是否赞同企业搬迁+0.230×企业搬迁的经济实力+0.128×企业搬迁充裕的时间

从以上线性方程式可知，企业的搬迁意愿主要与产业类型、企业职工平均水平、职工中本地人的比例、现状成本变化、现状租金情况、搬迁后的租金情况、搬迁后区域的相关产业情况、生意伙伴对企业选址的赞同度、企业搬迁的经济实力及充裕的时间，这10个影响因子有关。其中企业职工平均文化程度、企业职工中本地人的比例、生意伙伴是否赞同企业搬迁与企业是否搬迁呈逆相关，即企业职工平均文化程度越高，企业职工中本地人的比例越高，或生意伙伴对企业搬迁的态度越满意，则企业搬迁的可能性越小，对企业现状所处的区位越满意。

多元线性回归的标准化系数表　　　　　　　　　　表6-10

	影响因子	标准化系数
1	企业所从事的产业	0.183*
2	企业职工平均文化程度	−0.329***
3	企业职工中本地人比例	−0.202**
4	现状企业经营成本	0.169*
5	现状租金价格	0.242**
6	改善租金价格	0.202**
7	改善相关产业情况	0.259*
8	生意伙伴对搬迁的赞同度	−0.463**
9	企业搬迁的经济实力	0.569***
10	企业搬迁的时间充裕度	0.304**

注：*为10%的显著性，**为5%的显著性，***为1%的显著性。

根据多元线性回归的标准化系数（表6-10）可知，企业搬迁的经济实力对企业搬迁与选址的影响最大（0.569），这说明企业搬迁与否的重要决定因子在于知觉行为控制中的企业经济实力，企业若无进行重新选址搬迁的经济实力，即使现状区位条件再差，未来区位的条件再好，企业搬迁的可能性也较小。企业职工平均文化程度（-0.329）和企业是否有充裕的时间搬迁（0.304）对企业是否搬迁和选址也有较大影响。

从企业基本情况、企业发展信心、企业现状区位、态度、主观规范和感知行为控制六方面分析对企业行为决策的影响。

综合9个回归模型结果可以看出，企业基本情况中的企业所从事的产业类型、企业平均文化程度、企业职工是否以本地人为主；企业区位现状所处区位的治安情况；态度中的未来区位租金价格；主观规范中的客户和工作伙伴对未来区位的满意度；知觉行为控制中的企业是否有搬迁经济实力7项因子对企业是否搬迁有显著性影响，且影响程度较大。

6.4.3　企业微观主体区位选择机理总结

SPSS中多元线性回归结果分析，主要有企业的产业类型（X_1）、企业职工的平均文化程度（X_2）、企业职工是否以本地人为主（X_3）、企业现状成本变化（X_4）、现状租金情况（X_5）、现状区位中企业的相关产业发展情况（X_6）、未来区位租金价格（X_7）、未来区位相关产业情况（X_8）、企业客户的赞同程度（X_9）、企业搬迁经济实力（X_{10}）和企业搬迁的时间充裕度（X_{11}）。

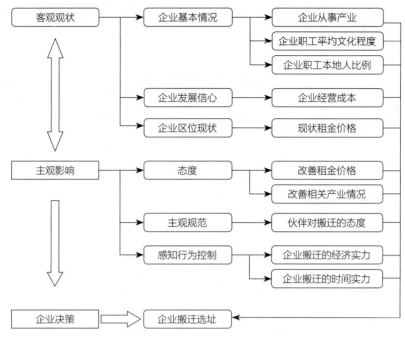

图6-8　企业区位选择分析概念模型

根据研究框架，上述7项影响企业选址搬迁的主要因素分别属于影响行为的5个方面，分别是企业基本情况（X_1，X_2，X_3），企业发展信心（X_4），企业区位现状（X_5，X_6），态度（X_7，X_8），主观规范（X_9）和知觉行为控制（X_{10}，X_{11}）（图6-8）。

根据上节线性回归结果，研究分析的六方面对企业决策的影响。企业基本情况、企业发展信心、企业现状区位、态度、主观规范和感知行为控制六方面中，企业基本情况与感知行为控制对企业决策有较大作用。在上文线性回归方程中，企业基本情况和感知行为控制分别有两项影响因子有较高的显著性，且影响因子的系数较大。其次是态度和主观规范，主观规范中的生意伙伴对企业决策满意度的影响系数较大，说明生意伙伴对企业搬迁选址具有较大影响。

1. 产业类型、服务范围影响企业搬迁及选址

从研究结果中看出，生产性服务业、高科技服务业选址相对稳定，企业产业影响因子的系数为0.183，即产业得分越高的产业越容易搬迁。生产性服务业的搬迁意愿较低与其主要客户群体、主要就业群体的范围相对较窄，个体特征较单一，且部分产业不需要面对面交流有关。特别是科研服务业、信息咨询业，此类高科技相关产业的服务群体主要以高科技产业有关，企业职工的文化程度要求也相对较高，所以此类产业主要集中于高校园区和高新技术园区周边，企业地址相对稳定。根据企业职工平均文化程度影响因子的系数为-0.329，即文化程度越高的企业，搬迁概率越小。金融业、商务服务业的选址规律也类似于高科技服务业，主要选择在资金流动频率较高，经济活动较活跃的城市经济发展中心地区，有助于形成聚集效益。而消费性服务业和社会性服务业的服务群体较广，涉及各阶层的消费者；企业主要基层职工的入职门槛相对较低，所以企业选址的灵活性较大，选址局限较小，搬迁的意愿较强烈。

2．聚集效应对企业选址意义重大

根据研究，企业搬迁选址的影响因子—改善相关产业情况系数为0.259，并有较好的显著性。这表明，企业选址的重要考虑因素为地区相关产业发展情况。

服务业聚集的地区会促使更多企业进入，使聚集规模扩大，特别是生产性服务业。生产性服务业具有高投入、高风险、不确定性等特点，其对经济集聚效应的追求导致生产性服务业区位的空间极度集中现象（赵浩兴 等，2011）。

生产性服务业的集聚规模与城市经济增长间存在长期动态均衡的关系，生产性服务业的多样化、而非专业化促进城市经济的增长。这表明，生产性服务业的多样化集聚更有利于企业间技术溢出和劳动生产率提高（宋志刚 等，2012）。

波特在2000年提出，产业集聚效应对企业的影响体现在集聚给企业带来了生产力和创新能力的提升，并由此提高了企业的生产力，且产业集聚有利于孵化新企业，扩大集聚规模（赵祥，2009）。

产业集聚通过集中和优化人力、资本、技术、市场等经济要素，增强企业关键资源的可获取性，降低其运营成本，提高劳动生产率和企业竞争力，并最终扩大企业市场份额和经营规模，促进企业的快速成长发展，以推动区域经济的增长（孔凡兵 等，2011）。

3．经营成本及服务配套对企业选址有较大作用

企业的生存之本是企业的收益情况，因此在增加企业效益的同时，企业主管部门对企业经营成本进行一定的控制。企业的经营成本指企业从事主要业务活动而发生的成本。当企业认为经营成本不断快速增长时，企业在不影响企业效益的情况下，寻找相对地租价格较低的区位，即改善地租价格，以降低企业经营成本。根据研究发现，企业现状区位的租金价格和企业新选址租金价格对企业搬迁都有明显影响，其系数分别是0.242和0.202。当企业对现状租金越满意，对未来区位租金对现状越无改善的时候，企业有较大概率不选择搬迁。

区位的服务配套设施对企业的选址也至关重要。现状服务配套设施越好，便于企业进行日常办公活动，也便于企业职工平时的生活娱乐的区位，可以吸引企业不断入驻，并保持区域活力。有活力的办公区位是企业选址的重要条件之一。

众所周知，基本服务配套较好的办公区域往往集中在城市中心地区。根据竞租理论，城市中心地区的地租价格是最高的。企业在选址过程中，特别是第三产服务业对地租较为敏感，而中小型企业对租金的承受力有限，故在中小型企业的选址过程中，租金价格比区位周边服务配套更为重要。所以在企业选址搬迁的过程中，服务配套设施的改善是选址决策中低于租金成本改善的条件。

4．企业客观发展现状制约企业重新选址

多个模型的多元线性回归结果可知，企业客户的赞同度及企业合作伙伴的赞同度对企业是否重新选址有明显的相关性，且企业客户的赞同度对企业抉择影响较大。这与我们平时生活经验相吻合，企业发展需要兼顾维持老客户，及拓展新客户两方面需要。若企业选址在潜在客户市场不明显，且老客户亦不支持的地区，不利于企业发展。

同样的，企业是否有足够的经济实力（0.569）和时间（0.304）去处理解决企业搬迁，对企业最终是否会执行搬迁有较大影响。对企业而言，虽然可能存在最优区位，但因受经济实力、时间的影响，往往大部分企业只能选择较优区位。

第 **7** 章

多中心城市空间
绩效评估与影响
因素研究

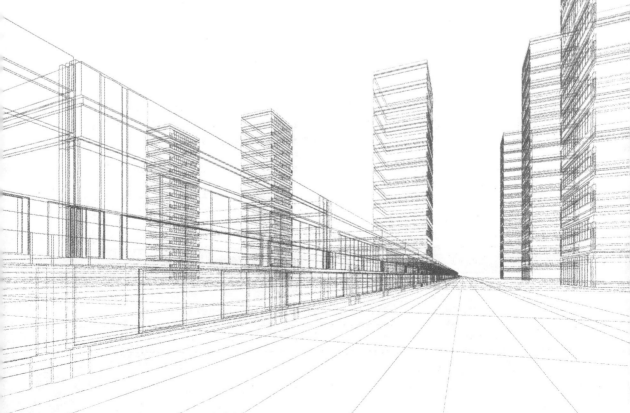

7.1　杭州城市中心体系规划概况

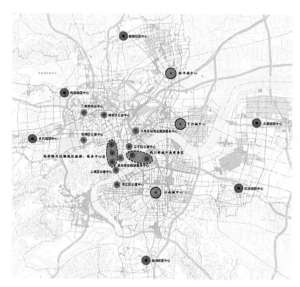

在2004版的杭州城市总体规划中，确定了未来形成"以2个市级中心为主体，3个城市副中心、14个地区级（城市组团）中心为骨干，居住区级中心为基础，小区网点为补充的多层次梯级网络型结构城市公共设施服务体系"的城市中心体系（叶琳，2004）（图7-1）。具体中心体系见表7-1所列。

图7-1　2004版杭州城市总体规划中心体系示意
图片来源：根据《杭州市城市总体规划（2001—2020年）》修改草案改绘

2004版杭州城市总体规划中心体系　　　　　　　　表7-1

中心等级	中心名称	中心功能
市级公共中心	旅游、商业中心区——改造延安路及近湖地区	核心区：湖滨地区——传统文化、旅游服务中心；武林广场——现代文化、商业购物中心；吴山广场——民俗文化、旅游购物中心 延伸区：世贸中心——现代体育、文化、会议展示中心；解放路——现代综合商业街；庆春路——现代综合商业金融街；中河路——银行金融街；中山路——传统商业街；西湖大道——现代综合商业街
	中央商务区——新辟城市新中心及临江地区	杭州市高层次第三产业发展区，是现代化城市形象的集中体现的区域。承担文化娱乐、行政办公、会议展示、金融贸易、旅游服务等功能，是区域性商务中心，是未来上海CBD多级网络的组成部分
市级副中心	萧山市心路地区	市级副中心、江南城中心
	临平中心区	市级副中心、临平城中心
	下沙城中心区	市级副中心、下沙城中心
地区级	城站地区	地区级中心、商业旅游服务中心
	铁路东站地区	地区级副中心、商业旅游服务中心
	江滨五号区块	主城南部地区级中心、上城区公建中心
	卖鱼桥-大关-拱宸桥地区	主城北部地区级中心、拱墅区公建中心

续表

中心等级	中心名称	中心功能
地区级	滨盛路中段地区	江南城西部地区级公建中心，滨江区公建中心
	庆春路东段地区	主城东部地区级中心、江干区公建中心
	文三路西段地区	主城西部地区级中心、西湖区公建中心
	三墩路地区	地区级中心
组团中心	塘栖组团公建中心	
	良渚组团公建中心	
	余杭组团公建中心	
	义蓬组团公建中心	
	瓜沥组团公建中心	
	临浦组团公建中心	
居住区级中心	结合新区开发和旧城改造，按有关标准完善居住区级中心的公共服务设施和物业管理设施配套，充分保证公共设施的覆盖面，以最大限度方便居民日常生活的需要。居住区级中心公建项目配套应严格按国标《城市居住区规划设计规范》执行，同时在新区建设时应适当增加预留不可预计的公建项目用地，满足未来现代生活的需要	

表格来源：2001—2020年杭州市城市总体规划简介

　　根据以上中心体系的设置，采用对规划中确定中心的现状范围进行识别，详细调查各城市中心现状（图7-3），以墨菲指数界定法为统计分析的基础方法，结合地价法、功能单元法和交通分析法3个界定参数，辅以综合多因子叠加法，通过多次校核，确定各城市各级中心的评估范围（彭震 等，2007）。范围识别的具体技术路线如图7-2所示。

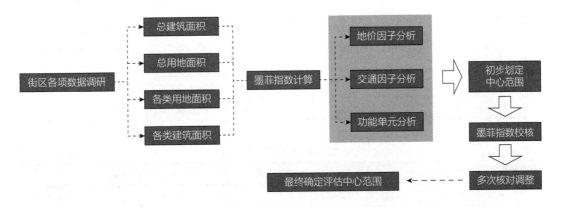

图7-2　范围识别的技术路线

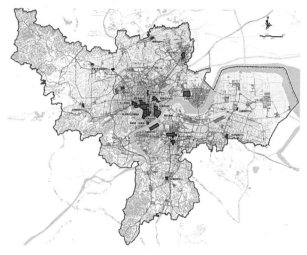

图7-3　杭州总规城市中心体系的评估范围

图片来源：《杭州市城市总体规划（2001—2020年）》2014年修编

7.2　杭州城市中心体系空间绩效评估

本书构建的杭州城市中心体系绩效评估指标体系由3个维度组成：城市活力指标、交通可达性指标和土地价值指标，从城市活力、交通、经济、产业等多个方面综合评估杭州上一轮城市总体规划所规划的城市主中心、次中心及组团中心的发展情况。其中具体的指标设置与意义见表7-2～表7-4所列。

城市中心土地价值指标体系

表7-2

编号	评价因子	评价指标	指标类型	指标意义
1	立体开发	容积率	客观	立体化利用，直接提高土地使用价值
2	复合式开发	用地内公共服务设施种类	客观	城市公共基础建设与商业开发密切配合，最大限度利用空间
3	土地混合使用	多样性指数	客观	提高土地使用效率
4	土地使用效益	土地价值	客观	发挥土地使用效益，是城市资源最大限度得以利用

城市中心交通可达性指标体系

表7-3

编号	评价因子	评价指标	指标类型	指标意义
1	主干道距离	相邻或穿越地区的主干道数量	客观	私有交通工具的可达性
2	步行连续性	慢行系统是否有涉及	主观	引导居民采用"步行+公交"的出行方式，以缓解交通拥堵现状，从而营造出一个舒适、安全、便捷、清洁、宁静的城市环境
3	路网密度	路网密度	客观	高密度路网提高道路服务的稳定性
4	路网顺畅度	道路整体通畅程度	主观	道路情况影响地区的可达性

城市中心活力指标体系

表7-4

编号		评价因子	评价指标	指标类型	指标意义
经济活力指数	1	人流	人口密度（人/m²）	客观	人口流动需要城市为其提供生存空间或活动空间
	2	资金流	经济投入产出（万/m²）	客观	通过城市金融机构和金融市场的操作
	3	聚集效应	单位密度/就业岗位密度（个/m²）	客观	各经济要素在一定的空间集聚，达到相当密度而使单个经济要素产生较大的经济效益

续表

编号		评价因子	评价指标	指标类型	指标意义
经济活力指数	4	土地利用兼容性	是否有特殊类型用地（工业、仓储用地）	客观	经济要素在组合的方式上处于最佳状态而产生较大收益
社会活力指数	1	改善自然环境	是否有遮阴挡雨避风等设施	主观	城市空间人性化设计增加城市中心社会活力
	2	活动类型多元性	活动类型个数	客观	活动类型多样性体现城市活力
	3	活动主体多元性	活动主体人群数	客观	活动主体多样性体现城市活力
	4	社交活动、市民集会、特殊活动	是否有重大节庆日活动	客观	
	5	城市夜生活	地区内夜间商业活动是否丰富	主观	生活、工作、商业功能的混合，是形成24小时城市公共生活连续性的重要手段
文化活力指数	1	城市历史意象	是否留有可以体现城市历史的标志物	主观	城市中的特定元素对人们的意义是超乎表面功能的，是市民集体记忆
	2	城市巷道保留	巷道宽度分等级	主观	城市文脉是城市历史的见证，是与其发展的内在本质相关联、相影响的"遗传因子"
	3	城市历史建筑/地区的更新与利用	主观评判	主观	在城市中有不同时代的文化，错综复杂地交织在一起，构成城市有延续性的"未来"
	4	零售和娱乐设施用地比例	商业街面积占总用地的比例	客观	商业街是城市空间结构中最有活力的地区
	5	文化设施用地比例	文化设施用地比例	客观	

评估指标体系中，客观指标根据实地测算获得的具体数据进行分析并赋分；主观数据由社会调查问卷和现场观察的结果分类统计而得。

7.3　杭州城市中心体系的空间绩效评估

通过上述评估体系，详细计算了各项指标的数值，并进行了等权重加总，对杭州主中心、副中心、片区中心及组团中心进行评估，所得结果如图7-4所示。总体上，得分随着主中心、副中心、片区中心、组团中心的序列递减，体现出城市中心体系显著的等级性差异。其中，城市主中心范围得分总体较高，城市副中心中下沙中心得分较低，片区中心中湖墅路地区和庆春路东段中心得分较高，而三墩地区得分较低；组团中心各组团得分较相近，良渚组团中心得分较高。

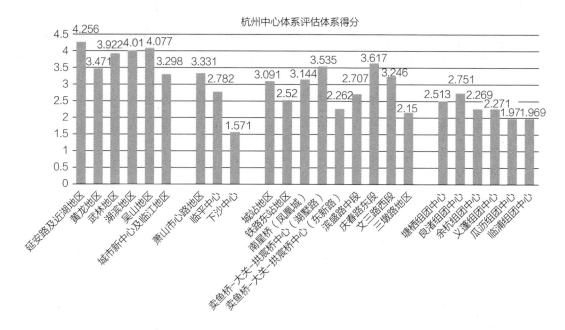

图7-4 杭州城市中心体系绩效总得分计算结果

7.3.1 杭州城市主中心绩效分析

杭州城市主中心绩效得分雷达分析如图7-5所示。

1. 延安路及近湖地区

延安路及近湖地区为杭州老城区城市中心，发展时间较长也较完善，城市中心首位度高，容量接近饱和，该中心区域社会活力指数、经济活力指数、文化活力指数及土地价值指数得分均较高。但由于武林CBD建设时间较早，交通成为该中心发展的主要制约因素，道

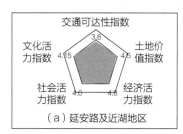

（a）延安路及近湖地区

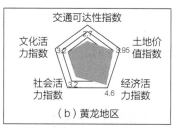

（b）黄龙地区

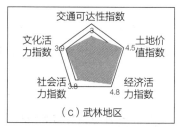

（c）武林地区

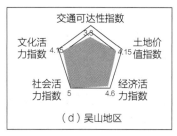

（d）吴山地区

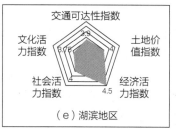

（e）湖滨地区

（f）城市新中心及临江地区

图7-5 杭州城市主中心绩效得分雷达分析

路密度较低，难以承担城市主中心的交通压力，因而该地区内的交通可达性指数相对偏低。

（1）黄龙地区。

杭州市中心黄龙地区内发展建设黄龙中央商务区及黄龙体育中心，该地区的经济活力指数和土地价值指数较高。但由于该地区商业商务用地比例达到35.5%，居住用地比例仅为17%，因而中心区域内（不包括黄龙洞景区），人群社会活动较少，其社会活力和文化活力指数不高。另外由于黄龙地区就业岗位集中，所以该地区上下班时间交通顺畅度较差，步行交通网络不完善，交通可达性指数偏低。

（2）武林地区。

武林地区是延安路及近湖地区核心区武林商圈所在地，该地区经济活力指数和土地价值指数为全区最高。文化活力指数及社会活力指数处于一般水平，地区内城市历史意象偏少，对历史巷道保留、提供给行人的停留空间较少。该地区的交通可达性指数较低，地区内的主干道数量较少，道路顺畅度较差。

（3）吴山地区。

吴山地区是延安路及近湖地区核心区吴山商圈所在地，拥有大型商业娱乐场所和特色商业街，并建有一个城市级公共广场。吴山地区的社会活力指数、经济活力指数、文化活力指数及土地价值指数都较高。但该地区周边的主干道偏少，道路顺畅度较差，交通情况不尽如人意，导致交通可达性指数偏低。

（4）湖滨地区。

湖滨地区是延安路及近湖地区核心区湖滨商圈所在地，高中低档次的商业零售和宾馆住宿业态均有分布，该地区的经济活力指数较高，社会活力指数和交通可达性指数都处于普遍水平，其中交通可达性指数与武林商圈和吴山商圈相比较高。但是该地区历史建筑更新利用仍待优化，文化设施用地比例较低（1.7%），因而文化活力指数相对较低，商业氛围浓郁，但与城市主中心的文化功能仍有一定差距。

2．城市新中心及临江地区

城市新中心及临江地区为杭州市近期建设发展的城市新中心，该中心是杭州实现跨江发展的牵引重心，是杭州高层次第三产业的未来发展区，承担行政办公、文化娱乐、旅游服务、金融贸易、会议展示等综合服务功能。钱塘江北岸钱江新城建成后将由行政办公区、金融办公区、商务办公区、商务会展区、文化休闲区、商业娱乐综合区、办公园区、游览休憩区组成，新城现状仍有部分用地未建成，所以在评价体系中得分偏低，不具参考性。但从目前钱江新城的建设与规划看，该地区交通可达性指数仍偏低，主要反映在地区周边主干道数量偏少，道路密度偏低，道路顺畅度较低三个方面。

7.3.2　杭州城市副中心绩效分析

杭州城市副中心绩效得分雷达分析如图7-6所示。

1．萧山市心路地区

萧山市心路地区城市副中心在社会活力指数、土地价值指数及经济活力三方面指数较高。市心路地区是萧山区市民主要的商业活动及社会活动聚集地。但由于市心路地区的土地

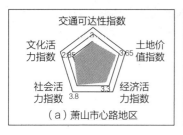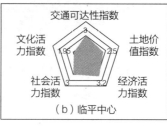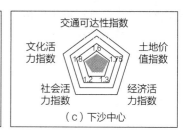

图7-6　杭州城市副中心绩效得分雷达分析

开发强度较大，商业商务用地比例较高（41.11%），功能过于集聚，所以给该地区带来较大的交通压力，使得地区的交通可达性指数偏低。市心路地区文化活力指数较低，地区内缺少能展示城市历史意象的标志，同时市心路地区内的历史建筑没有得到较好的利用和保护，作为都市区副中心其功能体系的完善度仍待提高。

2. 临平中心

临平中心在交通可达性、社会活力和经济活力方面的指数虽然较萧山市心路地区较低，但整体绩效水平也不低。由于临平中心的公共服务设施用地种类较为单一，居住用地比例较大（39.97%），土地使用价值较低，通过计算发现临平中心的土地价值指数相对偏低。此外，临平中心的文化活力指数仅1.95，中心区内缺少城市历史意象的标志，历史地区的历史建筑也没有得到较好的利用和保护，城市活力不论在物质空间层面，还是社会活动的体现层面都显得与都市副中心定位有一定差距。

3. 下沙中心

下沙中心各方面指数相对其他两个副中心都显得较低。从用地现状上来看，公共服务设施用地及居住用地，不及下沙中心总用地的1/10，工业仓储用地占总用地的30.34%，下沙中心的公共服务功能及商业氛围仍在形成过程中，作为都市副中心其活力体现不足。下沙中心附近的主干道偏少，慢行系统不完善，路网密度较低，交通可达性指数较低。

7.3.3　杭州地区级中心绩效分析

杭州城市地区级中心绩效得分雷达图如图7-7所示。

1. 城站地区

城站地区公共服务设施用地比例较高（42.17%），且地区经济活力指数和交通可达性指数均较高。虽然主干道数量和道路密度较高，但由于其客运枢纽的功能特点，日常交通流量很大，道路顺畅度偏低。城站地区土地使用绩效较低，缺少文化设施用地，导致地区文化活力指数和居住土地价值指数偏低。由于城站地区的客运站功能，外来人口较多，人口结构复杂，且多为通过性活动，也影响到该区域居民的生活休闲活动，所以该地区固定的社会活动较少，社会活力指数较低。

2. 铁路东站地区

铁路东站地区仍在改造当中，所以各方面指数都不高。交通可达性方面城市慢行系统尚未完善；铁路东站地区的经济活力和土地价值指数偏低，商业商务设施尚未开发，聚集效应

图7-7　杭州城市地区级中心绩效得分雷达分析

未显，土地复合开发程度不高。该地区的文化活力指数和社会活力指数也偏低。

3. 南星桥（凤凰城）

南星桥（凤凰城）地区的交通可达性指数较高，地区周边道路情况较好。地区经济活力指数和社会价值指数也较好，但土地使用功能较为单一均为商业商务用地或居住用地，聚集性不高。地区的文化活力指数和社会活力指数较低，地区内缺少公共活动及停留空间，城市历史意象及文化设施欠缺。

4. 卖鱼桥-大关-拱宸桥中心

卖鱼桥-大关-拱宸桥中心分两个区域，分别是湖墅路地区和东新路公建区。湖墅路地区由于靠近武林商圈和黄龙地区，所以文化活力、社会活力、土地价值和经济活力方面指数都比较高，地区的交通可达性也较好。而东新路公建区从用地现状上分析，公共服务设施用地占总用地20%，而居住用地为44%。该地区人口集聚度提升快，但生活服务功能体系尚不完善，没能完全发挥出地区级中心的功能。

5. 滨盛路中段

滨盛路中段是滨江区公建中心，目前仍在建设过程中，交通可达性、土地价值和社会活力指数较高，但已建成的公共服务设施用地比例较低，仅为22%，经济活力指数也偏低。缺少文化设施，已建成的公共空间由于距离建成的居住区有一定距离，利用率不高，滨江景观带的休闲功能尚未发挥，文化活力指数偏低。

6. 庆春路东段

庆春路东段与湖滨地区相近，受湖滨地区的辐射作用，地区内社会活力、经济活力和土地价值指数都较好；交通可达性方面除了道路通畅度偏低外，其他方面均偏好。由于靠近主城部分商业商务功能集聚度高，但空间容量较低，缺乏足够的公共活动空间；而靠近钱江新城的区域，除青春银泰外，相当部分仍处于城乡结合部的发展特征，地区内文化活力指数相对偏低。

7．文三路西段

文三路西段与城市主中心的黄龙地区相接，受城市主中心的商业辐射，和文三路电子数码特色街的影响，土地经济价值、社会活力及经济活力三方面指数较高。地区内交通慢行系统和步行系统较不完善，所以交通可达性指数偏低。文三路西段地区文化活力指数也较低，地区内文化设施用地比例仅为1%，缺少城市公共空间。

8．三墩路地区

三墩路地区片区中心尚未形成，各方面指数都较低。

7.3.4　杭州组团中心绩效分析

杭州城市组团中心绩效得分雷达分析如图7-8所示。

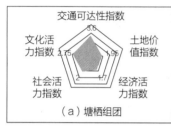

图7-8　杭州城市组团中心绩效得分雷达分析

1．塘栖组团中心

余杭区塘栖组团中心的交通可达性指数较高，塘栖古镇的建设开发使得中心文化活力指数和社会活力指数也偏高。但由于塘栖中心受地价和区域经济氛围的限制，土地价值指数和经济活力指数偏低。

2．良渚组团中心

良渚组团内有良渚遗址及相关的文化设施，所以该中心的文化活力、社会活力和土地价值指数都较高，交通可达性也较好。相比之下，仅地区经济活力略微偏低。

3．余杭组团中心

余杭组团交通可达性指数相对较高，但土地价值指数相对偏低，其他三方面指数都相对一般。

4．义蓬组团中心

萧山区义蓬组团交通可达性和文化活力的指数较高，而经济活力和社会活力指数偏低，该地区缺少提供行人的停留空间，人流及经济聚集效益较弱。此外，义蓬组团的土地价值指数偏低，主要表现在立体开发强度较低和土地使用效益较低。

5．瓜沥组团中心

萧山区瓜沥组团五方面指数较均衡，土地价值指数为萧山区三组团中最高，各活力指数处于各组团中心的中间水平，但区域交通可达性偏低。

6．临浦组团中心

萧山区临浦组团中心的交通可达性指数和文化活力指数较高。但与其他组团中心相似，土地价值指数偏低，主要表现在立体开发强度较低和土地使用效益较低。组团中心缺少市民集会、特殊活动和人口密度较低，导致社会活力指数和经济活力指数偏低。

杭州城市中心体系绩效总得分汇总　　　　表7-5

项目			城市中心绩效评估得分			
评价维度			交通可达性指数（30%）	城市中心活力（40%）	土地价值指数（30%）	总分
市级中心	延安路及近湖地区	中心	3.8	4.535	4.5	4.304
		黄龙地区	2.7	3.69	3.95	3.471
		武林地区	3	4.18	4.5	3.922
		湖滨地区	3.9	4.1	4	4.01
		吴山地区	3.3	4.605	4.15	4.077
	城市新中心及临江地区		2.5	3.445	3.9	3.298
城市副中心	萧山市心路地区		3	3.34	3.65	3.331
	临平中心		3	2.755	2.6	2.782
	下沙中心		1.6	1.415	1.75	1.571
地区级中心	城站地区		3.5	2.89	2.95	3.091
	铁路东站地区		2.8	2.25	2.6	2.52
	南星桥（凤凰城）		4.1	2.685	2.8	3.144
	卖鱼桥-大关-拱宸桥中心	湖墅路	3.7	3.625	3.25	3.535
		东新路	3.1	1.83	2	2.262
	滨盛路中段		2.6	2.53	3.05	2.707
	庆春路东段		3	3.905	3.85	3.617
	文三路西段		2.8	3.165	3.8	3.246
	三墩路地区		2.7	1.925	1.9	2.15

续表

项目	城市中心绩效评估得分			
评价维度	交通可达性指数（30%）	城市中心活力（40%）	土地价值指数（30%）	总分
组团中心 塘栖组团中心	3.6	2.12	1.95	2.513
良渚组团中心	3.2	2.715	2.35	2.751
余杭组团中心	2.8	2.185	1.85	2.269
义蓬组团中心	3.2	2.115	1.55	2.271
瓜沥组团中心	2	1.94	1.55	1.841
临浦组团中心	3.3	2.45	2.05	2.585

从各级中心绩效的评估结果（表7-5）看：城市主中心面临的主要问题是功能体系的优化与业态的品质化不足，空间容量接近饱和，交通瓶颈突出；副中心差异较大，余杭临平和萧山主城存在的主要问题是用地结构和交通组织尚待改善，重点需要构建综合服务能力和社会活力，而下沙则需要提升相对基础的生活配套服务功能；地区级中心面临较多的是功能与用地的整合问题，以及休闲娱乐和公共活动空间的不足；组团中心交通可达性均较高，存在的主要短板在土地价值指数和经济活力指数，这也说明组团中心配套服务设施建设滞后，缺乏优质教育资源，以及相应的市政基础设施配套，自然房价和地价也相对较低，对人口的吸引力不足，社会活力不高，整体上较多呈独立发展状况。

1. 政策导向和政府开发引导行为

城市公共中心的形成与发展会受到城市总体规划，片区规划的影响，特别是在引导城市空间结构进行新一轮重组的关键时期，往往会通过公共中心来启动整个区块的开发。同时，在城市规划执行和实施的过程当中，政府政策的导向会促使该地区的招商投资和主题氛围的营造，成为城市拓展中的兴奋点，同时投入大量的公共基础设施建设和大型活动，促进大量资源与要素在该区域的集聚，进而带动中心的社会活力和文化活力。如杭州城市的新中心——钱江新城及钱江世纪城，作为杭州跨江发展，迈入"钱塘江时代"的城市发展重心转移战略，现已初具规模；下沙副中心随着下沙经济开发区的由区转城的进程，逐步成型，这两者都是典型的政府主导型的公共中心。但这一级的中心发展动力仍以自上而下的资源配置力量为主，因而常存在除主导功能外的其他功能的缺失，并尚未形成城市公共中心的社会活力。

2. 郊区房地产开发与人口扩散迁移

随着经济快速发展和人口大量增加，杭州的居住用地快速蔓延扩张。大量居住人口在一定范围内的快速聚集，在达到一定规模后，形成强烈的居住配套设施及公共服务设施的建设需求，促使该区域内城市片区级和居住区级公共中心形成。此类城市公共中心的服务对象主要为一定范围内的城市居民，服务范围是周边居住区，中心主要功能是居住服务，一般有较高的社会活力。如在前一版总规中强调城西的居住职能，自此杭州城西开始聚集大量新开发的住宅区，形成了如文三路西段、西城广场等地区级城市中心，类似中心还包括良渚中心、滨江中心等。这类中心产生源于生活性服务设施的需求，因而侧重常规的生活功能配套，而文化、休闲等功能相对缺乏。

3．区域交通基础设施的建设带动

在杭州完成建设连接城市近郊区和城市主中心的快速路和城市高架后，沿线城市用地快速向郊区地区蔓延。快速交通系统的完善，提高了近郊区的可达性，缩短了近郊区与城市主中心的时空距离，提高了道路周边地价，带动城市近郊区的经济社会发展。由于这些地区较好的可达性和良好的用地条件，使得一些专业型的城市公共中心在此扎根，如九堡乔司地区的专业型市场和石祥路汽车城等。

4．城市产业升级及城市更新的推力

经济水平的不断增高和第三产业的快速发展，加快了城市内部产业结构"退二进三"的产业升级进程。曾经在杭州主城区外围的大型工业用地，功能已被置换，城市产业结构提升带来这些工业用地的用地性质转变。结合工业遗产保护的城市综合体项目的建设开发，逐步形成现代服务业的集聚，进而形成新的城市公共中心，如杭州大河造船厂、城北创新创业新天地等地区。

杭州老城区内部分用地由于开发时间较早，存在一定社会问题，需要对其进行城市更新和历史文化遗产保护。在城市更新的过程当中，以拆、改、造等方式，在"旧空间"中植入"新功能"，使之焕发新活力。

通过塑造富有特色和内涵城市形象，改善城市的生活品质，实现城市内部的持续发展提升。在此过程中，亦会形成城市公共中心，如杭州拱宸桥运河历史文化保护区等。

5．都市外围近郊专业化功能区的转型

杭州不断推进产业空间的优化转型，城市中心的工业企业和高等院校陆续转迁到市郊或郊区。并进行"退城入园"，将迁移的和新增的工业企业集中到开发区和工业园区，并完善园区的配套设施建设，同时依托高教园区、科教园区，实现产学研一体化（王伟武等，2009）。这些专业化园区的发展，带动了周边城镇发展，从而带动生活配套、商业商务等第三产业的聚集和发展，渐渐形成服务于某一园区的片区公共中心，如下沙、义蓬等中心。

7.4　多中心城市空间绩效的主体响应机理分析

7.4.1　主体特征分析的数据来源

研究主要通过问卷调研的途径获取研究所需数据，同时在实地调研前采取文献研究、专家访谈等方法以提高研究的可信度和效度。

文献研究法：本书在阅读国内外关于城市多中心体系发展评价以及居民居住区位选择的文献基础上，对变量选取部分进行重点梳理，为研究的实证部分奠定良好的基础。

专家访谈法：为了让问卷更好地反映居民对城市多中心体系带来绩效的满意情况，以及居民视角的居住区位选择的意愿，采用专家访谈方式，进一步修订了问卷。

问卷分为三大部分：

第一部分为居民的基本信息，包括居民的个人信息、家庭生活成本以及交通成本三部分。

第二部分为居民意愿居住地的选择以及意愿居住地与当前居住地比较的调查，比较项根据计划行为理论给出，包括交通费用、公共交通条件、上下班时间、教育设施、医疗设施、商业购物设施、文化娱乐设施、绿地公园、居住区档次、整体环境品质、房价/租金、家人支持情况、同事或同学支持情况、朋友支持情况、邻居支持情况、时间支持情况、精力支持情况、经济条件支持情况以及信息支持情况。

第三部分为居民对当前居住地各类服务满意度的调查，根据文献查阅以及专家访谈确定了15项满意度调查因子。

本书的调查对象为杭州与宁波各级城市中心的居民，调研范围覆盖杭州市与宁波市的主要城区以及各副城，采取随机抽样的方法，在各级城市中心居住集中地带进行问卷调研。

7.4.2 模型变量选择和量化方法

空间绩效研究变量包括个体特征、交通成本、生活成本，基于计划行为理论的区位选择变量包括基本因素、心理因素、个体态度因素、主观规范因素、直觉行为控制因素。表7-6、表7-7对分别这些变量做出说明解释。

空间绩效研究变量解释　　　　　　　　　　　　　　　　　　　　表7-6

解释变量	变量名称	变量整合量化说明
个体特征	年龄	1：年龄在35岁及以下 2：年龄在35-55岁 3：年龄在55岁及以上
	文化程度	1：学历为大专或大学以下 2：学历为大专或大学及以上
	所从事的职业	对所从事的职业采用虚拟变量，以居民职业为商业、服务业人员为基准，设置居民职业1～居民职业5共5个变量
		当居民职业为商业、服务业人员时，虚拟变量均为0
		当居民职业为政府、企事业单位管理者时，居民职业1为1，其余为0
		当居民职业为专业技术人员（设计类、教育类）时，居民职业2为1，其余为0
		当居民职业为办事人员和有关人员时，居民职业3为1，其余为0
		当居民职业为农、林、牧、渔、水利业生产人员时，居民职业4为1，其余为0
		当居民职业为其他时，居民职业5为1，其余为0
	月收入	1：月收入在2000元及以下 2：月收入在2000-4000元 3：月收入在4000元及以上
	是否本地人	0：非本地人 1：本地人

续表

解释变量	变量名称	变量整合量化说明
交通成本	上下班单程时间	1：上下班单程时间60分钟及以上 2：上下班单程时间30～60分钟 3：上下班单程时间30分钟以内
	月交通费用	1：月交通费用1000元及以上 2：月交通费用500～1000元 3：月交通费用500元以内
	交通方式	对交通方式采用虚拟变量，以交通方式为公交车为基准，设置交通方式1～交通方式6共6个变量
		当交通方式为公交车时，虚拟变量均为0
		当交通方式为步行时，交通方式1为1，其余为0
		当交通方式为自行车、电动车时，交通方式2为1，其余为0
		当交通方式为摩托车时，交通方式3为1，其余为0
		当交通方式为私家车时，交通方式4为1，其余为0
		当交通方式为单位班车时，交通方式5为1，其余为0
		当交通方式为出租车时，交通方式6为1，其余为0
生活成本	家庭月支出（不包含房贷还款）	1：家庭月支出2000以下 2：家庭月支出2000及以上

基于计划行为理论的区位选择变量解释　　　　表7-7

解释变量	变量名称	变量整合量化说明
基本因素	目前居住地	3：城市一级中心 2：城市二级中心 1：城市三级中心
心理因素	是否搬迁	0：搬迁 1：不搬迁
	意愿居住地	3：城市一级中心 2：城市二级中心 1：城市三级中心
个体态度因素	交通费用的改善情况	交通费用的改善情况的5级Likert型题项获取数值，1代表比目前更差，5代表极大改善
	公共交通条件的改善情况	公共交通条件的改善情况的5级Likert型题项获取数值，1代表比目前更差，5代表极大改善
	上下班时间的改善情况	上下班时间的改善情况的5级Likert型题项获取数值，1代表比目前更差，5代表极大改善

续表

解释变量	变量名称	变量整合量化说明
个体态度因素	教育设施的改善情况	教育设施的改善情况的5级Likert型题项获取数值，1代表比目前更差，5代表极大改善
	医疗设施的改善情况	医疗设施的改善情况的5级Likert型题项获取数值，1代表比目前更差，5代表极大改善
	商业购物设施的改善情况	商业购物设施的改善情况的5级Likert型题项获取数值，1代表比目前更差，5代表极大改善
	文化娱乐设施的改善情况	文化娱乐设施的改善情况的5级Likert型题项获取数值，1代表比目前更差，5代表极大改善
	绿地公园的改善情况	绿地公园的改善情况的5级Likert型题项获取数值，1代表比目前更差，5代表极大改善
	居住区档次的改善情况	居住区档次的改善情况的5级Likert型题项获取数值，1代表比目前更差，5代表极大改善
	整体环境品质的改善情况	整体环境品质的改善情况的5级Likert型题项获取数值，1代表比目前更差，5代表极大改善
	房价/租金的改善情况	房价/租金的改善情况的5级Likert型题项获取数值，1代表比目前更差，5代表极大改善
主观规范因素	家人的支持程度	家人的支持程度的5级Likert型题项获取数值，1代表完全不支持，5代表完全支持
	同事或同学的支持程度	同事或同学的支持程度的5级Likert型题项获取数值，1代表完全不支持，5代表完全支持
	朋友的支持程度	朋友的支持程度的5级Likert型题项获取数值，1代表完全不支持，5代表完全支持
	邻居的支持程度	邻居的支持程度的5级Likert型题项获取数值，1代表完全不支持，5代表完全支持
知觉行为控制因素	经济条件的支持程度	经济条件的支持程度的5级Likert型题项获取数值，1代表完全不支持，5代表完全支持
	精力的支持程度	精力的支持程度的5级Likert型题项获取数值，1代表完全不支持，5代表完全支持
	时间的支持程度	时间的支持程度的5级Likert型题项获取数值，1代表完全不支持，5代表完全支持
	信息的支持程度	信息的支持程度的5级Likert型题项获取数值，1代表完全不支持，5代表完全支持

7.4.3 空间绩效的主体满意度模型

不同等级的城市中心，承担着不同的城市功能，为生活在其中的人群提供着不同的服务，服务能力的强弱直接关系到其吸纳人口能力的强弱。一般而言，居民对其所在城市区域提供的综合服务满意度越高，则越易吸引其在此居住，反之，居民对该区域的满意度越低，则越易引发其搬迁的行为。

为了探究居民对不同等级城市中心所提供的服务的满意情况，研究选取了15个因子，分别代表了与居民生活相关的15种不同的服务行业（银行/保险公司、交通服务、邮电服务、零售购物、旅馆住宿、餐饮酒店、娱乐健身、家政服务、旅游服务、医院、教育与培训、体育运动、艺术与培训、电影院、图书馆），并通过对居民的满意度调查，采用层次分析法，计算各级中心满意度得分，确立了如图7-9所示的满意度模型。

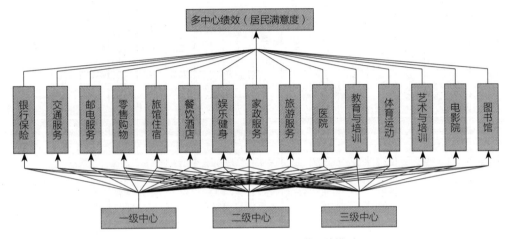

图7-9　基于层次分析法的满意度评价模型

研究首先设立了一个目标层，确立进行满意度评价的目的是评价多中心绩效；第二步是确立评价的准则，即选取15个因子，并对其进行居民满意度问卷调查；最后一步是计算各级中心满意度得分（即基于居民评价的各级中心的权重），得出满意度评价的结果。

在对各个等级中心进行评价时，首先需要确定15个因子的权重，研究采用主成分分析法，根据各类因子的居民满意度调查结果，通过专家打分法，确定了各因子两两之间相对的重要性，计算后得到各因子的权重（表7-8）。

从表7-8中可以看出，交通服务、零售购物两个因子的权重最高，是居民在评价城市中心满意度时最重要的考虑因素，其次是娱乐健身、餐饮酒店、医院3个因子，它们也是居民在评价城市中心满意度时重要的考虑因素。

在确定了15个因子权重分布后，进一步需要确定各个因子在不同等级城市中心的权重分布，研究采用主成分分析法，根据居民对不同等级城市中心这15个因子的满意度调查结果，通过专家打分，得到各个因子在不同等级城市中心的权重分布（表7-9）。

从表7-9中可以看出，零售购物、体育运动两类因子在各级中心的权重排序依次是二级中心、一级中心、三级中心，交通服务因子在各级中心的权重排序依次是二级中心、三级中心、一级中心，旅游服务在各级中心的权重排序依次是一级中心、三级中心、二级中心，剩余的11个因子在各级中心的权重排序依次是一级中心、二级中心、三级中心。这说明居民对二级中心的零售购物、体育运动、交通服务三类因子满意度最高，二对城市一级中心的交通服务满意度最低，这是由于一级中心严重的交通拥堵所致；对其余12类因子，居民普遍对城

各因子权重分布

表7-8

1. 多中心绩效（居民满意度）判断矩阵一致性比例：0.0281；对总目标的权重：1.0000；λ_{max}：15.6244

多中心绩效（居民满意度）	银行保险	交通服务	家政服务	教育与培训	娱乐健身	图书馆	餐饮酒店	电影院	旅馆住宿	艺术与培训	零售购物	医院	邮电服务	体育运动	旅游服务	权重W_i
银行保险	1.0000	0.2000	3.0000	1.0000	0.3333	3.000	0.3333	1.0000	5.0000	3.0000	0.2000	0.3333	3.0000	1.0000	5.0000	0.0482
交通服务	5.0000	1.0000	7.0000	5.0000	3.0000	7.0000	3.0000	7.0000	9.0000	7.0000	1.0000	3.0000	7.0000	5.0000	9.0000	0.1976
家政服务	0.3333	0.1429	1.0000	0.3333	0.2000	1.0000	0.2000	0.3333	3.0000	1.0000	0.1429	0.2000	1.0000	0.3333	3.0000	0.0217
教育与培训	1.0000	0.2000	3.0000	1.0000	0.3333	3.0000	0.3333	1.0000	5.0000	3.0000	0.2000	0.3333	3.0000	1.0000	3.0000	0.0466
娱乐健身	3.0000	0.3333	5.0000	3.0000	1.0000	5.0000	1.0000	3.0000	7.0000	5.0000	0.3333	1.0000	5.0000	3.0000	7.0000	0.1033
图书馆	0.3333	0.1429	1.0000	0.3333	0.2000	1.0000	0.2000	0.3333	3.0000	1.0000	0.1429	0.2000	1.0000	0.3333	3.0000	0.0217
餐饮酒店	3.0000	0.3333	5.0000	3.0000	1.0000	5.0000	1.0000	3.0000	7.0000	5.0000	0.3333	1.0000	5.0000	3.0000	7.0000	0.1033
电影院	1.0000	0.1429	3.0000	1.0000	0.3333	3.0000	0.3333	1.0000	5.0000	3.0000	0.2000	0.3333	3.0000	1.0000	5.0000	0.0472
旅馆住宿	0.2000	0.1111	0.3333	0.2000	0.1429	0.3333	0.1429	0.2000	1.0000	0.3333	0.1111	0.1429	0.3333	0.2000	1.0000	0.0110
艺术与培训	0.3333	0.1429	1.0000	0.3333	0.2000	1.0000	0.2000	0.3333	3.0000	1.0000	0.1429	0.2000	1.0000	0.3333	3.0000	0.0217
零售购物	5.0000	1.0000	7.0000	5.0000	3.0000	7.0000	3.0000	5.0000	9.0000	7.0000	1.0000	3.0000	7.0000	5.0000	9.0000	0.1932
医院	3.0000	0.3333	5.0000	3.0000	1.0000	5.0000	1.0000	3.0000	7.0000	5.0000	0.3333	1.0000	5.0000	3.0000	7.0000	0.1033
邮电服务	0.3333	0.1429	1.0000	0.3333	0.2000	1.0000	0.2000	0.3333	3.0000	1.0000	0.1429	0.2000	1.0000	0.3333	3.0000	0.0217
体育运动	1.0000	0.2000	3.0000	1.0000	0.3333	3.0000	0.3333	1.0000	5.0000	3.0000	0.2000	0.3333	3.0000	1.0000	5.0000	0.0482
旅游服务	0.2000	0.1111	0.3333	0.3333	0.1429	0.3333	0.1429	0.2000	1.0000	0.3333	0.1111	0.1429	0.3333	0.2000	1.0000	0.0114

表7-9

不同等级中心各因子权重分布

1 银行保险　判断矩阵——一致性比例：0.0624

银行保险	一级中心	三级中心	二级中心	w_i
三级中心	1.0000	7.0000	5.0000	0.7306
一级中心	0.1429	1.0000	0.3333	0.0810
二级中心	0.2000	3.0000	1.0000	0.1884

2 交通服务　判断矩阵——一致性比例：0.0036

交通服务	一级中心	三级中心	二级中心	w_i
三级中心	1.0000	0.3333	0.2000	0.1095
一级中心	3.0000	1.0000	0.5000	0.3090
二级中心	5.0000	2.0000	1.0000	0.5816

3 家政服务　判断矩阵——一致性比例：0.0311

家政服务	一级中心	三级中心	二级中心	w_i
三级中心	1.0000	7.0000	4.0000	0.7049
一级中心	0.1429	1.0000	0.3333	0.0841
二级中心	0.2500	3.0000	1.0000	0.2109

4 教育与培训　判断矩阵——一致性比例：0.0311

教育与培训	一级中心	三级中心	二级中心	w_i
三级中心	1.0000	7.0000	4.0000	0.7049
一级中心	0.1429	1.0000	0.3333	0.0841
二级中心	0.2500	3.0000	1.0000	0.2109

5 娱乐健身　判断矩阵——一致性比例：0.0311

娱乐健身	一级中心	三级中心	二级中心	w_i
三级中心	1.0000	7.0000	4.0000	0.7049
一级中心	0.1429	1.0000	0.3333	0.0841
二级中心	0.2500	3.0000	1.0000	0.2109

6 图书馆　判断矩阵——一致性比例：0.0176

图书馆	一级中心	三级中心	二级中心	w_i
三级中心	1.0000	6.0000	3.0000	0.6548
一级中心	0.1667	1.0000	0.3333	0.0953
二级中心	0.3333	3.0000	1.0000	0.2499

7 餐饮酒店　判断矩阵——一致性比例：0.0176

餐饮酒店	一级中心	三级中心	二级中心	w_i
三级中心	1.0000	6.0000	3.0000	0.6548
一级中心	0.1667	1.0000	0.3333	0.0953
二级中心	0.3333	3.0000	1.0000	0.2499

8 电影院　判断矩阵——一致性比例：0.0904

电影院	一级中心	三级中心	二级中心	w_i
三级中心	1.0000	8.0000	5.0000	0.7334
一级中心	0.1250	1.0000	0.2500	0.0675
二级中心	0.2000	4.0000	1.0000	0.1991

9 旅馆住宿　判断矩阵——一致性比例：0.0088

旅馆住宿	一级中心	三级中心	二级中心	w_i
三级中心	1.0000	6.0000	4.0000	0.7010
一级中心	0.1667	1.0000	0.5000	0.1061
二级中心	0.2500	2.0000	1.0000	0.1929

10 艺术与培训　判断矩阵——一致性比例：0.0025

艺术与培训	一级中心	三级中心	二级中心	w_i
三级中心	1.0000	7.0000	3.0000	0.6817
一级中心	0.1429	1.0000	0.5000	0.1025
二级中心	0.3333	2.0000	1.0000	0.2158

11 零售购物　判断矩阵——一致性比例：0.0707

零售购物	一级中心	三级中心	二级中心	w_i
三级中心	1.0000	3.0000	0.3333	0.2684
一级中心	0.3333	1.0000	0.2500	0.1172
二级中心	3.0000	4.0000	1.0000	0.6144

12 医院　判断矩阵——一致性比例：0.0176

医院	一级中心	三级中心	二级中心	w_i
三级中心	1.0000	6.0000	3.0000	0.6548
一级中心	0.1667	1.0000	0.3333	0.0953
二级中心	0.3333	3.0000	1.0000	0.2499

13 邮电服务　判断矩阵——一致性比例：0.0036

邮电服务	一级中心	三级中心	二级中心	w_i
三级中心	1.0000	5.0000	3.0000	0.6483
一级中心	0.2000	1.0000	0.5000	0.1220
二级中心	0.3333	2.0000	1.0000	0.2297

14 体育运动　判断矩阵——一致性比例：0.0236

体育运动	一级中心	三级中心	二级中心	w_i
三级中心	1.0000	2.0000	0.2500	0.1998
一级中心	0.5000	1.0000	0.2000	0.1168
二级中心	4.0000	5.0000	1.0000	0.6833

15 旅游服务　判断矩阵——一致性比例：0.0176

旅游服务	一级中心	三级中心	二级中心	w_i
三级中心	1.0000	3.0000	4.0000	0.6250
一级中心	0.3333	1.0000	2.0000	0.2385
二级中心	0.2500	0.5000	1.0000	0.1365

市一级中心的满意度较高，这也反映出一
级中心所提供的这12类服务较完备，而二
级中心和三级中心的发展较落后。

通过对15个因子各自权重以及不同等
级中心单个因子的权重分布的计算，可以得
出三类等级城市中心所有因子的综合权重分
布，即基于居民满意度调查的城市不同等级
中心绩效评价结果（图7-10）。可以看出，
一级中心的综合绩效高于二级中心和三级中
心，这是由于一级中心各类服务较二级中

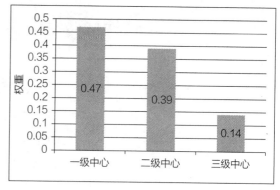

图7-10　各级中心因子的综合权重分布

心和三级中心完善；二级中心的绩效接近一级中心，权重最大的交通服务和零售购物两类因子
在二级中心的发展最好，说明二级中心正在发展成熟，分担一级中心的人口和功能；三级中心
绩效较差，这是由于各类设施的建设均较落后，居民对其的满意度较低。

7.4.4　居民视角的绩效影响机理分析

空间绩效就是指空间所带来的综合效益。对于居民而言，其对住房的选择是在家庭总开
支不超过总收入的约束条件下，在交通成本与住房成本之间寻求平衡的过程。空间绩效反映
在居民住房选择上，就是指特定的空间区域给居民带来的收益。本书通过采用二元logistic回
归模型，对居民的个体特征（年龄、文化程度、职业、月收入、是否本地人）、生活成本（家
庭月支出）、交通成本（交通费用、上下班时间、交通方式）三类要素进行分析，评价其对
城市空间绩效的影响（表7-10）。

三类要素二元logistic回归结果　　　　　表7-10

	B	Wals	Sig.	Exp（B）	EXP（B）的90%C.I.	
					下限	上限
居住地	−0.499	6.987	0.008	0.607	0.445	0.828
年龄	−0.141	0.256	0.613	0.869	0.549	1.373
文化程度	0.341	1.260	0.262	1.406	0.853	2.316
职业	0.032	0.211	0.646	1.033	0.921	1.158
月收入	−0.486	3.491	0.062	0.615	0.401	0.943
是否本地人	−0.016	0.004	0.952	0.985	0.643	1.507
上下班单程时间	0.481	6.882	0.009	1.618	1.197	2.189
月交通费用	−0.175	0.738	0.390	0.839	0.600	1.174
交通方式	0.019	0.052	0.819	1.019	0.891	1.164
家庭月支出	−0.366	1.406	0.236	0.693	0.417	1.152

　　从表7-10的二元logistic模型估计结果可以看出，三类要素变量中，有2个自变量在90%置信度下显著。它们分别是：月收入和上下班单程时间。从进入模型的变量回归方向可以看出，在回归结果显著的2个变量中，上下班单程时间变量的符号为正，月收入变量的符号为负。这就说明：从个人住宅区位选择的角度而言，居民月收入增加，其考虑搬迁的可能性更大；而上下班单程时间增加，其考虑搬迁的可能性更小，这是因为上下班时间的增加将导致其交通成本增加，从而使空间绩效下降。

　　结合上文居民对不同中心满意度评价的结果，可知：在生活成本不超过家庭总收入的情况下，交通成本与住房成本之间的平衡度：一级中心>二级中心>三级中心。

7.5　北京多中心城市规划控制绩效与影响因素研究

7.5.1　规划控制绩效评估背景分析

　　空间规划是城市建设管理的重要依据，因而城市的土地开发行为应该严格遵照土地利用规划进行。但城市发展的复杂性使得城市规划在实施过程中会出现许多不确定因素。1978年改革开放以来，中国的城市经济进入了快速发展轨道，城市土地开发与城市扩张的动力机制也相应地发生了改变，其中最主要的动力为全球化、市场化、城市化和工业化。城市规划的制定和管理部门由于缺乏在新社会经济环境下的经验，使得中国城市空间规划滞后于城市实际发展（吴一洲 等，2013）。

　　国外的研究已经分别从土地变化（Millward，2006；Wassmer，2006）、建筑数量（Weitz et al.，1998）、建设许可数量（Tang et al.，2007）等方面探讨了不同地区"绿带"和城市增长边界（UGB）对城市土地扩张的控制效果。而对于城市蔓延现象的原因分析，则主要从物质空间视角进行解释（Turner，2007），如低密度住宅、低密度人口分布、交通走廊建设、郊区商业服务、夜间灯光分布等等。国内研究方面：Han等人（2009）利用遥感影像测量了中国城市建设边界的影响，发现规划制定中的有限信息、传统规划预测技术和监管机制的缺陷是造成控制效果差的主要原因；Seto和Fragkias（2005）认为外商直接投资、工业区建设、社会和家庭单元改革、政治决策等是造成珠江三角洲地区城市土地无序扩张的主要原因；Wei和Zhao（2009）研究了中国的土地利用管制，认为城乡土地法规的不完善是阻碍广州城市成长和造成空间结构问题的主要因素；Luo和Shen（2008）通过对苏州、无锡和常州的规划研究，提出在规划制定中缺乏部门间的互动、信息交流和规划协调机制是其中的关键问题。另外，还有研究将中国规划失效的原因归咎于双轨制的土地系统（Zhu，2005）、土地和住房市场化（Huang，2004）、中央与地方政府以及政府部门内部的矛盾（Hsing，2006），等等。

　　从已有的研究看，更多的是侧重城市土地扩张的空间特征研究，即利用遥感影像和社会经济空间数据对城市扩张的物理过程进行分析，但对于城市空间结构变化、规划编制逻辑和政治社会背景等内在运作特征的动态分析较为缺乏，这也使得对规划控制失效原因的理解不够全面。本书综合运用遥感解译、景观指数与规划控制效果指数、城市规划制定逻辑等方法，分析了1978—2006北京城市空间形态的时空演化特征，1958—2004年间五次规划的控制效果，以及这5次规划制定逻辑的变化过程。在此基础上，从城市功能定位、空间结构、规模决策、开发模式以及利益主体格局变化等方面讨论了导致规划控制效率差异的内在机理及其改善建议。

7.5.2　绩效评估的分析框架与方法

研究主要包括5个步骤，具体技术框架如图7-11所示。

1. 城市用地的遥感影像解译（吴一洲 等，2013）

为了研究城市总体规划的控制效果，采用的空间数据源主要为1978年、1983年、1992年、1999年和2006年5个时期Landsat MSS/TM/ETM+ 遥感影像。首先通过对遥感影像几何精纠正和辐射校正，然后采用监督分类的最大似然算法对其进行分类。根据本书的需要将研究区内的主要用地划分为六类，即为建成用地、耕地、林地、裸地和水体。研究随机选取100个验证点并结合地形图、高空间分辨率影像和地面调查数据（GPS数据）对5期遥感影像的分类结果进行评价，5期影像的总体分类精度分别为83.32、81.26、86.33、83.85和85.17，

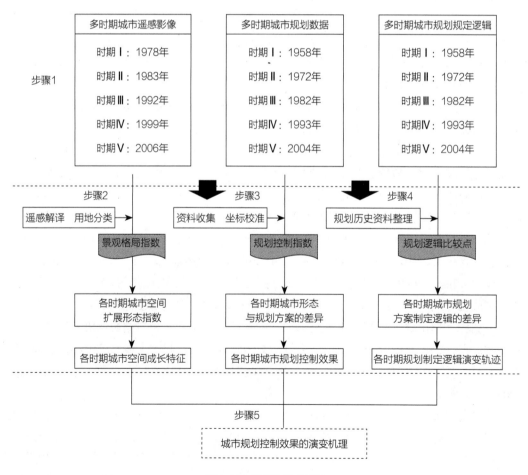

图7-11　研究的技术框架

Kappa系数分别为0.801、0.785、0.832、0.803和0.826，精度满足分类要求。分类结果中建设用地包括了城市用地和农村用地，研究通过采用村庄肌理空间分析与目视解译的方法，参考土地总体规划的空间数据，将其中的农村居民点用地进行剔除，最终获得1978年、1983年、1992年、1999年和2006年的城市用地数据。

2．城市空间成长的景观指数

景观指数提供了一种景观结构的全局综合视角，包括面积、密度、边界、形状、核心面积、隔绝/接近、差异、蔓延、连接和多样性等。本书选择8个景观指数用于分析北京城市蔓延的时空模式（具体计算方法见：Yu et al.，2007；Huang et al.，2009；Li et al.，2010）。其中，4种指数用于破碎化分析（吴一洲 等，2013）。*NP*是一个简单的斑块类型细分或破碎程度的测度。*MPA*表现了斑块破碎化的重要特征。*LPI*测度了斑块类型的优势度。农用地的*MPA*和*LPI*指数的下降意味着农业景观的损耗。*AWMSI*是最简单和最直接的总体形状复杂度的衡量标准。当*AWMSI*越接近1，斑块紧凑程度最大，表示形状越复杂。*AWMPFDI*反映了空间尺度跨越范围（斑块尺寸）中的形状复杂性。*AWMPFDI*越高，则斑块形状越不规则。*CI*意味着斑块的空间集聚。当*CI*趋向于0，表示斑块达到最大的分散程度，越接近100，则越集聚。*IJI*表现了斑块的区分与混杂程度。*PCI*度量了斑块的物理连通程度。当*PCI*趋向于0，则作为该类组成的景观比例降低，变得越来越细分和更少的连接度（吴一洲，2011b）。

3．规划控制绩效的空间指数

为了分析不同时期的规划控制绩效，本书构建了一套规划控制指数体系（表7–11）。

北京城市规划控制效果的测度指标　　　　　　表7-11

评估维度	指标	含义
空间规模控制效果	溢出指数	超出规划边界范围的城市建设用地面积与规划边界范围内城市建设用地面积的比值
	年均溢出面积	每年平均超出规划边界范围的城市建设用地面积
空间结构控制效果	多中心一致性指数	位于规划城市组团内的城市建设用地面积与该组团总城市建设用地面积的比值的平均值
	离心扩散指数	城市建设用地面积斑块距总城市建设用地地理中心的平均距离与规划用地斑块距总城市建设用地地理中心的距离之比
	交通轴线引导指数	城市建设用地斑块的地理中心距规划主要道路的平均最短距离
空间形态控制效果	发展方向指数	城市总建设用地的地理中心与规划城市建设用地的地理中心的距离（附注偏离方位）
	跳跃发展指数	超出规划边界的城市建设用地斑块中心离规划边界的平均最短距离
	边界一致性指数	城市建设用地斑块与规划用地斑块公共相交线的长度占规划边界总长度的比例

表格来源：吴一洲，2011b

4．规划制定逻辑的比较因子

本书选择政治与制度背景、城市性质、城市规模、城市空间结构作为各时期规划比较的主要指标。其中：政治与制度背景指城市规划的制定时期的相关制度环境，以及对城市规划和建设产生重大影响的历史事件等；城市性质指城市在一定地区、国家以至更大范围内的政治、经济与社会发展中所处的地位和所担负的主要职能；城市规模指以城市人口和城市用地总量所表示的城市的大小；城市空间结构指城市土地利用结构的空间组织及其形式和状态，以及城市整体和内部各组成部分在空间地域的分布状态，宏观尺度表现为城市空间体系（包括新城、卫星镇），微观尺度则表现为城市内部的功能分区（吴一洲，2011b）。

7.6　规划控制绩效的时空演化特征研究

7.6.1　研究区域选择及其代表性

本次研究选择了北京市域的近郊区域，以六环线为边界，将其内部地域确定为研究区。北京作为研究中国城市规划控制绩效的热点区域主要有以下原因：①北京经济总量与城市化水平提高很快，城市人口密度大，集聚现象显著；②随着经济社会的快速发展，北京市建设用地呈现快速扩张趋势；③从1949年中华人民共和国成立到2009年的60年间，北京共编制了6次城市总体规划（1953年、1958年、1972年、1982年、1993年、2004年），考虑到规划方案与遥感数据时间序列的对应性，因而本书选取了1958—2004年期间的5次城市规划进行分析。此外，北京采用的编制技术在中国具有代表性；④北京的经济、社会发展均快于全国水平，受全球化、市场化等内外部环境的变革相比其他城市更为深入和全面。北京城市性质和功能要求自建都以来经历多次变化，这些变化直接体现在承载城市功能的土地上，这也使其成为研究的理想区域。

7.6.2　北京城市用地扩展的时空特征分析

本书计算了北京各个时期城市用地的景观指数，结果如图7-12所示。

斑块数量NP在1978—1999年间逐步增加，但是从1999年到2006年又开始下降。平均斑块面积MPA从1978年到1999年缓慢减少，但是从1999到2006年城市用地的MPA又有突然增加。城市用地的AWMSI和AWMPFDI从1978年到1999年越来越大，说明城市用地的斑块总体上呈越来越复杂与不规则，但1999年后随着城市用地的填充式增长，越来越多的小斑块整合成了大斑块，形状又变得越来越规则。

最大斑块指数LPI从1978年到2006年越来越大，说明由于城市用地的快速扩张，其优势度快速提高。城市用地的零散毗邻指数IJI从1978年到2006年趋于增大，说明城市用地斑块之间的邻近度越来越大，斑块越来越破碎。

触染指数CI从1978年到1992年越来越小，这期间内城市用地占这个研究区的比重增大，聚集度上升；而从1992年到2006年越来越大，主要是因为这段时间内城市用地不断扩张，整

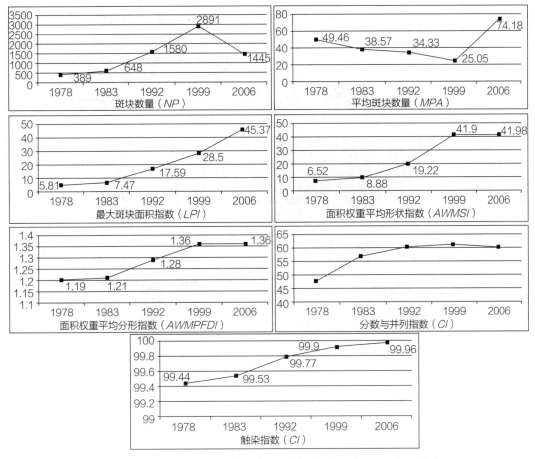

图7-12　北京城市用地空间格局的景观指数计算结果（1978—2006年）

个研究区中城市用地已占主要地位，说明了城市用地的聚集度越来越高。斑块聚集指数PCI
从1978年到2006年基本上变化不大，但是总体趋势是越来越大，说明城市用地的连接度变
大。

北京城市用地扩展的总体时空演化格局如图7-13所示，从景观指数的计算结果看，城
市用地在1999年之前呈现越来越分散的发展趋势，城市建设项目规模小，数量多，形态越
来越复杂；而在1999年之后，城市用地的分布形态趋于集聚，建设项目规模变大，且复杂
度变低。

7.6.3　北京不同时期城市总体规划的控制绩效

研究将规划时期划分为5个阶段：1958—1978年、1972—1983年、1982—1992年、2004—
2006年。从指数计算结果看（图7-14、图7-15），几个城市规划周期内对用地规模的控制效果
都不是很理想，分散开发导致的城市蔓延现象也越来越明显。在1958—1992年间，溢出指数
都是不断上升的，说明1993年之前的3个规划期对于城市规模的控制效果越来越不理想，且有
失控的趋势，在规划期Ⅲ中溢出指数达到0.56的峰值，即大量的城市建设已经超出了规划的控

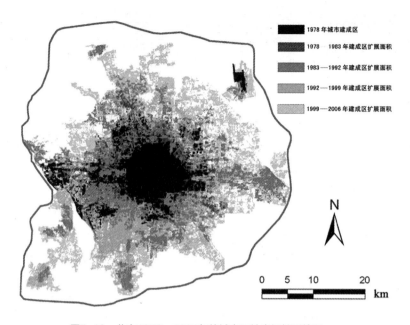

图7-13　北京1978—2006年的城市用地空间扩展情况

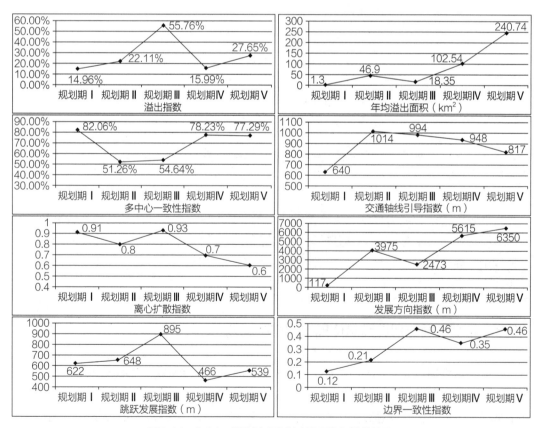

图7-14　北京各时期城市规划控制效果指标计算结果

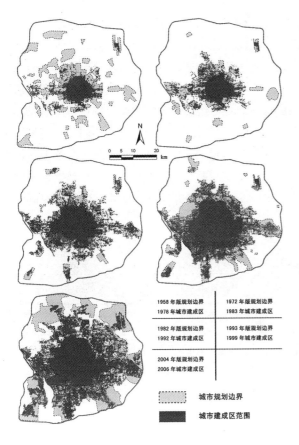

1958 年版规划边界	1972 年版规划边界
1978 年城市建成区	1983 年城市建成区
1982 年版规划边界	1993 年版规划边界
1992 年城市建成区	1999 年城市建成区
2004 年版规划边界	
2006 年城市建成区	

城市规划边界

城市建成区范围

图7-15　北京各时期规划与实施结果的比较分析

制边界。年均溢出面积则基本上呈现逐步上升的趋势，从规划期Ⅰ的1.37到规划期Ⅴ的120.37，说明在城市规划控制区外进行的城市土地开发速度也越来越快。

多中心一致性指数与交通轴线引导指数看，在规划期Ⅰ较好，而规划期Ⅱ和规划期Ⅲ较差，在规划期Ⅳ和规划期Ⅴ又逐步变好。多中心一致性指数从规划时期Ⅰ的81.06%下降到规划期Ⅱ和规划期Ⅲ的50%左右，而规划期Ⅳ和规划期Ⅴ又上升至接近80%，说明多中心发展战略在1973—1992年间的实施效果较差，而其他周期较好。交通导向系数在规划期Ⅰ和规划期Ⅱ呈上升趋势，而规划期Ⅲ到规划期Ⅴ逐步下降，说明交通轴线对城市土地开发的引导作用，在前两个时期内不明显，在1982年后其引导作用越来越明显，大量建设用地的开发都与交通轴线相接近。

离心扩散指数总体上呈现逐步下降的趋势，在1959—1992年间都达到0.8以上，而1993年后逐步下降，规划期Ⅴ只有0.6，说明1992之前的城市土地开发与规划布局相比呈现微弱的向心特征，而之后则呈现近郊区集聚开发的特征，说明城市规划中关于向外疏导经济和人口要素的策略并未取得良好的效果。

同时，城市规划对于城市发展方向和边界限制的调控效果也不理想。发展方向指数基本上是逐步上升的，说明现状的城市发展中心越来越偏离规划的城市发展中心。间断发展指数虽在规划期Ⅲ和规划期Ⅳ出现了两次波动，但总体上是趋于下降的，说明超出规划边界进行的城市建设越来越靠近规划边界。而边界一致性指数整体上呈现逐步上升的特征，说明规划边界的控制效果越来越差，被建设用地突破的规划边界长度不断增加，这也说明了规划边界的设定越来越不契合发展的需求。

7.6.4　北京不同时期城市规划的制定逻辑比较

规划中的人口和用地规模经历了多次变化，从规划的预期数值上看，基本上呈线性增长，如后3个规划时期基本是按照每10年人口增长200万，用地增长200km²进行确定的。但是，实际的发展却并不符合规划预测中的线性趋势，人口的增长速度往往超过规划的预测；与此相应，用地规模也常常在规划期限到来之前就被突破了。人口和用地规模的失控也是迫使规划进行重新编制的重要原因之一。

　　城市功能定位与性质在不同历史时期发生了相应的变化（表7-12），1982年以前强调城市工业在发展中的地位，而之后则弱化了工业的发展，关注点逐步转向城市的现代服务业与环境保护。北京多次城市规划中，区域空间结构调整的主要目的，是引导城市功能和人口在地域空间上的合理与均衡分布，并以此避免中心城出现过于集中式的发展，促进远郊城镇的功能建设，将中心城人口向郊区引导。从北京5次总体规划中确定的城市空间结构模式看，其实质都是"多中心形态"，主张由单一中心城发展向多层次多中心转变。规划设想在中心城区空间层面上，形成多个次中心；区域空间层面上，则在外围形成多个卫星城和集镇。在"多中心"与远郊卫星城建设发展目标的引导下，虽然人口和产业都出现了郊区化的趋势，但中心城膨胀与蔓延的速度也未得到改善，人口与产业总体上仍趋于空间集聚型的发展。

北京不同时期城市规划的制定逻辑横向比较　　　　　　表7-12

	政治背景	市区人口规模	功能定位	空间布局
《北京城市建设总体规划初步方案》（1958年）	计划经济体制；"大跃进"时期	人口规模350万人，建设用地规模350km^2	中国的政治中心和文化教育中心，现代化工业基地和科学技术中心，使它站在中国技术革命和文化革命的最前线	子母城+卫星城
《北京总体规划方案》（1972年）	计划经济体制；"文化大革命"	人口规模370-380万人	具有现代工业、现代农业、现代科学文化和现代城市设施的清洁的首都	子母城+卫星城
《北京城市建设总体规划方案》（1982年）	改革开放后，计划经济体制向市场经济体制转型	人口规模400万人，建设用地规模400km^2	全国的政治中心和国际交往中心、清洁城市、全国科学、文化、技术最发达的城市之一，人民生活方便安定的城市	中心城市+卫星城（边缘集团）
《北京城市总体规划（1991年至2010年）》（1993年）	计划经济体制向市场经济体制转型	人口规模645万人，建设用地规模614km^2	社会主义中国的首都，全国的政治中心和文化中心，是世界著名的古都和现代国际城市	按照市区（中心城市）、卫星城（含县区）、中心镇、一般建制镇四级城镇体系布局
《北京城市总体规划（2004年至2020年）》（2004年）	计划经济体制向市场经济体制转型，加入WTO，申奥成功	人口规模850万人，建设用地规模778km^2	中华人民共和国的首都，全国的政治中心和文化中心，是世界著名的古都和现代国际城市	市域范围内，构建"两轴-两带-多中心"的城市空间结构。两轴：东西轴和传统中轴线；两带，东部和西部发展带；多中心：市域范围建设多个服务全国、面向世界的城市职能中心，提高城市的核心功能和综合竞争力

7.7　空间规划控制绩效的演化机理分析

7.7.1　城市功能定位显著影响了空间规划与城市建设的类型

北京的城市功能定位在自中华人民共和国成立的城市建设和规划变革过程中经历多次变化，以至于在不同的时期出现不同类型的规划建设。20世纪80年代前致力于建设"经济中心"和工业基地，这个时期建设的工业区占用了大量的城市土地，对城市未来的发展影响深远。1958—1978年间，生产/工作用房和居住/服务用房建设面积的比值变化不大，该时期的宏观调控力度大，各类建设项目均由中央政府布局，项目在空间上分布分散化，郊区化和间断发展指数较高；项目规模较小，因而*LPI*指数较低；*AWMSI*和*AWMPFDI*指数也证明当时建设项目的规则较规则。20世纪80年代后，北京的城市功能定位产生转变，开始重视政治和文化功能的建设，商业和生产性服务业的用地比例上升。1979—2000年间居住/服务用房建设面积的比值上升速度远高于生产/工作用房的，此时城市中心区以服务业为主，大量工业企业疏散至近郊区，导致近郊区出现严重蔓延，*SOI*和*AASOA*指数明显高于前两个规划周期；近郊区的快速发展整合了原先破碎的用地斑块，*MPA*和*LPI*指数显著高于前两个规划周期。

7.7.2　城市多中心空间结构的形成需要配套政策的支撑

"摊大饼"的发展模式导致北京的城市发展中出现很多问题，因而在历次规划中提出向外围疏解的"多中心"发展策略。在各个规划期，北京的多中心指数一直没能超过85%，在多中心化初期，远郊组团都未形成；即使之后北京的多中心化不断发展，但中远郊组团始终未发展为足够规模，但近郊区的规模则不断扩大，且发展方向指数越来越大，说明规划对城市建设方向的控制效果越来越差。此外，郊区化指数、交通导向指数和间断发展指数都趋于下降，说明城市建设对交通设施的依赖性不断加大，故交通设施落后的远郊区一直得不到快速发展，因而大量建设仍集中在城市中心及其近郊区，城市以毗邻式发展为主，跳跃式郊区化发展少。此外，各历史时期中城区和郊区建筑面积比值变化中也可以得到印证，1958—2004年间，近郊区的建设量是其他区域的三倍多（图7-16）。

总之，这种现象的产生，一方面是由于中心城的集聚过程还未完成，城市功能体系尚不

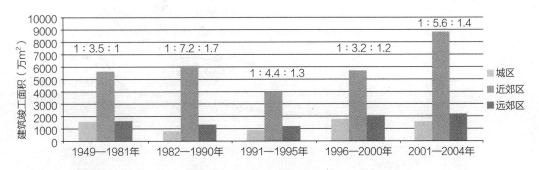

图7-16　各历史时期北京市城区和郊区建筑竣工面积比较

数据来源：各年度《北京市统计年鉴》

完善，土地投放、住宅和基础设施的投资重点都在中心城；另一方面，城市交通体系未及时跟上实际建设，主城与卫星城的通勤也是卫星城发展的主要阻力之一（刘欣葵，2010）。

7.7.3　城市人口与空间规模的决策应与其实际发展能力相匹配

人口规模预测是我国城市规划制定的前提，通常依靠人口规模来确定建设用地规模。北京1958年确定的城市规模过于超前，实施中出现过于分散的问题；1983年和1993年确定的城市规模又过于保守，实施中出现无序建设的问题。正如1993年规划中预计2010年市区城市人口达到645万，但2003年市区人口就已经达到830万；而在建设用地方面，规划到2010年市区用地规模614km²，但2003年实际用地就达630km²（刘欣葵，2010）。

在中国，城市规划本质上是调控城市土地及空间资源的手段，因而历次规划的修编都是在前一轮用地规模突破的时间点，与不是城市规划的调控对象的人口规模突破关系不大。而规划中对于城市规模只考虑人口规模是不合理的，实质上城市规模还包括土地规模与经济规模，一定经济规模吸纳相应的人口，一定人口数量要求相应的土地规模，三者互相联系与影响。2004年城市总体规划确定中心城新增148km²用地的同时，加强金融商贸等核心经济功能及其用地调整，但人口规模基本保持现状，这样的矛盾必然强化中心城的经济功能，吸引更多人口而最终导致建设容量的增加（刘欣葵 等，2009）。只考虑人口规模，不考虑产业及用地结构的变化，忽视不同区域的服务功能和承载能力，其规划逻辑有待商榷（吴一洲，2011b）。

7.7.4　政府管理体制改革滞后于城市建设中利益主体的多元化进程

市场经济体制的建立使城市建设主体更加多元化，空间资源分配的权力也呈现"多中心"格局，从最初的"中央政府"，到"中央政府+地方政府"，再到"中央政府+地方政府+开发商"，现在又演变为"中央政府+地方政府+开发商+公众"。随着城市开发决策网络中主体不断多元化，政府的决策控制力也逐步被分散和削弱（吴一洲，2011b）。

城市建设中参与的利益主体不断增多，但缺乏统一的行动框架以及解决矛盾所需要的有效协调机制。从城市建设资金投入结构的变化中（图7-17）可以发现，自筹资金的投入大幅

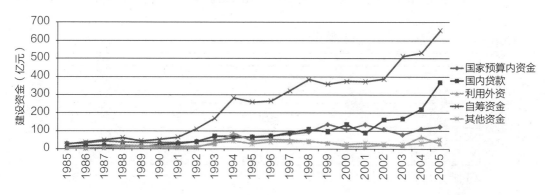

图7-17　北京城市建设资金来源统计

数据来源：各年度《北京市统计年鉴》

度上升，但国家预算内资金投入则变化平缓。城市建设的决策在空间上"破碎化"。同时，国内很多地方政府和经济精英为实现其政治经济利益，纷纷组成各种正式和非正式的合作关系（Ma，2001）。当上级政府制定的空间规划与经济精英们的策划出现冲突时，地方政府往往会利用行政权力来保障其共同利益而对空间规划进行修改。

7.7.5 小结与启示

本书以北京为例，分析了北京1958—2006年间，城市规划与城市空间形态之间互动演化的历史过程，分析规划控制绩效的时空差异与内在原因。主要结论如下（吴一洲 等，2013）：

（1）本书的技术框架为研究空间规划的实施评价与机制提供了新的思路。遥感解译与景观指数为了解城市空间形态的自组织发展特征提供了有效的分析方法，规划控制指数则有助于了解城市土地利用规划在物质层面对城市空间成长的"被组织"效果。而规划逻辑比较则提供了一个能将自组织因素、被组织因素联系起来进行内在发展机制探讨的分析框架。

（2）北京1958—2006年间的城市规划与城市空间形态之间相互关系演变的历史过程研究结果表明：①城市空间形态的演变日趋复杂，出现了整合、跳跃、蔓延等方式，并以蔓延发展为主；②新一轮规划针针对不同时期规划建设中出现的新问题给予回应；③与1978年后的3个规划相比，改革开放前的两次规划控制绩效更佳；④1958—2006年间，城市发展所处的政治和制度背景、政府对城市发展的意图、规划实施中配套制度的设计、人口与空间规模的决策逻辑和城市建设中利益主体格局的变革是决定各时期规划控制绩效的主要因素。

（3）借鉴Hopkins（2001）对城市发展的4个特点理论，本书认为：①传统的基于物质空间的城市规划逻辑应加以改变，这是造成北京多次规划控制效果不理想的根源；②由于城市发展存在不可逆性，因而前一时期对于城市功能定位造成的建设结果，将影响到很长时期内的城市发展，且无法通过修改规划的方式在短时间内进行改变；③城市发展的不可分割性，也决定了城市"多中心"结构形成是一个复杂的系统工程，单从人口和产业方面考虑是无法达到目标的，还应包括制度设计与支撑体系的保障；④城市发展的不完全预见性使得城市规划中关于空间和人口的决策结果往往与实际发展相距甚远，在规划实施过程中应对不同时期城市的产业结构、财政能力、生产服务能力、生活服务能力进行综合评估，确定合理的发展规模；⑤城市发展的相关性则显著体现在城市开发的利益主体格局中，现实中"破碎化""多中心"的城市开发决策模式往往使得由政府单一主体制定的规划变得不可控制。

（4）在规划制定和实施过程中要建立各主体统一的行动框架和有效的协调机制，这样才能保障规划的实施效果。另外，城市发展既有历史继承性，同时也是动态变化的，当前以20年为间隔的"时间驱动型"规划过于静态，应在规划中建立"事件驱动型"的动态调整机制，使规划更具弹性。

（5）制定规划需要经济成本、实施规划则需要更大的经济成本；而一旦规划决策失误需要修正时，除巨额经济成本外，很可能还要负担极大的社会成本。因而，城市扩张与规划实施的动态监测和实时评估，是未来我国城市管理中亟须加强的重要方面。

第 **8** 章

城市中心体系
构建的战略规划
情景模拟方法

8.1　经验决策、理性主义决策与有限理性决策

目前，空间规划的决策模式按照决策信息量和技术支撑程度主要可以分为经验决策、理性主义决策和有限理性决策三种模式。依靠个体认识、积累的经验和能力的"经验决策"模式，具有决策信息的有限性、决策体制的专断性和决策方法的模糊性等弊端（曾峻，2006）。随着近代西方科学技术的发展，理性主义（rationalism）决策认为决策者能够通过应用客观的分析方法来处置各类复杂决策问题，大量的工程技术和数学模型应用到决策中，但人和计算机的信息处理能力是有极限的，再复杂的模型与真实世界相比都会显得简单得多；决策者是有限理性的，其个体背景、在组织中的地位会影响其决策过程，难以达到完全理性，组织中的其他利益主体和权力结构格局也会影响决策的结果（Robbins et al.，2008）。针对理性主义决策的局限，"有限理性"（bounded rationality）承认了决策者们在决策时的有限信息、决策成本、时间限制、价值判断和有限智力等的约束，认为最优方案在现实世界中是不存在的，只有相对满意的方案（Anderson，1979）。在现实的决策实践中，这三种决策方式也并不是完全独立应用的，它们常常以组合形式出现，如在经验决策时会应用部分理性主义决策的定量方法进行辅助，而在决策方案的评价中又会考虑有限理性的因素。

城市规划决策是由规划方案转变为建设依据的过程，通过对城市未来发展状态的预测，指导并管理城市发展中的资源配置，以使城市的发展进入可持续发展的轨道，但其前提是规划决策的合理性（刘贵利，2010）。转型期，我国政策精英式的"经验决策"在空间规划中的弊端越来越突显，如项目重复建设、公共利益侵害、资源低效利用和公共参与度不高等问题涌现。因而，提高规划决策的科学性既是城市与区域建设的基础，也是改善目前规划实施效果不佳，城市空间发展失序等矛盾的重要途径。

情景规划决策方法在国内外各种城市规划中广泛用于方案的预测与评估（岳珍 等，2006）。如其在覆盖整个欧盟的区域战略规划——"欧洲2010远景"中判断未来欧洲的总体发展趋势；在芝加哥大都市区规划（1996）和波特兰大都市区50年发展管理战略等大都市区规划中用以预测将来可能形成的空间形态（丁成日 等，2006）；在美国萨克拉门托交通与土地利用规划中预测交通模式选择与土地利用形态的互动演化趋势（Amy，2005）；在北京城市总体规划中从产业结构、城市规模增长等角度对未来城市空间形态进行了情景方案的模拟，并对多个规划方案实施的可能性和政策进行对比分析（丁成日，2005；龙瀛等，2010）；在城市总体规划中依次进行用地适宜性评价、分析影响未来土地使用的关键不确定因素及其驱动力、归纳成若干情景并进行对比评价（钮心毅 等，2008）；在对珠三角土地利用规划中，利用CA模型进行了土地演化格局的情景模拟（黎夏 等，2007）。从研究现状看，存在以下特点和不足：①主要研究对象范围较窄，多为对城市土地利用格局的分析；②研究方法较为单一，多为基于CA模型的情景模拟，由于CA采用的迭代运算原理更适应于自组织方式的用地扩展模式，而事实上城市的土地开发具有较大的不确定性，如体现在蛙跳式和突变式发展，因此CA模拟的结果往往与实际差异较大；③在情景模拟的关键参数确定方面，大量采用logistic回归等方法，过于强调理性主义决策，弱化了决策者本身的主观能动性，这也导致了其情景方案与真实结果之间的距离较大。

为了应对目前城市空间规划面临的复杂性和不确定性挑战，弥补目前空间规划中情景规

划方法的不足，本书提出基于有限理性的决策方法，通过组合运用经验决策、理性主义决策和有限理性决策的分析方法，构建未来城市发展的情景模式，通过生成详细和直观的情景模式，反馈给规划决策者，对其决策进行修正并预测实施的结果，以此提高空间规划决策的合理性。

8.2　多维GIS情景分析的战略规划框架

8.2.1　情景规划理论（Scenario Planning Theory）

　　"情景"就是对未来情形，以及能使事态由初始状态向未来状态发展的一系列事实的描述（Kahn，1967[4]）。Schwartz（1998）将情景规划定义为一种体现人对特定事务（决策问题）的认知，并预测在可变未来环境中其可能做出的决策的分析工具。Heijden指出合理的情景规划方案具有以下特点：在对未来的预测中，通过假设事件将历史和现在联系起来；能将故事的情节表现为简单的图表；具有内部一致性和合理性；反映已有的基础，或一些正在发生的但其结果尚不明晰的事件；识别某个情景实现所需达到的指标和标志（Schwartz，1998）。情景规划的理论和实践包含4个潜在的边界（Chermack，2005）：情景规划边界、规划系统边界、实践系统边界，以及组织和关联环境边界，其理论概念模型如图8-1所示。自然和社会世界是不能完全控制的，是整个模型所处的基础空间；组织和关联环境决定了各种资源与要素之间的组织结构与相互作用规律；实践系统是资源配置的操作层面，由资源与要素的投入、生产与配置过程、经济和社会价值的产出3个部分组成；规划系统属于实践系统中的决策部分，通过基础信息输入、决策分析过程和决策方案输出3个部分组成；情景规划则属于规划系统中的决策分析过程部分。模型中所有边界都是开放边界，表明各系统与外界区域之间持续进行着信息和资源的交换流动。

　　一般来讲，情景规划分析过程可分为8个步骤（Mahmud，2011）：①识别关键事件、决策、主题；②识别事件及其趋势；③关键变量分类；④识别关键驱动力；⑤建立情景生成逻辑；⑥情景构建；⑦情景应用；⑧情景评估。情景规划既是过程，又是方法和理念，要求很强的技术分析支持（丁成日，2005）。

8.2.2　多维GIS情景分析的技术框架

1. 应用优势与规划类型

　　Ringland在《情景规划——面向未来的管理》中指出，在充满不确定性的世界里仅仅应用传统的预测技术进行思考是不够的。在一个快速变化的世界，预测往往难以十分精确，情景规划方法被认为是对一个不确定未来的准备、改变思考模式、测试决策和在一个动态的环境中提升绩效的一项有效的工具（Chermack，2001）。应用于空间战略规划中，面对未来城市发展的多种可能，情景规划构建出若干具有内在逻辑一致性的情景模拟方案，进行辅助决策，并提供实现方案所对应的城市政策与相关措施。

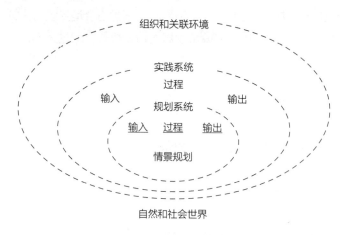

图8-1 情景规划边界的理论模型
图片来源：吴一洲 等，2014b

空间战略规划是一种关于空间要素与资源配置的决策模式，要对各种关键影响因素和不确定因素进行定量化分析，同时还要将它们在空间与时间上的相互关系进行可视化表达（表8-1）。多维GIS情景分析将时间与空间上的战略制定集成在一个技术框架内，通过简洁易于操作的流程框架，将情景规划理念与GIS技术结合，将定性分析和空间定量分析相结合，大大提升了其开放性和应用面，为战略决策与相关政策制定提供了有效的应用工具。

空间和时间纬度的GIS情景分析类型比较　　　　　　　　表8-1

比较项目	空间维度	时间维度
情景意义	构建在不同规划原则或目标导向的指引下，战略布局的不同方案，通过比较选择最优化的资源配置方案	分析在不同发展阶段或随时间变化中，战略布局影响因素的不同体现强度，通过情景方案构建不同时期的布局引导方案
因素类型	以空间因素为主，如分布密度级别、影响缓冲区梯度、特殊控制区域等	除了空间维度的一般空间因素外，还体现政策、经济联系方向等在不同发展阶段的影响强度变化
因素强度	体现不同地域空间上的差异	体现不同地域空间与时间阶段上的差异
强度决策方法	AHP层次分析法、Delphi法、主成分分析法、因子分析法等定量决策方法	除空间维度的定量决策方法外，还包括政策影响、经济发展趋势等定性判断方法
情景模式	不同规划目标指向下的规划方案情景	不同时间阶段中的规划方案情景
战略构建方法	通过情景生成，构建不同规划理念下的多个规划方案	通过时变分析，构建不同时期的阶段性发展引导方案
规划适用领域	建设用地综合适宜性分析、各类资源的空间优化布局、项目选址的最优区位分析等	空间规划中的近远期方案模拟、不同时期的发展状态

表格来源：吴一洲 等，2014b

2．情景系统构建原则

全面性。即对战略规划所处的外部环境（区域发展态势、政策环境、市场波动等）和内部系统（现状条件、空间特征、影响因素等）的组织规律要全面认识，相关的信息要素要全面收集。

不确定性。要特别关注城市和区域发展过程中的不确定要素，如未来经济发展的不确定性、政策因素的不确定性、人口流动的不确定性等，通过对不确定性因素的不同强度模拟，为规划提供多样化的情景方案。

多维性。在战略规划中，可以获得不确定性因素在不同强度下，相对应的城市和区域空间发展的未来情景，即空间维度；同样，也可以获得在不同时间阶段，不确定性因素的动态变化下，相对应的城市和区域空间发展的阶段性情景，即时间维度。

空间动态性。区域空间具有多尺度和多变性的特征，空间动态性要求根据区域发展的实时情况，不断更新不同区域尺度背景和输入信息，把握发展的最新动态并将其反映到情景中，不断修正与优化情景方案。

3．适用的技术方法

关键变量（影响因素）的不确定性强度分析方法。该方法用于对关键因素在情景方案中的权重确定，包括两类：一是基于主观判断的多目标决策方法，如层次分析法（AHP）和Delphi法等；另一种是基于客观历史的权重计算方法，如主成分分析法、因子分析法和logistic回归法等。

情景构建中空间变量的可视化与分析方法。该方法需借助GIS类的空间分析平台，目前主流的分析平台包括Arcgis、Mapinfo和Arcview等，其中以Arcgis的功能和模块最为完善，如包含缓冲区分析、密度分析等的空间分析模块、包含最短路径分析等的网络分析模块、包含数字高程、坡度等的3D分析模块等。

情景方案的模拟与表达方法。该方法需要将情景分析中的各种关键因素进行综合考虑，主要包括三类：一是非空间维度的方法，如由子系统、因果变量、流和反馈回路组成的系统动力学模型（System Dynamic Model，SD），较多应用于数值模拟；二是自上而下的空间叠置分析模型，通过决策者对于各项空间因素体系的构建，在GIS平台上实现基于多目标决策的因子叠置分析；三是自下而上的空间迭代模拟模型，如元胞自动机（Cellular Automaton，CA）和多智能体（Multi-Agent System，MAS）等。

4．技术流程与框架

多维GIS情景分析的战略规划技术框架包括以下8个主要步骤（图8-2）：①对战略规划的总体定位与类型进行分析，确定规划目标；②通过对相关基础理论、经验规律的借鉴和利益相关者格局的分析，对规划目标进行分解，识别规划对象及其演化趋势；③识别战略决策中的关键因素，并选择相应的变量进行表征；④提炼实现战略目标的关键驱动力，即关键因素的作用方式；⑤分析多目标多维度情景的规划逻辑与生成方式，并选择相应的分析方法；⑥建立多目标决策矩阵，计算其关键因素的不确定性强度，同时，借助GIS空间分析平台，实现不同维度的多样化情景方案（Scenario）生成；⑦通过对情景方案的效用评估或比较，确定采用的决策方案；⑧在模拟情景基础上，形成具体的战略规划方案，并构建相应的实施策略。

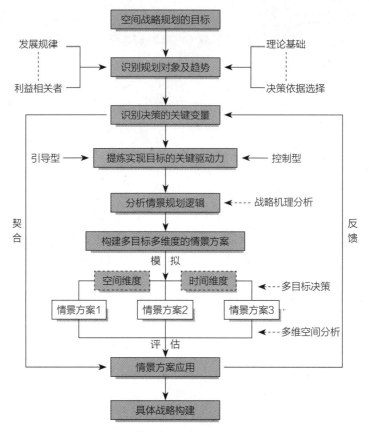

图8-2　多维GIS情景分析的战略规划技术框架

图片来源：吴一洲 等，2014b

8.3　空间维度的应用

近年来，随着城市经济结构的高度化，商务办公作为生产性服务业的主要形式普遍在城市经济战略制定与空间开发布局中得到重视，但盲目的楼宇开发规模和区位决策将造成严重的重复建设与资源浪费，影响到未来城市的多中心结构与空间形态的演化方向，更有可能产生房地产市场的波动（如供过于求），但现实中却缺乏与其相适应的规划布局方法。本书采用空间维度的GIS情景规划方法，以探索不同规划目标下的杭州楼宇经济空间布局情景方案为例，以期为城市写字楼建设开发提供适用的分析方法。

8.3.1　多中心商务空间容量配置的目标

1. "多中心、多层级、网络化"的宏观空间结构

"多中心"是指通过集聚作用强化其主中心与楼宇发展相关的综合功能，通过扩散作用培育外围地区的次中心，并最终形成多个规模等级的中心体系；网络化是指楼宇经济空间分布的基本模式是以各集聚中心为节点、公共建筑轴线为连接纽带、现代快速交通与通信设施为支撑的网络状空间格局。

2．楼宇经济空间格局与相关专项规划相衔接

由于空间规划之间的紧密关联性，因此必须对相关空间规划进行分析，提炼其中对于楼宇经济布局的战略思路，以此建立起与城市总体规划及其他专项设施布局的耦合关系。

3．楼宇开发的空间规模等级符合均衡有序的规律

通过对办公区位，特别是生产性服务业的影响因素的分析，借助AHP分析法与GIS空间分析模型进行楼宇经济容量配置方案的模拟与比较，选择在主次中心功能、交通效率、空间形态等方面综合效用最大的方案，力求构建楼宇经济开发总容量与分区容量相均衡有序的规模等级结构。

8.3.2　多目标决策模型构建与关键因素识别

在GIS平台上建立楼宇经济容量密度模型，以实现对关键区位影响因素的空间分析，根据对写字楼空间分布影响的机制和重要性的不同，以最优化配置为原则对其进行综合分析，最终推导出楼宇开发在空间上合理配置的方案。多目标决策方案的生成采用层次分析法（AHP）（胡运权，2003）。根据不同目标进行决策方案空间参数的确定，本书共确定了三套不同目标指向的情景方案，并将这些关键因素利用GIS平台的缓冲区、密度分析等空间模型，在空间上进行量化分析。

8.3.3　空间容量配置的情景模拟与选择

1．情景方案Ⅰ：TOD导向开发模式

TOD（Transit Oriented Development）开发模式是指"以公共交通为导向的土地开发模式"，即是在规划公共建筑时，与公共交通网络体系最大程度结合的规划策略，鼓励公共交通的使用，在地铁、BRT和常规公交等的交通枢纽周边形成高密度、高质量、复合功能的综合性功能区域。借鉴办公区位均衡理论，基于TOD开发模式的楼宇经济配置情景方案着重考虑区位可达性，综合交通枢纽和城市重要节点的耦合关系，以降低空间交易成本，是效率指导向的情景方案，强调城市交通对用地开发的引导，如图8-3（a）所示。

2．情景方案Ⅱ：政府主导开发模式

政府根据各种规划来引导城市的中长期发展建设，在城市总体规划的框架下，还有各类专项规划，商务经济的空间布局属于专项规划的范畴，与其平行的还有城市商圈规划、城市创意园区规划、新城规划、城市综合体规划等等，都体现了政府对未来杭州服务业的引导目的。基于政府主导的着重考虑与其相关规划衔接的开发模式，通过对各种不同影响因素的综合考虑，在相关规划布局的基础上进行适度的引导与修正，如图8-3（b）所示。

3．情景方案Ⅲ：职住平衡开发模式

基于功能适度均衡布局和土地混合利用的城市空间结构优化，有利于缩短城市居民日常出行的总距离，引导就业岗位和居住空间的适度比例，通过构建均衡的多中心城市体系，不断促进"平衡城市"的形成。职住平衡开发模式，注重未来城市人口分布的集聚特征，使楼宇带来的工作岗位与之相对应，综合考虑城市交通对居住空间的引导、居住与就业的环境质量与区域创新氛围，以居住和办公出行的便捷、服务的空间全覆盖为目标，如图8-3（c）所示。

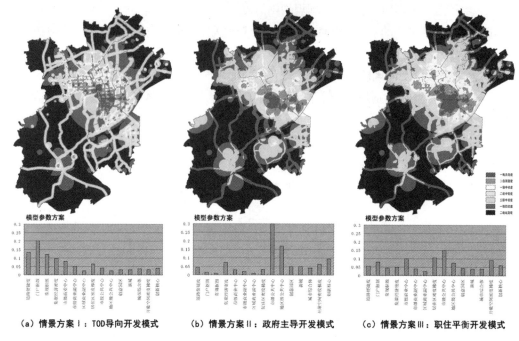

（a）情景方案Ⅰ：TOD导向开发模式　　（b）情景方案Ⅱ：政府主导开发模式　　（c）情景方案Ⅲ：职住平衡开发模式

图8-3　三种不同目标指向的情景方案模式

图片来源：吴一洲 等，2014b

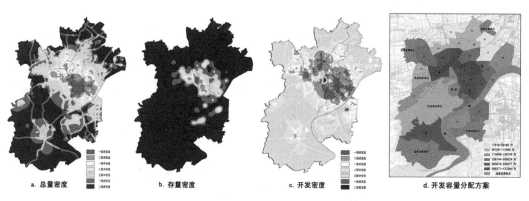

a. 总量密度　　　　　　b. 存量密度　　　　　　c. 开发密度　　　　　　d. 开发容量分配方案

图8-4　楼宇经济开发容量分配方案的战略表达

图片来源：吴一洲 等，2014b

　　本书选择了商务空间发展的关键效益指标，从空间（交通）效率、办公环境、创新环境、政府战略契合度、服务域效率5个方面，采用Frey（2000）的评价方法进行定量综合比较。从综合效用定量评价的结果来看，职住均衡模式无论是在服务效率还是空间效率和整体环境方面都具有优势。

　　在宏观层面的总容量预测部分，基于面板数据模型和BP神经网络两种模型，对杭州城市商务空间的未来开发总量进行预测，得到目标年杭州主城区开发需求量的预测值，该值即对应本书中的开发密度。总容量的分布密度［图8-4（a）］是由存量（现状）的分布密度［图8-4（b）］和未来的开发密度［图8-4（c）］构成的，研究通过空间分析工具对栅格密度进行空间运算，得到开发量的空间密度分配方案［图8-4（d）］，最终实现将杭州城市商务空间开发的预测容量分配到各个城市规划管理单元中的战略引导目的，在下一层次的控规编制中得以深化落实（吴一洲 等，2010c）。

8.4　时间维度的应用

在县市域总体规划等区域性战略规划中，由于发展的经济支撑能力是有限的，因而地方政府要根据其在未来五年或十年可能拥有的最大资源支配能力，选择最有发展潜力的地区进行投资建设，也即是需要在战略规划中划定一定地域范围作为重点发展区域。但确定重点发展空间需要考虑的因素很多，通过有限理性的辅助决策方法，有助于避免传统式主观经验决策的缺陷，使分析结果更为客观与精确。

8.4.1　区域空间发展战略的评价模型

本书通过对余姚市域空间发展影响因素的分析，在GIS平台上建立余姚市域空间发展评价模型，实现时间维度上的多因素空间分析，形成余姚市域发展重点区域的方案。

余姚空间发展规划中的重点发展区域分析，必须借助适应其规划目标的评价模型，该模型的构建思路如下：首先，随着不同时期区域政策的变化、跨海大桥等区际大型交通设施的建设，余姚的发展背景环境出现了巨大的变化，因而需要进行重点发展区域的调整；第二，通过相关分析，研究认为人口规模、经济规模、社会配套、生态保护、区位优势、成长能力和空间政策是对重点发展区域确定影响最大的因素（吴一洲 等，2010a）；第三，通过对余姚市域空间发展影响因素的分析，根据各因素对未来空间结构产生影响的机制和重要性的不同，分别加以区别考虑，通过选择相应的指标（表8-2），并进行空间定量分析（图8-5）；第四，根据不同时间节点的方案目标，基于AHP法确定其影响强度大小；第五，在GIS空间分析平台上生成多个情景方案；最后，建立不同时期空间发展的具体布局方案。

重点发展空间的评价指标体系　　　　　　　　　　　　　　　　　　表8-2

目标层	准则层 （关键因素）	指标层	指标解释	现状情景 权重方案	近期情景 权重方案	远期情景 权重方案
市域 空间 评价 指标 体系	人口规模	总人口（X_1）	各城镇的总人口空间分布，体现劳动力数量优势	0.161	0.041	0.036
		非农化率 （X_2）	各城镇人口中的非农人口比例，体现人口质量	0.049	0.091	0.079
	经济规模	人均工业总产值（X_3）	各城镇人均工业产值，体现产业发展水平	0.121	0.035	0.034
		企业数（X_4）	各城镇企业数量，体现经济发展水平	0.180	0.059	0.058
		人均移动电话（X_5）	各城镇人均移动电话数量，体现整体信息化水平	0.081	0.020	0.020

目标层	准则层（关键因素）	指标层	指标解释	现状情景权重方案	近期情景权重方案	远期情景权重方案
市域空间评价指标体系	社会配套	汽车站（X_6）	各城镇汽车站数量，体现交通设施配套水平	0.063	0.041	0.033
		学校（X_7）	各城镇学校数量，体现教育设施配套水平	0.020	0.023	0.018
		文化站（X_8）	各城镇文化站数量，体现文化设施配套水平	0.032	0.012	0.010
	生态保护	生态功能区（X_9）	市域生态保护格局，对发展区域起到限制作用	—	0.088	0.077
		城镇适建区（X_{10}）	市域城镇建设适宜性，对发展区域起到限制作用	—	0.040	0.035
	区位优势	对外交通区位（X_{11}）	与对外交通通道的便捷程度，体现区域交通优势	0.014	0.080	0.078
		内部交通区位（X_{12}）	与内部交通体系的便捷程度，体现内部交通优势	0.008	0.041	0.035
		重要交通节点（X_{13}）	高速出入口、铁路站、港口，体现交通区位优势	0.052	0.105	0.078
	成长能力	城镇发展基础（X_{14}）	现有城镇的空间分布，体现已有的发展基础	0.052	0.033	0.035
		人口增长率（X_{15}）	各城镇近年来人口增长率，体现人口集聚能力	0.143	0.011	0.011
		企业数增长率（X_{16}）	各城镇近年企业数量增长率，体现经济发展能力	0.024	0.021	0.022
	空间政策	长三角层面（X_{17}）	长三角上海中心城市经济主流向	—	0.049	0.240
		浙江省层面（X_{18}）	环杭州湾经济主流向	—	0.143	0.063
		宁波市域、余慈中心（X_{19}）	余慈经济主流向	—	0.143	0.037

表格来源：吴一洲等，2014b

8.4.2　多时序决策目标与方案模拟

　　基于分析框架，研究根据余姚未来不同发展阶段中，对不同关键要素的作用强度进行判断，共拟定了3个空间模拟情景方案：①现状模拟方案：对空间发展现状进行模拟，侧重对现状人口规模、经济规模、社会配套、区位优势、成长能力的权衡。②近期模拟方案：对市域未来五年的发展态势进行模拟，注重区域条件变化对空间发展的引导作用，侧重对已有的发展基础、区位优势、成长能力、空间政策的权衡。③远期模拟方案：对市域未来二十年的发展态势进行模拟，特别注重区域的长期战略对空间发展的引导作用，同时，随着发展水平的提高，生态保护等因素的作用强度也将更加明显，侧重对区位优势、空间政策、生态保护的权衡。然后，在GIS空间分析平台上，对方案进行可视化（图8-6）。

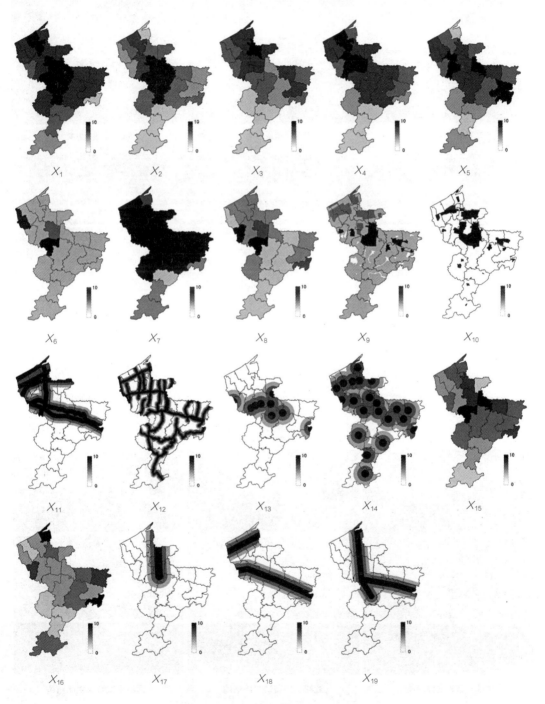

图8-5　重点发展区域的各影响因素空间分析

图片来源：吴一洲 等，2014b

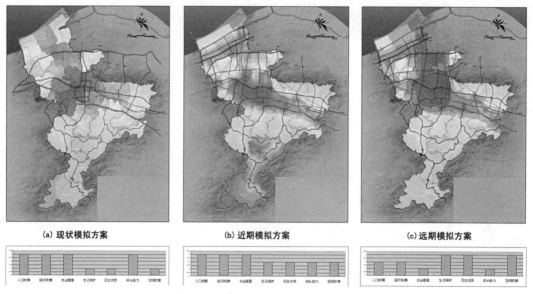

图8-6　重点发展区域的模拟情景方案

图片来源：吴一洲 等，2014b

8.4.3　区域发展的时序情景与具体战略构建

通过重点空间发展模拟方案的分析，确定3个基于时间序列维度的重点发展空间方案（图8-7）：

（1）现状模拟方案：该方案模拟的是现状的余姚经济发展形态。市域的空间结构呈现以余姚中心城市为核心、北部发展基础较好的城镇为片区中心的"中心聚合、多点发展"形态，经济中心位于中心城市，并逐步以圈层状向外辐射。整体上看，以沿329国道和杭甬高速公路的两条东西轴线为发展主轴。

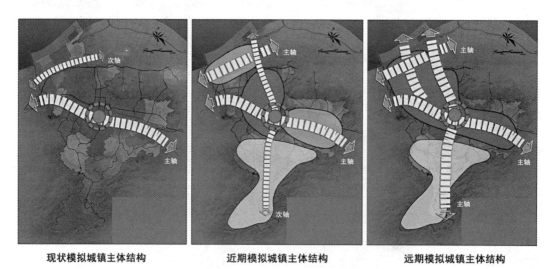

现状模拟城镇主体结构　　近期模拟城镇主体结构　　远期模拟城镇主体结构

图8-7　基于时间序列维度的区域空间结构发展情景方案

图片来源：吴一洲 等，2014b

（2）近期模拟方案：该方案模拟的是近期余姚可能形成的新经济发展形态。在区域交通条件改善与城镇快速发展的背景下，市域空间结构转变为以余姚中心城市为重心的"带状"形态，其中沿杭甬高速公路和沿329国道的两条呈东西向的"经济带"是主要发展轴，是融入环杭州湾产业（宁波-杭州）带的主要发展轴线；沿未来的兰曹大道呈南北向的"经济带"为次要发展轴，该轴线上分布了泗门镇、小曹娥镇等城镇，该轴线是近期需要提升的重点发展区域，目标是融入长三角产业发展轴。

（3）远期模拟方案：该方案模拟的是远期余姚可能形成的经济发展形态。通过两座跨海大桥引导作用的逐步发挥，市域的空间结构呈现区域整体发展的"面状"形态，中心城市与周边城镇融合发展，市域呈现南北两个整体功能发展区域：北部为城镇密集区，通过经济功能、产业分工、协调机制、基础设施等方面的不断完善，在大容量公共交通网络的支撑下，逐步形成有机低碳紧凑型和城乡融合型城镇密集发展区；而南部则以生态保护为主，城镇以"点-轴"发展为主，引入生态工业的发展，控制发展规模，提高发展质量，走特色型城镇化道路，积极拓展旅游业和休闲农业。整体上看，呈现东西向接轨慈溪和宁波的2条主轴线和南北向接轨长三角地区的2条纵向轴线，4条主轴线共同引导的格局。

基于构建的3种模拟情景方案，将其中的近期模拟方案进行具体战略的表达（图8-8），确定余姚市域空间结构近期的战略发展目标为"一主、两副、两次、四轴；多片、网络化"。

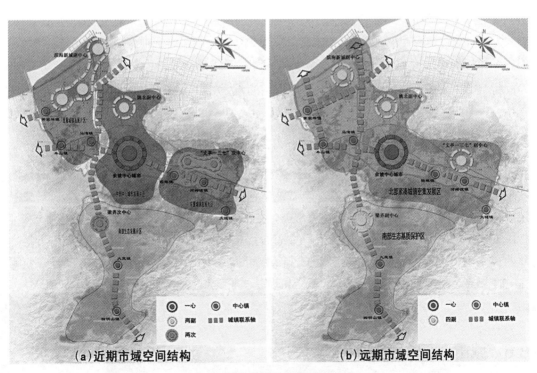

图8-8　余姚近远期市域空间发展结构

图片来源：吴一洲 等，2014b

8.5　空间战略规划模拟方法比较

基于情景类预测的空间战略规划分析方法比较　　　　　　　　表8-3

预测方法	计量经济模型类	元胞自动机	系统动力学模型	多维GIS情景分析
基本原理	基于回归、神经网络等数理模型的数据关系分析	基于栅格的空间迭代运算	基于多影响要素因果方程与反馈系统的循环运算	基于多种影响因素与多属性决策的空间运算
辅助决策性质	完全理性、客观	完全理性、客观	完全理性、客观	有限理性、客观+主观
分析要素	各类社会经济指标的变化趋势	土地利用单元演化	复杂影响要素相互因果作用的综合结果数量变化	空间要素分布，及其决策权重强度的时空变化
情景类型	数据模拟	空间形态模拟	数据模拟	数据模拟+空间形态模拟
优势应用领域	区域社会经济发展趋势分析预测	区域土地利用变化与扩展分析	区域复杂系统中因素的数量变化趋势分析	时空维度的多属性空间决策分析

图片来源：吴一洲等，2014b

从研究的特点与效果来看（表8-3），基于多维GIS情景分析的空间战略规划决策方法将GIS空间分析过程与多目标定量决策技术相结合，应用在空间战略规划中具有以下优点：①能对空间战略规划中的关键性因素进行空间和时间层面上的定量分析，弥补了经验决策中决策主体信息量与处理能力的不足缺陷；②情景生成中的层次化定量决策能将复杂的现实发展背景与环境进行解构，使问题的结构和层次更为清晰，有助于全面把握战略问题；③情景方案规划技术使得决策者可以在一个充满不确定性和不可预知性的环境中做出相对合理的决策，是有限理性决策的有效辅助工具；④GIS技术提供了互相联系比对的平台，同时其可视化功能有助于实现辅助决策。

20世纪90年代以来，国外情景规划强调的重点开始偏向专家、决策者和公众的讨论以及共同决策，如意大利南部巴列塔（Barletta）地区在1997年的参与式规划（Participatory planning）实践中采用了交互式情景分析方法，将利益相关者引入到规划进程中，利用情景规划方法有效地实现了规划中的公众参与程度，这是未来需要着重研究的方向。尽管本书提出的决策辅助技术已经大大弥补了经验决策的弊端，但该方法仍存在许多尚待改进的地方：在评价体系构建与多目标决策分析过程中，还是带有一定的主观的局限性，这需要通过更强的技术与更广泛的参与主体的支持下补充和完善；相对时间维度的分析，空间维度的分析技术仍在探索之中，对于影响因素的时变规律把握较难，特别是经济、社会和政策方面因素的空间可视化也需要深入研究。

8.6　城市中心体系的空间模拟方案

通过GIS等多种技术方法的综合运用，从区域系统的整体性出发，首先对影响城市中心

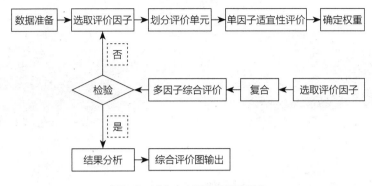

图8-9　城市中心适建性评价程序

发展的各个因子进行单项评估，进而以最优化配置为原则对各单项因子进行综合叠加分析，最终推导出城市中心适建性评价方案的过程。GIS支持下的城市中心适建性评价遵循图8-9所示的程序。

根据专题一的城市中心演化的相关案例和理论基础，本书选取了"规划地铁站点分布密度""规划城市综合体分布密度""规划居住用地分布密度""现状人口分布密度""规划公建用地分布密度""规划新城分布""杭州城市主干道路网密度"7个因子对杭州未来城市中心的适建性进行评价（图8-10～图8-14）。

从城市中心适建性的评价结果看：①适宜性最高的区域仍是城市核心区，且呈现连绵状，说明根据已有的规划因子分析，城市仍将延续中心城圈层蔓延的发展模式，城市核心区的密度将进一步提高，交通与环境压力继续增大，因而在规划中亟须提升副中心和地区级中心的等级和规模；②在外围出现了次级适宜性区域，大部分呈组团状分布，如大江东、空港、余杭等区域，这些区域中心正是未来杭州产业升级转型的主要空间载体，因而这类中心要与这些产业功能区的发展同步建设；③主次中心之间呈现带状相连的态势，未来交通主干线和轨道交通等重大基础设施建设将主导城市的外拓进程，城市中心体系将逐步呈现"多中心、网络化"的特征。

基于中心体系适建性的评估，本书通过对中心体系构建关键影响因素的在空间上的不确

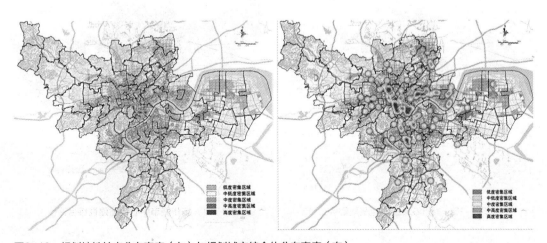

图8-10　规划地铁站点分布密度（左）与规划城市综合体分布密度（右）

图8-11　规划居住用地分布密度（左）与现状人口分布密度（右）

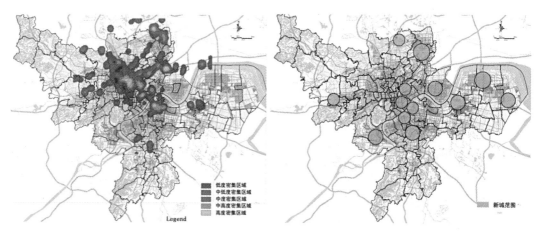

图8-12　规划公建用地分布密度（左）与规划新城分布（右）

图8-13　杭州城市主干道路网密度　　　　图8-14　杭州城市中心的适建性综合评价

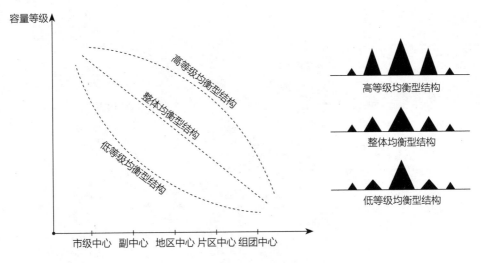

图8-15　三种不同模式的中心体系方案模拟

定性强度进行了分析，并从城市外延发展、集聚发展和多中心发展三种不同模式的中心体系方案进行了模拟（图8-15）。

高等级均衡模型结构主要侧重集聚发展模式，对于现状设施密度、人口密度给予了较高的强度；而整体均衡型结构主要侧重多中心城市模式，考虑未来人口分布、未来轨道交通线网、未来新城分布（规划公共中心）给予了较高的强度；低等级均衡型结构则对应城市外延发展，给予地铁线网站点、城市综合体布局等郊区化战略相关的因子更多的强度。在此基础上，应用前述的GIS-Scenario方法，构建了3个相应的中心体系方案（图8-16～图8-18）。

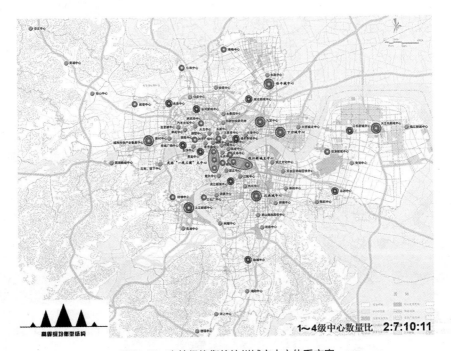

1~4级中心数量比　**2:7:10:11**

图8-16　高等级均衡的杭州城市中心体系方案

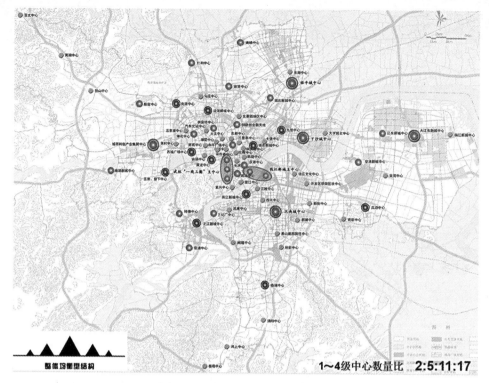

图8-17　整体均衡的杭州城市中心体系方案

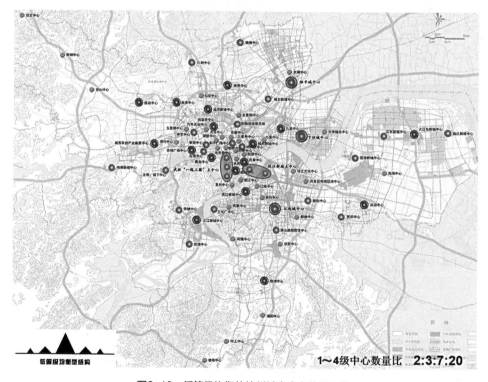

图8-18　低等级均衡的杭州城市中心体系方案

第 **9** 章

城市中心体系构建
方法与方案研究：
以杭州为例

9.1 城市中心体系的基本模式

城市中心的等级序列一般为：城市主中心—副中心—地区级中心—片区级中心—邻里级中心。

城市主中心：为城市一级综合性公共中心，位于历史形成或新建的多功能集聚地，是城市的结构、功能核心区，城市公共建筑和第三产业的综合集聚区，辐射范围为整个城市。主中心区高度发达，在规模庞大的空间中，各功能错位发展并共同构成综合服务职能（杨俊宴等，2011b）。为全市和周边城市的人群提供综合服务，以行政管理中心、综合商圈或商业街区为空间载体，囊括休闲娱乐、商务会展、金融、管理等众多功能（王燕茹，2011）。副中心则是城市二级性公共中心，位于历史形成或新建的多功能集聚地，对主中心起到辅助作用。主要以一、两类市级专业服务为主导职能，某类公共活动高度集中，专业服务辐射整个副城（组团）范围。此外，副中心常与地区级中心联动发展以带动整个区域，因此很多副中心兼具次级公共服务职能，且需达到一定规模才能起到应有的服务作用（杨俊宴 等，2011b；王燕茹，2011）。

地区级中心，即城市三级公共中心，位于居民聚居区、商务集聚地或公共交通集散地周边，服务于政策分区相对独立的地区或行政区范围。根据服务范围的不同，区级中心的用地规模和业态档次差别也很大。服务一定片区的中心，往往与商务区、居住区、旅游景点、交通节点等结合，满足片区内的休闲娱乐、餐饮服务、商务活动等消费需求，规模适中且具备一定的集聚和辐射能力（杨俊宴 等，2011b）。

片区级中心：城市四级公共中心，位于居民聚居区、人流集中、交通便利的地段，主要为结构相对完整的城市功能片区提供服务的公共中心。在片区内形成的规模中度集聚、商业服务行业比较完善、服务对象为片区居民及外来务工消费者的，以满足片区内购物、餐饮、休闲、娱乐和商务活动等综合服务为主的综合功能区。

邻里级中心：城市五级公共中心，位于人流集中地，社区主要出入口，居民主要途经地，主要为社区和街区单元提供服务的公共中心。服务于人口规模达到3万～5万以上的居住区、景区等区域，配置以满足居民日常生活和旅游需求为主的商业和服务业网点，服务对象为本地居民和部分外来人口的社区级中心。

9.2 城市中心体系的经验数据

9.2.1 城市主中心比较

1. 用地规模与结构比较

本书根据规划资料和实地数据进行了统计分析，重点比较了广州北京路城市中心、广州珠江新城，深圳福田–罗湖城市中心、深圳前海中心及南京新街口等相应城市的主中心，表9–1是各中心建设用地的数据统计结果。

国内城市主中心用地规模与结构对比　　　　　　　　　表9-1

	总用地面积（hm²）	建筑规模（hm²）	公共设施用地（A、B）		居住用地（R）		其他用地（G、U、W、S、M）	
			用地面积（hm²）	用地比例（%）	用地面积（hm²）	用地比例（%）	用地面积（hm²）	用地比例（%）
广州北京路	387.8	947.1	163.54	42.2	118.86	30.6	62.15	16.0
广州珠江新城	342.5	1286.6	136.65	39.9	68.15	19.9	61.15	17.9
深圳福田–罗湖中心　福田	584.3	1252.2	168.39	28.8	164.75	28.2	151.32	25.9
深圳福田–罗湖中心　罗湖	418.5	1300.0	118.09	28.2	64.06	15.3	130.31	31.1
深圳福田–罗湖中心　总和	1002.8	2679.0	286.49	28.6	228.81	22.8	281.63	28.1
深圳前海中心　前海	145.7	364.2	42.99	29.5	0.00	0.0	102.70	70.5
深圳前海中心　宝安中心	111.7	212.3	92.64	82.9	18.64	16.7	10.84	9.7
深圳前海中心　总和	257.4	566.3	135.62	52.7	18.64	7.2	113.54	44.1
南京新街口　小四环	52.1	93.8	26.57	51.0	4.78	9.2	7.99	15.3
南京新街口　总和	574.8	1300.0	204.38	35.6	182.74	31.8	49.44	8.6

广州北京路城市中心，深圳福田–罗湖中心和南京新街口城市中心属于城市早期发展形成的老城区城市中心。老城区城市中心建筑用地功能较为复合，中心建设较为拥挤，公共绿地及活动空间较少，用地占所有建设用地15%～25%；居住用地比例较高，占25%～35%；公共服务设施用地比例为30%～40%。

广州珠江新城及深圳前海中心随着城市发展，老城区单中心目前都已不能负荷城市经济发展的空间需要，进而向老城区外围扩展新的城市中心。城市新中心的建设包括大量公共活动空间及城市绿地景观，并配有较为完备的公共行政服务设施，用地占所有建设用地面积的30%～40%；新建中心居住功能外移至城市中心周边，新建城市中心内部居住用地仅占建设用地15%～20%；与此同时，公共设施用地比例大幅度增加，加强了文化服务类设施的建设，该类用地占建设用地比例为40%～55%（图9-1）。

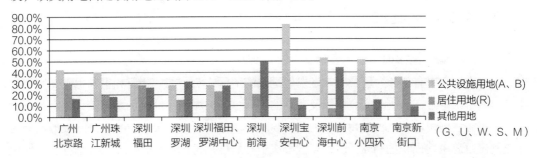

图9-1　国内城市主中心用地结构横向比较

2．开发强度比较

城市新建中心综合容积率和公共服务设施用地容积率均高于老城中心。新中心综合容积率基本在3.0左右，而老城中心综合容积率保持在2.5左右。新中心公共服务设施用地随着高层建筑的发展和土地开发方式的更新，容积率较高，达到4.0左右。而老城中心由于建造年代及城市更新方式程度的影响，容积率偏低，仅在2.5~3.0之间，但建筑密度偏高；而新中心基本都设有大型开敞广场或中心绿地，整体开发强度呈现高强度、低密度的特征（表9-2、图9-2）。

国内城市主中心容积率横向比较			表9-2
		综合容积率	公共服务设施用地容积率
广州北京路		2.44	3.16
广州珠江新城		3.76	4.50
深圳福田-罗湖中心	福田	2.14	4.28
	罗湖	3.20	4.05
	总和	2.67	4.12
深圳前海中心	前海	2.50	3.81
	宝安中心	1.90	3.46
	总和	2.20	3.65
南京新街口	小四环	1.80	2.54
	总和	2.26	2.03

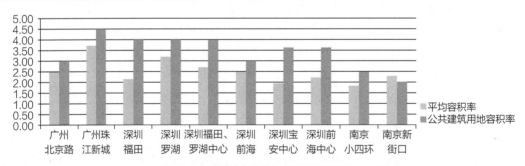

图9-2　国内城市主中心容积率横向比较

9.2.2　城市次中心比较

1．用地规模与结构比较

城市次中心中有部分为已具有一定发展基础的地区中心，如广州三元里和上下九城市次中心。由于次中心在形成时间、原因及背景的不同，各类城市用地比例差异较大，广州三元里公共服务设施用地比例占总用地面积的50%以上，而上下九城市次中心中公共服务设施用地比例仅占总用地面积的34%。但不同城市次中心居住用地面积比例均在20%左右，其他用地占总用地的15%。

　　城市新发展的城市次中心建设时间较晚，发展较城市经济高度发展地区显得经济竞争力较弱。此类城市次中心公共服务设施用地比例较相似，为25%～35%。次中心内居住用地占总用地面积的20%～25%，其他用地占20%左右（表9-3、图9-3）。

国内城市次中心用地结构横向比较　　　　　　　　　　表9-3

		总用地面积（hm²）	建筑规模(hm²)	公共设施用地		居住用地		其他用地	
				用地面积	用地比例（%）	用地面积	用地比例（%）	用地面积	用地比例（%）
广州	三元里	251.81	423.30	136.92	54.4%	53.62	21.3%	34.27	13.6%
	上下九	65.85	152.11	22.23	33.8%	13.78	20.9%	11.36	18.7%
深圳	龙岗中心	134.09	210.52	49.91	37.2%	29.83	22.2%	28.33	21.1%
	光明新城中心	410.77	776.36	99.27	24.2%	105.20	25.6%	100.60	24.5%
	盐田中心	181.97	298.43	59.18	32.5%	37.78	20.8%	45.01	24.7%

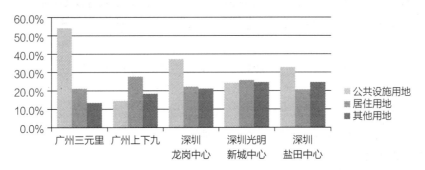

图9-3　国内城市次中心用地结构横向比较

2．开发强度比较

　　城市新建次中心综合容积率与已建次中心相近似。但新建次中心的公共服务设施用地容积率大于城市已建次中心容积率，为2.5～3.0左右，而城市已建成次中心容积率为2.2左右（表9-4、图9-4）。

国内城市次中心开发强度横向比较　　　　　　　　　　表9-4

城市次中心		综合容积率	公共服务设施用地容积率
广州	三元里	1.68	2.35
	上下九	2.31	2.16
深圳	龙岗中心	1.57	2.78
	光明新城中心	1.89	2.59
	盐田中心	1.64	2.34

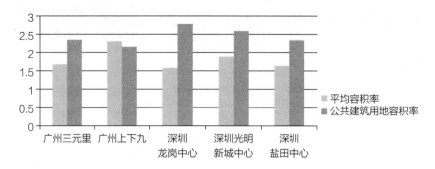

图9-4　国内城市次中心开发强度横向比较

9.2.3　经验数据汇总

1．城市主中心

位于城市老城区内的城市主中心：公共服务设施用地比例控制在35%左右，居住用地应占30%，其他用地为15%～25%。中心容积率为2.5，公共服务设施容积率保持3.0或以上。老城区主要结合城市更新，适当提高公共服务设施用地比例及公共服务设施用地的容积率，以适应城市经济发展需要。

位于城市新区的城市主中心：公共服务设施用地占总用地50%左右，居住用地应占20%，其他用地为30%～40%。中心容积率为3.0，公共服务设施容积率4.0或以上。城市新区主中心结合城市开发，充分利用土地资源，提高公共服务设施用地比例及公共服务设施用地的容积率，为城市经济发展的新动力提供物质基础。

2．城市次中心

位于城市老城区内的城市次中心：公共服务设施用地比例控制在40%左右，居住用地应占20%，其他用地为15%。中心容积率为2.0，公共服务设施容积率提升至2.2或以上。老城区次中心主要保持地区内部经济活力，完善配套生活服务类设施，发挥城市片区中心的功能。

位于城市新区的城市次中心：公共服务设施用地占总用地25%～35%，居住用地应占30%，其他用地为20%左右。中心容积率为2.0，公共服务设施容积率3.0或以上。城市新区次中心建设需要带动城市新片区内部经济活力和社会活力，提高片区吸引力。

9.2.4　推荐标准：以杭州为例

根据城市中心体系的概念与相关发展理论，参考国内外相关案例的数据计算结果，得到城市中心体系相关建议标准的汇总表（表9-5）。但要说明的是，这个标准只是一个宏观引导性的数据，由于不同区域城市开发条件差异很大，虽然表格中的规模和开发强度的建议标准是按照高等级向低等级不断递减的，但在实际城市中心建设时可能会由于用地条件、景观保护等因素的限制，低等级的中心在规模和开发强度上不一定比高等级的低，因而还要具体中心具体分析。

杭州城市中心体系的各级中心相关标准建议　　　　　　表9-5

级次	相关标准建议						
	定义	设置地域	功能定位	用地面积	建筑面积	容积率	服务人口
主中心	以综合性商圈或综合性商业街区为空间载体，为全市和周边地域的人群提供综合服务。集商务、旅游、休闲、会展、购物、文化、娱乐等功能于一体的城市综合性功能区	城市规划的市级中心区，历史形成或新建的多功能集聚地	商务、金融、酒店、会展、购物、餐饮、文化娱乐、休闲、旅游等综合功能高度集聚	一般20hm²以上	一般500万m²以下，其中，商务面积：200万m²以上，商业面积：100万～150万m²，商业设施集聚在不少于25hm²的空间范围内	3.0～4.5	80万
副中心	面向副城及周边地市，能级略低于一级中心，但仍是以综合性商圈或综合性商业街区为空间载体的集多种城市功能于一体的综合性功能区	城市规划的副城级中心区，历史形成或新建的多功能集聚地	商务、金融、酒店、会展、购物、餐饮、文化娱乐、休闲、旅游等综合功能高度集聚	一般15hm²以下	一般350万m²以下，其中，商务面积：150万m²以上，商业面积：60万～100万m²，商业设施集聚在不少于20hm²的空间范围内	2.0～3.0	50万
地区级中心	面向一定区域，与商务楼宇、旅游景点、交通枢纽和居住区等相结合，主要满足区域内商务、餐饮、休闲、购物等消费，具备一定集聚和辐射能力	居民聚居区、商务集聚地、公共交通集散地周边	购物、餐饮、商务、金融、文化娱乐、休闲等综合功能中度集聚，突出各区域的产业特性	一般10hm²以下	一般250万m²以下，其中，商务面积：100万m²以上，商业面积：60万m²左右，商业设施集聚在不少于8hm²的空间范围内	1.5～2.5	20万
片区级中心	指在片区内形成的规模中度集聚、商业服务行业比较完善、服务对象为片区居民及外来务工消费者的，以满足片区内购物、餐饮、休闲、娱乐和商务活动等综合消费为主的综合功能区	居民聚居区、人流集中、交通便利的地段	满足片区内购物、餐饮、休闲、娱乐和商务活动等综合需求，商业和商务相对集聚	一般5hm²以下	一般100万m²以下，其中，商务面积：50万m²以上，商业面积：20万m²左右，商业设施集聚在不少于8hm²的空间范围内	1.5～2.0	10万
邻里级中心	指服务于人口规模达到3万～5万以上的1个或1个以上居住区以及集镇、乡村、景区等区域，配置以满足居民日常生活和旅游需求为主的商业和服务业网点，服务对象为本地居民和部分外来人口的社区级中心	人流集中地，社区主要出入口，居民主要途经地	购物、旅游、保障该地居民的日常生活，提供日常必须商品及便利服务	一般3hm²以下	一般5万m²以下，商业和服务面积：一般应按每千人1000m²配置，其中80%网点集中在规划的社区级中心内	1.5左右	5万

9.3　城市中心体系的发展趋势

9.3.1　基于理论基础的趋势判断

　　国外对于城市中心体系的综合性研究已经形成较为完善的理论体系。研究范围广，内容多，主要涉及城市中心布局的空间特征、区位选择、功能布局，以及批发零售、商务办公、休闲娱乐等各类服务业集聚区的空间区位特征等等。主要的空间理论及其核心思想见表9-6所示。

国内外城市中心空间分布理论主要模式　　　　　　　　　　表9-6

研究空间尺度	主要理论	研究对象	研究切入点	基本空间模式
外部结构理论	中心地理论	城市公共中心	公共中心的规模、数量和分布，即"中心"和"层次"	由一系列紧密聚核状六边形的商品服务中心（中心地）组成
	行为地理理论	城市公共中心	公共中心空间使用者的行为决策	由环境—认知—决策—选择空间—行为活动决定空间模式
	零售引力模型	商业中心	商业等级较高都市向等级较低都市吸引的零售额与人口和距离的关系	商业引力磁场效应决定着空间结构
内部结构理论	城市中心地区位论	城市内部公共商业空间	公共中心的等级结构	呈现由低级向高级，简单到复杂的五种等级结构：孤立的街角商店、邻里级中心、社区级中心、地区级中心和中央商务区，并呈现一定数量体系的等级结构
	城市空间结构三大古典理论	城市公共中心	不同主导因素（地租、交通、用地条件等）影响下城市土地利用的空间形态。	伯吉斯同心圆模式、霍伊特扇形（契形）模型、哈里斯和厄尔曼多核心模型
	CBD结构理论	CBD内部空间结构	影响商务活动空间分布的因素和圈层划分	第一圈是零售业公建集中区，第二圈是零售服务业，底层为金融业、高层为办公机构；第三圈是办公机构集聚区，第四圈以商业性较弱的活动为主
	地租理论	城市公共中心内部结构	各种商业活动的承租能力公建布局上的表现	空间业态由城市地价峰值区向外依次为综合高档零售业，专业中档零售业，低档零售业，酒店旅馆，商务办公等空功能类型
	竞租理论	服务业区位	聚集经济与服务易达性	
	办公室区位均衡理论	CBD中生产性服务业空间布局	厂商活动的接触形态、接触次数、接触成本	

续表

研究空间尺度	主要理论	研究对象	研究切入点	基本空间模式
内部结构理论	空间选择性扩散理论	CBD中生产性服务业空间布局	办公郊区化，生产性服务业的区位演变	核心区的办公功能可能向边缘地区过渡和扩散
	商圈理论	商业圈	决定商圈的实际服务能力的众多因素	同心圆模式、椭圆型模式、飞地型模式、多角型模式
	批发商业区位论	城市批发商业区	最佳区位选择	最佳区位是交通枢纽和集散中心，城市外围重要的商业中心腹地

综上所述，从经济、社会效益的观点出发，影响城市公共中心布局的因子表现出了时间距离取代空间距离的基本发展趋势，科学的城市中心体系构建，应该是综合以上各种研究模式的结果，即地租（空间成本）、时间成本（交通便利性）、市场容量（实际消费力）和空间使用者行为导向（微观主体行为特征）的综合作用结果。

9.3.2 基于自然演化的趋势判断

20世纪90年代杭州中心体系：城市主中心沿延安路布置，临平、萧山、拱宸桥、庆春路、南星桥、中山路为地区级城市中心；城市主中心范围由中山路迁至延安路沿线，城市中心总体依托于湖滨地区成扇形延伸。

2000年杭州中心体系：延安路形成"一轴两圈"商业中心，主城各地区级商业中心缓慢发展，同时萧山区市心南路商业中心、杭州四季青特色服装市场出现；城市中心体系呈"一轴两圈"，地区级商业中心发展相对缓慢，主中心逐渐扩大，呈团块状形态（图9-5）。

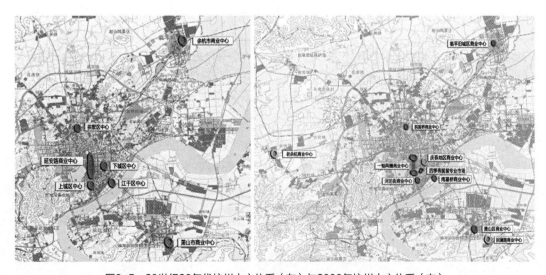

图9-5 20世纪90年代杭州中心体系（左）与2000年杭州中心体系（右）

2005年杭州中心体系：延安路形成"一轴三圈"商业中心，主城西部出现黄龙、古荡、西城广场组团级中心；主城北部拱宸桥商业中心扩展；沿江发展形成转塘、华家池、下沙城市中心；城市中心体系中"一轴三圈"形成，地区级、组团级中心快速形成发展，中心外拓趋势明显，以东拓沿江发展为主，形成沿江城市中心带（图9-6）。

2010年杭州中心体系：城西新出现紫金港城市中心，城南钱江四桥周边形成组团级城市中心；下沙副城九堡、乔司地区形成地区级城市中心；江南副城市心路发展扩大为副城中心；临平地区级城市中心转变为副城中心。主城西部的城市中心开始发育，东部的城市中心发展较快，城市中心跨江、沿江组团式分散发展（图9-7）。

图9-6　2005年杭州中心体系

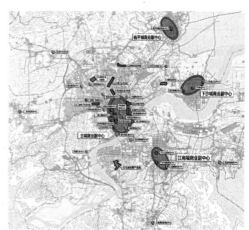

图9-7　2010年杭州中心体系

9.3.3　基于生长轴线的趋势判断

2000—2005年间，杭州城市中心拓展主要沿莫干山路—延安路—萧山发展轴发展，北至良渚，南至萧山区老城区。城市发展次轴有城西发展轴，沿天目山路及三条东西向主干道，结合当时城西居住区开发热潮，向西发展至西城广场地区。沿江发展次轴连接地区级中心下沙城市中心、南星桥城市中心及组团中心转塘。此外还有城市东扩过程中形成的庆春路发展次轴及秋涛路发展次轴（图9-8）。

2005年至2010年间，杭州沿江、跨江发展迅速，2005年的发展主轴结合城西发展次轴，演化为上塘高架—钱江四桥发展轴及莫干山路—延安路—钱江四桥发展轴；沿江发展次轴转变为杭州城市发展主轴之一；新增艮山路—天目山路城市发展主轴，连接下沙副城、主城、城西科创产业集聚区。秋涛路城市发展次轴向北延伸至临平（副城中心），向南沿钱江三桥发展至江南副城城市中心。新形成的城市发展次轴包括位于杭州滨江高新技术开发区的沿江发展次轴，随着杭州汽车工业发展形成的绍兴路—沈半路—东新路—石祥路汽车工业发展次轴，及连接九堡、乔司、临平的城市中心发展次轴（图9-9）。

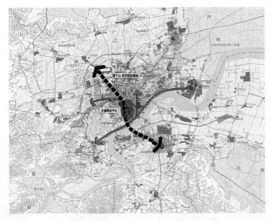
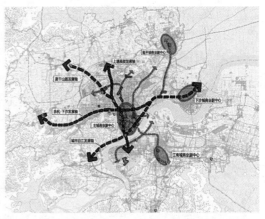

图9-8 2000—2005年杭州中心体系生长轴线分析　　图9-9 2005—2010年杭州中心体系生长轴线分析

9.3.4 基于政府战略的趋势判断

《杭州城市总体规划（2004—2020年）》中将城市中心体系分为市级公共中心、市级副中心、地区级中心、城市组团中心（图9-10、表9-7）。

1. 市级公共中心

"一轴三圈"老中心：改造延安路及近湖地区——旅游、商业中心区。该地区是国际风景旅游城市的窗口。承担商业、旅游服务、文化休闲等功能。

（1）核心区：湖滨地区、武林广场、吴山广场。

（2）延伸区：世贸中心、解放路、庆春路、中河路、中山路、西湖大道。

钱江新城新中心——中央商务区：该地区是杭州市高层次第三产业发展区，是现代化城市形象的集中体现区域。承担行政办公、文化娱乐、金融贸易、会议展示、旅游服务等功能，是未来上海作为区域性商务中心，其CBD多级网络的组成部分。

2. 市级副中心

（1）开辟萧山市心路地区——市级副中心、江南城中心；

（2）改造临平中心区——市级副中心、临平城中心；

（3）新辟下沙城中心区——市级副中心、下沙城中心。

3. 地区级中心

（1）改造城站地区——地区级中心、商业旅游服务中心；

（2）开辟铁路东站地区——地区级副中心、商业旅游服务中心；

（3）新辟江滨五号区块——主城南部地区级中心、上城区公建中心；

（4）改造卖鱼桥–大关–拱宸桥地区——主城北部地区级中心、拱墅区公建中心；

（5）新辟滨盛路中段地区——江南城西部地区级公建中心，滨江区公建中心；

（6）新辟庆春路东段地区——主城东部地区级中心、江干区公建中心；

（7）改造文三路西段地区——主城西部地区级中心、西湖区公建中心；

（8）新辟三墩路地区——地区级中心。

4．城市组团中心

（1）塘栖组团公建中心——塘栖组团中心；

（2）良渚组团公建中心——良渚组团中心；

（3）余杭组团公建中心——余杭组团中心；

（4）义蓬组团公建中心——义蓬组团中心；

（5）瓜沥组团公建中心——瓜沥组团中心；

（6）临浦组团公建中心——临浦组团中心。

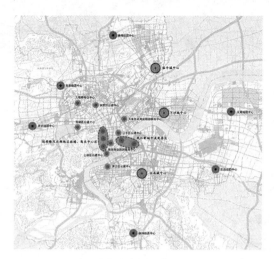

图9-10　杭州城市总体规划（2000—2020年）
公共中心布局

杭州目前主要空间规划的中心分布空间结构汇总　　　　　　表9-7

各类规划	一级中心	二级中心	三级中心	四级中心
杭州城市总体规划（2000—2020）	延安路及近湖地区中心、钱江新城中心	萧山市心路公共中心、临平城中心、下沙城中心	塘栖组团中心、良渚组团中心、余杭组团中心、义蓬组团中心、瓜沥组团中心、临浦组团中心、瓶窑组团中心、临江新城中心、空港新城中心、九乔地区中心、三墩地区中心、钱江科技城中心、拱宸地区中心、滨江区中心	勾庄组团中心、下城区北部中心、江干区城东区中心、西湖区转塘之江中心
萧山次区域规划（2006年）	钱江世纪城	江南城中心		钱江综合产业园中心、新街中心、新塘所前中心、南部旧城中心、湘湖闻堰中心
余杭区区域总体规划（2007—2020年）		临平城中心	良渚组团中心、余杭组团中心、瓶窑组团中心	塘西中心、余杭经济开发区中心、星桥中心、崇贤中心、乔司中心、仁和中心、五常留下中心、中泰闲林中心、南湖新城中心
下沙新城空间优化研究（2011年）		金沙湖国际商务商贸中心	江湾创意文化中心	
大江东新城概念规划（2010年）		大江东新城中心	空港新城中心、江东新城中心、前进园区中心、临江新城中心	

续表

各类规划	一级中心	二级中心	三级中心	四级中心
城西科创产业集聚区概念规划（2010年）			青山湖中心、南湖中心、和睦水乡中心	余杭创新基地服务中心、临安青山湖科技城服务中心
杭州市区商业空间布局规划（2011年）	以延安路为轴线的"一线三圈"商贸区、依托钱江新城和钱江世纪城的商务商贸综合区	江南城中心、临平城中心、下沙城中心、大江东新城中心、城西科创产业集聚中心	滨江新城商业中心、滨江新城商业中心、之江新城商业中心、城北新城商业中心、运河新城商业中心、江东新城商业中心、临江新城商业中心、空港新城商业中心、临浦组团商业中心、瓜沥组团商业中心、良渚组团商业中心、瓶窑组团商业中心	庆春路商业中心、华家池商业中心、艮北商业中心、九堡商业中心、西城广场商业中心、古荡商业中心、翠苑商业中心、黄龙商业中心、五里塘商业中心、蒋村商业中心、转塘商业中心、双浦商业中心、拱宸桥商业中心、民生药业热电厂商业中心、创新创业新天地、杭氧杭锅商业中心、城站望江商业中心、复兴商业中心、大学城北商业中心、三化厂商业中心、西兴商业中心、五常商业中心、萧山南部居住商业中心

9.4　城市中心体系构建原则与框架

9.4.1　原则一：以国际经验为借鉴，构筑"多中心网络化"的空间框架

多中心城市区域是指一个大的核心城市，以及与核心城市具有经济社会一体化倾向的邻接城镇与地区组成的圈层式地域。分析伦敦产业升级和环境压力驱动的多中心化、巴黎带状均衡型多中心大都市区空间结构、东京都市圈多中心功能分工体系发展演化、新加坡交通网络体系支撑的邻里组团及深圳有序的紧凑多中心空间体系。通过对纽约、东京、新加坡、香港、广州等国内外主要大都市多中心空间结构宏观比较、国际大都市人口多中心发布比较及国际大都市多中心演化机制比较，从中得出城市多中心发展模式和规律，用以指导杭州多中心体系构建的制定。

国际中心城市的多中心演化历程分为单中心发展、单中心超负荷、多中心布局、外围中心发育、多中心成熟（主中心内涵提升，外围功能强化）五大阶段；人口的空间增长特点外围中心的人口增加速度最终会超过中心区。在传统中心区域，发展金融、商务、商业和政治管理等功能，外围中心的发展则主要考虑均衡、可达和服务三大因素，使其具有自我发展能力。

9.4.2　原则二：以政府战略为导向，筹划与发展方向相耦合的中心格局

政府通过城市规划来影响城市的社会经济发展，规划的合理实施能在很大程度上保证政

策的落实、城市资源的优化配置、市场缺陷的躲避，获得社会、经济、环境效益的统一。城市规划的实施和城市公共政策的执行，使城市政府得以实现其城市规划管理职能。

杭州城市公共中心的空间布局及体系构建参考市域及两区的总体规划，《杭州市近期建设规划（2011—2015年）》、《杭州萧山次区域规划（2006年）》、《余杭区区域总体规划（2007—2020年）》。分析《城西科创产业集聚区概念规划（2010年）》、《下沙新城空间优化研究（2010年）》、《大江东新城概念规划（2010年）》新区建设概念规划。此外，结合市区重大项目与基础设施布局，包括杭州市委十届四次全体（扩大）会议明确的13个新城与84个城市综合体，杭州近期轨道交通设立的站点及杭州近期快速公交站点。重点在于优化城市主中心的功能及地位，提升城市已有副中心的功能，加快建设城市区域中心及新城建设，完善公共中心功能体系。

9.4.3　原则三：以分工有序为目标，保证合理的中心体系服务辐射范围

在城市公共中心体系空间构建时注重各级城市公共中心的服务半径及辐射范围、城市范围内的覆盖率。城市主中心通常位于历史形成或新建的多功能集聚地，是城市结构和功能的核心地区，集中了众多公共建筑和第三产业并辐射整个城市。城市副中心是城市二级性公共中心，对主中心起到辅助职能，其专业服务辐射整个副城（组团）范围。区域级中心位于居民聚居区、商务集聚地或公共交通集散地周边，主要为政策分区相对独立的地区或行政区范围提供服务的公共中心。区级中心规模适度、具备一定集聚和辐射能力，服务范围为广域性的综合功能区。地区级中心位于居民聚居区、人流集中、交通便利的地段，主要为结构相对完整的城市功能片区提供服务的公共中心，服务于片区。邻里级中心服务于人口规模达到3万～5万以上的居住区、景区等区域。

在城市中心空间分布构建时，运用GIS等专业数据分析软件，通过多因子叠加的分析方法，全面分析杭州每个地区的综合发展情况。并根据分析结果，确定各等级中心的空间位置及服务半径，确保较高的城市公共中心覆盖率，保证服务功能供给的高效性。

9.4.4　城市中心体系构建的概念框架

图9-11为杭州城市中心体系构建的技术路线，包括城市生命周期演化动力、区域空间一体化整合动力、政府规划建设引导动力3个分析维度。

9.5　杭州城市中心体系构建方案

9.5.1　中心体系的空间等级结构

杭州城市多中心体系构建的过程，根据图9-11所示的杭州城市中心体系构建的技术路线，具体包含以下几个步骤：①通过杭州城市中心的适建性评价结果，初步确定未来中心的

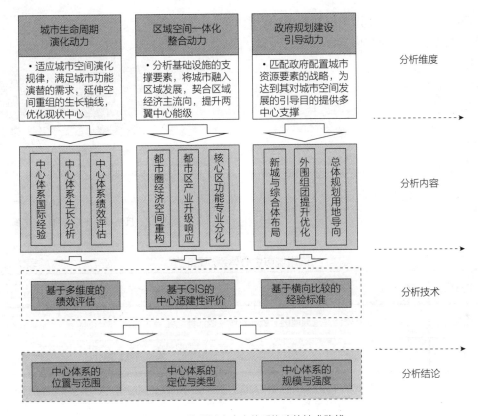

图9-11　杭州城市中心体系构建的技术路线

选址范围，并运用墨菲指数界定、峰值地价法、功能单元法和交通分析等方法，对中心的范围进行修正；②从城市生长的生命周期视角，根据杭州城市中心的历史生长轴线分析，研究未来城市轴线引导下，新中心的产生区域，初步确定未来中心体系方案；③从区域空间一体化的整合动力视角，结合对上一版城市总规确定的中心体系的评估，对中心体系方案进行第一次修正，重点强化经济主流向上中心的等级规模，考虑不同中心之间联系的可能性；④从政府规划建设引导动力的视角，综合考虑政府城市综合体、新城等与城市中心形成相关要素的规划布局，并参照国内外多中心城市空间演化的阶段性规律，对中心体系方案进行第二次修正；⑤从城市中心功能体系视角，对城市中心体系的功能定位进行梳理，进行局部优化；⑥参考国内外城市中心的开发规模与强度的经验数据分析结论，根据杭州城市的实际情况，对中心体系的开发规模与强度进行校核修正；⑦最终完成杭州城市中心体系的方案构建，具体包括各级中心的范围与位置，功能定位引导，以及各级中心的规模、主要用地结构与强度的引导标准。

与总规修编确定的城市中心体系相比，本方案的主要区别在于：①考虑城市发展战略一致性，城市主中心与副中心与总规修编方案相一致；②适应大都市空间转型的阶段性需求，提升了外围组团中心的等级；③增加第三级中心（地区级中心）的数量，强调杭州都市区发展的均衡性；④在总规修编方案的基础上，细化了城市中心体系的层级，增加第四级片区中心和邻里中心两个等级，重点关注中心的辐射范围与服务可达性；⑤细化了总规修编方案中的中心功能类型，从垂直分工与水平分工两个层面对中心功能进行优化与确定；⑥提出城市中心体系具体的空间范围、用地规模、用地结构和开发强度等方面的引导标准（图9-12、表9-8）。

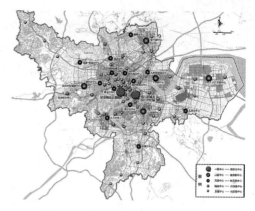

图9-12　杭州城市中心体系规划方案

杭州城市中心体系规划汇总　　　　　　　　　　表9-8

中心等级	中心数量	中心名称
主中心	2	延安路及近湖地区、钱江新城及钱江世纪城
副中心	5	江南副中心、大江东副中心、下沙副中心、未来科技城副中心、临平副中心
地区级中心	13	城东新城次中心、九乔商贸城次中心、滨江次中心、蒋村次中心、之江次中心、国际会展次中心、城北次中心、新天地次中心、黄龙次中心、临浦次中心、瓜沥次中心、塘栖次中心、瓶窑-良渚次中心
片区级中心	15	和平广场中心、临江新城中心、城站中心、双浦中心、转塘中心、老余杭次中心（南湖新城中心）、崇贤中心、仁和中心、庆春中心、江东新城中心、空港新城中心、申花中心、拱宸桥中心、西城广场中心、三化厂中心
邻里级中心	42	复兴中心、望江中心、长庆中心、闸弄口中心、朝晖中心、东新中心、文晖中心、三里亭中心、东湖中心、径山中心、黄湖中心、百丈中心、勾庄中心、萧山南部居住中心、新塘中心、党湾中心、楼塔中心、河上中心、浦阳中心、闻堰中心、衙前中心、新街中心、开发区桥南区块中心、所前中心、江陵中心、滨康中心、西兴中心、五里塘中心、翠苑中心、古荡中心、北景园中心、大关中心、米市巷中心、湖墅中心、汽车北站中心、大学城北中心、凯旋中心、七堡中心、钱江文化中心、五常、留下中心、丁山中心

9.5.2　中心体系的空间形态

　　杭州城市中心体系各级中心的空间范围是通过对各中心现状详细调查统计，包括地区内总建筑面积、总用地面、各类用地面积及比例结构，和各类用地的建筑面积等地区建设开发的主要数据，分析以墨菲指数界定法为基础，运用交通流量分析法、峰值地价法、功能单元法来确定参数，结合多因子叠加，并多次校核、分析从而确定各级城市中心的合理范围（表9-9、图9-13）。具体技术路线如图9-14所示。

图9-13　杭州城市中心体系的位置与范围

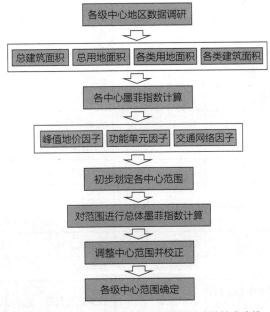

图9-14　杭州城市中心体系位置与范围界定的技术路线

杭州城市中心体系位置与范围　　　　　　　　　　　表9-9

序号	等级	名称	所处城区	地区范围
1	主中心	延安路及近湖地区	上城区、下城区	核心区：湖滨地区、武林广场、吴山广场；延伸区：世贸中心、解放路、庆春路、中河路、中山路、西湖大道
2		钱江新城及钱江世纪城	江干区、萧山区	在西兴大桥与彭埠大桥之间两岸临江地区
1	副中心	江南副中心	萧山区	市心路沿线，金城路、人民路沿线
2		大江东副中心	萧山区	江东大道、钱江大道的交会处
3		下沙副中心	江干区	金沙湖周边地区
4		未来科技城副中心	余杭区	闲林湿地以北，与文一西路相交
5		临平副中心	余杭区	临平迎宾路地区
1	地区级中心	城东新城次中心	江干区	铁路东站东侧地区
2		九乔商贸城次中心	江干区	九堡地区，杭海路沿线
3		滨江次中心	滨江区	西至中兴立交桥，南至江南大道，北至江陵路，南临钱塘江
4		蒋村次中心	西湖区	南接西溪湿地，北以余杭塘河为界，西至崇义路，东至崇仁路
5		之江次中心	西湖区	之浦路西侧，东至之江路，西至绕城公路
6		国际会展次中心	拱墅区	西至莫干山路，南至通益路，北至石祥路，东至登云路
7		城北次中心	江干区、拱墅区	西北至储运路，南至博园路
8		新天地次中心	下城区	南至石祥路，西至东新路，东至沈家路，北至秋石快速路
9		黄龙次中心	西湖区	北至天目山路，西至玉古路、求是路，南至曙光路，东至杭大路为边界的区域
10		临浦次中心	萧山区	人民路、东潘西路沿线
11		瓜沥次中心	萧山区	八柯线、下大线沿线
12		塘栖次中心	余杭区	塘栖路沿线
13		瓶窑-良渚次中心	余杭区	G104国道沿线
1	片区级中心	和平广场中心	下城区	西南至绍兴路，东南至东新路，北至王马路
2		临江新城中心	萧山区	未建成
3		城站中心	下城区	城站广场、西湖大道沿线
4		双浦中心	西湖区	未建成
5		转塘中心	西湖区	G320沿线
6		老余杭次中心（南湖新城中心）	余杭区	杭瑞高速沿线，近南湖风景区

续表

序号	等级	名称	所处城区	地区范围
7	片区级中心	崇贤中心	余杭区	杭州绕城公路沿线
8		仁和中心	余杭区	东西大道沿线
9		庆春中心	江干区	南至双菱路，北至凤起东路，西至新塘路，东至秋涛北路
10		江东新城中心	萧山区	未建成
11		空港新城中心	萧山区	未建成
12		申花中心	拱墅区	申花路沿线
13		拱宸桥中心	拱墅区	湖州街附近的运河沿线
14		西城广场中心	西湖区	文二西路紫荆花路口
15		三化厂中心	滨江区	未建成
1	邻里级中心	复兴中心	上城区	
2		望江中心	上城区	
3		长庆中心	下城区	
4		闸弄口中心	下城区	
5		朝晖中心	下城区	
6		东新中心	下城区	
7		文晖中心	下城区	
8		三里亭中心	下城区	
9		东湖中心	余杭区	
10		径山中心	余杭区	
11		黄湖中心	余杭区	
12		百丈中心	余杭区	
13		勾庄中心	余杭区	
14		萧山南部居住中心	萧山区	
15		新塘中心	萧山区	
16		党湾中心	萧山区	
17		楼塔中心	萧山区	
18		河上中心	萧山区	
19		浦阳中心	萧山区	
20		闻堰中心	萧山区	
21		衙前中心	萧山区	
22		新街中心	萧山区	
23		开发区桥南区块中心	萧山区	
24		所前中心	萧山区	
25		江陵中心	滨江区	

序号	等级	名称	所处城区	地区范围
26	邻里级中心	滨康中心	滨江区	
27		西兴中心	滨江区	
28		五里塘中心	西湖区	
29		翠苑中心	西湖区	
30		古荡中心	西湖区	
31		北景园中心	拱墅区	
32		大关中心	拱墅区	
33		米市巷中心	拱墅区	
34		湖墅中心	拱墅区	
35		汽车北站中心	拱墅区	
36		大学城北中心	江干区	
37		凯旋中心	江干区	
38		七堡中心	江干区	
39		钱江文化中心	江干区	
40		五常、留下中心	余杭区	
41		丁山中心	余杭区	

9.5.3　中心体系的功能体系

充分考虑杭州现状城市中心的分布，参考杭州城市总体规划修编中对公共中心的规划，结合国内外主要大都市的城市中心体系建设经验。城市中心体系各中心的功能类型，结合中心区内的主要产业类型的区位分布规律、功能辐射范围内的用地结构、交通区位等因素，主要可以归类为商贸批发、零售商业、生活服务配套、旅游休闲、会展中心、体育中心、文化中心、行政中心、交通枢纽、研发中心及商务中心等类型（图9-15）。杭州现状城市中心中大型商贸批发中心（目前已有的专业市场分布较散，且与物流仓储等功能结合不够紧密）、

图9-15　杭州城市中心体系的功能分类示意

大规模会展中心的数量相对不足，且大型对外交通枢纽的商业商务潜力未能得到发展。武林及近湖地区的会展和行政等部分职能，将逐步引导至杭州新主中心钱江新城。城市中缺少商务商业中心及旅游休闲中心为职能的副中心。

需要说明的是，城市主中心及副中心的职能除了主导的和特色的职能以外，通常还包括各类综合服务功能。目前杭州城市的"主中心—副中心—地区级中心"的等级体系并不完善，在等级数量上体现出地区级和四级中心的不足。

中心功能类型与空间圈层引导 表9-10

圈层选择	产业类型	中心功能发展的需求特征	适宜的功能类型
核心圈层 （半径0~4km）	政府和教育服务、金融保险业、批发零售业、艺术与娱乐业、出版印刷业、服装业、企业服务业	中心功能优化：退二进三、优化品质、提升休闲、娱乐、消费相关第三产业	高度复合：零售商业、旅游休闲、文化中心、行政中心、商务中心
中圈层 （半径4~7km）	政府和教育服务、批发零售业、出版印刷业、服装业、企业服务业	功能整合完善：城市中心网络化、系统化；功能体系的完善	综合服务：零售商业、生活服务配套、旅游休闲、会展中心、体育中心、文化中心、交通枢纽、商务中心
外圈层 （7km以上）	制造业、出版印刷业、企业服务业	基础功能新建：功能系统的初步发展	生活配套：零售商业、生活服务配套、旅游休闲、交通枢纽

中心的功能体系应与该区域的产业结构特征相匹配，因而研究对产业空间发展的一般规律和各产业对空间的需求进行了概括性的归纳（表9-10）：

核心圈层：主要适合发展金融、信息等知识密集型和技术密集型产业，杭州则适宜发展金融服务、文化创意、旅游休闲（不包括具体的旅游资源）、电子商务、物联网、信息软件。这类产业信息敏感度高，对信息交流和网络化有着很高的要求，并且产出效率高，能承担较高的租金，对土地的需求量小，适合集中在核心圈层发展。因此，城市主副中心应在商业商务主导功能的基础上，大力强化其综合服务功能。

中圈层：发展对信息交流有一定需求，对土地需求量不高，产出效益较高，能承担较高的租金和劳动力价格，适合发展批发零售业、出版印刷业、服装业等产业，杭州则适合发展文化创意、电子商务、信息软件、物联网等产业。因此，城市副中心和地区级中心应适应这些产业集聚区的发展需要，一方面突出其区域特色的支撑服务功能，另一方面也要完善综合服务功能，辐射其所在的区域。

外圈层：主要适合发展制造业等资金密集型和劳动密集型的产业，杭州的外围中心应更多考虑与旅游休闲（对外交通部分）、文化创意、先进装备制造、生物医药、节能环保、新能源等产业的结合。这些产业的共性是产出效率较低，往往承受不起市中心的租金和高价劳动力，并且其对信息交流的敏感度较低，对土地的需求量较大，适合在郊区或相邻城镇发展。因此，城市地区级首先要建立完善的综合服务功能，为这些产业集聚区提供配套服务。

从主中心、副中心、地区级中心、片区级中心、邻里级中心5个层面来分析杭州城市中心体系功能与开发类型（图9-16、表9-11）：

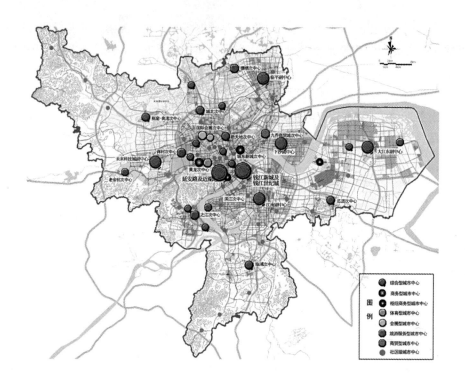

图9-16　杭州城市中心体系功能类型示意

杭州城市中心体系功能与开发类型汇总　　　　　　　　表9-11

中心等级	名称	功能类型	开发类型	中心等级	名称	功能类型	开发类型
主中心	延安路及近湖地区	综合型（商业中心）	提升、改造	邻里级中心	复兴中心		提升
	钱江新城及钱江世纪城	综合型（商务中心）	新建		望江中心		提升、改造
副中心	江南副中心	综合型	提升		长庆中心		提升
	大江东副中心	综合型	新建		闸弄口中心		提升
	下沙副中心	综合型	新建、提升		朝晖中心		提升
	未来科技城副中心	综合型	新建		东新中心		提升
	临平副中心	综合型	提升		文晖中心		提升
地区级中心	城东新城次中心	枢纽商务型	新建		三里亭中心		提升
	九乔商贸城次中心	商贸型	新建		东湖中心		提升
	滨江次中心	综合型	新建、提升		径山中心		提升

续表

中心等级	名称	功能类型	开发类型	中心等级	名称	功能类型	开发类型
地区级中心	蒋村次中心	旅游服务型	新建	邻里级中心	黄湖中心		提升
	之江次中心	旅游服务型	新建		百丈中心		提升
	国际会展次中心	会展型	提升		勾庄中心		提升
	城北次中心	综合型	新建		萧山南部居住中心		新建
	新天地次中心	综合型	新建		新塘中心		提升
	黄龙次中心	商务、体育型	提升		党湾中心		提升
	临浦次中心	综合型	提升		楼塔中心		提升
	瓜沥次中心	综合型	提升		河上中心		提升
	塘栖次中心	旅游服务型	新建		浦阳中心		提升
	瓶窑-良渚次中心	综合型	新建		闻堰中心		提升
片区级中心	和平广场中心	会展型	提升		衙前中心		提升
	临江新城中心	旅游服务型	新建		新街中心		提升
	城站中心	枢纽商务型	提升、改造		开发区桥南区块中心		提升
	双浦中心	综合型	新建		所前中心		提升
	转塘中心	综合型	提升		江陵中心		提升
	老余杭次中心（南湖新城中心）	旅游服务型	新建		滨康中心		提升
	崇贤中心	综合型	提升		西兴中心		新建
	仁和中心	综合型	新建		五里塘中心		新建
	庆春中心	综合型	提升		翠苑中心		提升、改造
	江东新城中心	综合型	新建		古荡中心		改造
	空港新城中心	枢纽商务型	新建		北景园中心		提升
	申花中心	综合型	提升		大关中心		提升
	拱宸桥中心	综合型	提升		米市巷中心		提升

续表

中心等级	名称	功能类型	开发类型	中心等级	名称	功能类型	开发类型
片区级中心	西城广场中心	商业型	提升	邻里级中心	湖墅中心		提升
	三化厂中心	综合型	新建		汽车北站中心		提升、改造
					大学城北中心		新建
					凯旋中心		提升
					七堡中心		提升
					钱江文化中心		新建
					五常、留下中心		新建
					丁山中心		新建

1．主中心

两个城市主中心：延安路及近湖地区的传统旅游商业中心区和钱江新城及钱江世纪城组成的中央商务区。

延安路及近湖地区——旅游商业中心区：承担商业商务、旅游服务、文化休闲为主的功能，范围包括中河路以西、环城北路以南、河坊街以北、西湖以东的地区。该中心是杭州传统的公共中心，规划将部分行政、文化、医疗、教育等职能向外疏解，腾出空间重点发展旅游与商业功能。

钱江新城与钱江世纪城——中央商务区：承担行政、商务办公、金融贸易、文化娱乐、体育、会展等功能。位置在西兴大桥与彭埠大桥之间两岸临江地区。该中心是杭州新辟的中央商务区，是杭州实现"跨江发展"和"多中心城市"的重要举措，钱江新城已初见雏形，跨江交通日趋完善，远期将形成钱塘江南北联动发展的局面。

2．副中心

5个城市副中心：江南副中心、大江东副中心、下沙副中心、未来科技城副中心、临平副中心。城市副中心是依托副城及城市未来重要战略发展空间而设置的市级公共副中心，是立足服务于副城和重要战略空间的综合职能型中心。

江南副中心——萧山市心路地区，在萧山已有公共中心基础上，结合轨道交通，形成综合职能型的城市副中心。

临平副中心——临平迎宾路地区，在临平已有公共中心基础上，结合轨道交通和高铁站，形成宜居智能休闲的综合职能型的城市副中心。

下沙副中心——金沙湖周边地区，加快金沙湖及其周边地区的建设，依托轨道交通尽快形成综合职能型的城市副中心。

大江东副中心——江东大道、钱江大道的交会处，作为"十二五"重点发展的省级产业集聚区，是杭州未来重要的战略发展空间，以先进制造业为主、集商贸、物流、信息、居住等功能于一体，按照城市副中心标准建立综合职能型公共中心。

未来科技城副中心——闲林湿地以北，与文一西路相交，作为"十二五"重点发展的省级产业集聚区和杭州未来重要的战略发展空间，按照城市副中心标准建立综合职能型公共中心。

3. 地区级中心

13个城市次中心：城东新城次中心、九乔商贸城次中心、滨江次中心、蒋村次中心、之江次中心、国际会展次中心、城北次中心、新天地次中心、黄龙次中心、临浦次中心、瓜沥次中心、塘栖次中心、瓶窑–良渚次中心。城市次中心立足于不同地区和不同职能，承担疏解城市主中心商业服务功能和就业功能，并服务其周边，形成城市次级公共中心。多数城市次中心承担多项职能，是综合职能的公共中心，同时辅以部分专业职能型的主城次中心。

城东新城次中心——铁路东站东北侧地区，加快铁路东站地区改造，结合铁路杭州东站枢纽建设与轨道交通，集现代服务、旅游集散、居住为一体的综合型城市次中心。

九乔商贸城次中心——北至绕城公路、东至东湖路、南至德胜路、西至和睦港，加快九堡及乔司地区的发展，结合轨道交通站点，以批发交易，商品展示及信息发布为主的商贸型城市次中心。

滨江次中心——西至中兴立交桥、南至江南大道、北至江陵路、南临钱塘江地区，以滨江高新科技园为载体，结合轨道交通，打造高科技、多功能、园林化、滨水型、临空港的综合型城市次中心。

蒋村次中心——南接西溪湿地，北以余杭塘河为界，西至崇义路，东至崇仁路，依托西溪湿地国家公园，以高档酒店为载体，是旅游度假、休闲娱乐为主导功能的旅游服务型城市次中心。

之江次中心——之浦路西侧，东至之江路，西至绕城公路地区，在杭州之江国际度假村的基础上，结合轨道交通，形成休闲度假、养生居住、创新创业的旅游服务型城市次中心。

国际会展次中心——西至莫干山路，南至通益路，北至石祥路，东至登云路地区，在杭州石祥路汽车城等汽车销售专业市场的基础上，形成会展型城市次中心。

城北次中心——西北至储运路，南至博园路，结合城北大型居住片区的建设，形成综合型城市次中心。

新天地次中心——东临石桥路，西临东新路，北临石祥路地区，依托杭州创新创业新天地综合体的开发，结合轨道交通，形成以商业商务和城市工业遗产保护为主要职能的综合型城市次中心。

黄龙次中心——北至天目山路，西至玉古路、求是路，南至曙光路，东至杭大路地区，在黄龙中央商务区的基础上发展以高端商务金融为主的商务区，同时结合杭州市黄龙体育中心，发展形成杭州市体育活动型城市中心。

临浦次中心——人民路、东潘西路沿线地区，在临浦镇已有公共中心的基础上，形成综合型城市次中心。

瓜沥次中心——八柯线、下大线沿线地区，在瓜沥镇已有公共中心基础上，形成综合型城市次中心。

塘栖次中心——塘栖路沿线地区，依托塘栖古镇，发展具有历史文化底蕴的休闲生态旅游服务，形成旅游服务型城市次中心。

瓶窑-良渚次中心——G104国道沿线地区，在瓶窑镇、良渚镇已有公共中心基础上，结合轨道交通，形成综合型城市次中心。

4．片区级中心

15个地区级次中心：和平广场中心、临江新城中心、城站中心、双浦中心、转塘中心、老余杭次中心（南湖新城中心）、崇贤中心、仁和中心、庆春中心、江东新城中心、空港新城中心、申花中心、拱宸桥中心、西城广场中心、三化厂中心。地区级次中心承担分散和疏解城市级次中心的商业压力，起到对市级次中心的辅助作用。

多数地区级次中心承担商业娱乐、生活服务等多项职能，拱宸桥中心、申花中心、和平会展中心、庆春中心、城站中心、三化厂中心、双浦中心地区级次中心发展结合轨道交通建设，形成综合职能的公共中心，同时辅以部分专业职能型的地区次中心。和平广场中心作为主城区内会展型城市中心，承担部分会展功能。临江新城中心依托杭州湾、老余杭次中心（南湖新城中心）依托南湖休闲旅游区，形成旅游服务型地区级次中心。城站中心依托火车站交通枢纽，在城站广场商务中心的基础上功，空港新城中心依托杭州萧山国际机场，形成枢纽商务型地区级次中心。

5．邻里级中心

41个片区级次中心，主要以商业商务、居住服务为主要功能。结合新区开发和旧城改造，保证公共设施和商业点的充分覆盖，以最大限度方便居民的日常生活所需。同时在新区预留足够的未来发展用地，尤其是公建项目所需。

9.5.4　中心体系的规模与强度

对杭州中心体系中各级中心的建议开发强度、用地结构，是充分参考了国内外多个大都市的城市中心的经验数据，同时结合杭州城市中心的现状发展情况及制约因素，分析所得的建议值。根据上海、北京、广州、深圳、巴黎和东京城市CBD的用地结构分析得出商务、商业娱乐、公共设施及居住在城市主中心应保持的比例结构。对广州、深圳和南京的各级城市中心的开发强度，公共服务设施用地的独立开发强度及各类用地在城市中心的比例进行了统计和归类，得出各级中心的推荐值。在多组经验数据综合分析后，得出杭州中心体系各级中心相关建议及标准。沿湖地区由于西湖的限高等要求的局限，开发强度略微下降，保持杭州的城市特色（表9-12）。

杭州城市中心体系规模与强度引导表　　　　表9-12

中心等级	中心名称	开发强度（容积率）				商住比例（容积率）（%）				用地面积（hm²）	建筑面积（hm²）
		现状		规划		现状		规划			
		综合	商业	综合	商业	公建	居住	公建	居住		
一级中心	延安路及近湖地区	2	4.5	3	4.5	40.33	33.50	40~45	30~35	585	1754
	钱江新城及钱江世纪城	2.6	4.5	4	5	27.76	14.69	50~60	15~20	1312	5249
二级中心	江南副中心	1.8	4	3	4	52.02	26.34	50~55	20~25	264	792
	大江东副中心		1	2.5	3.5			50~55	20~25	1187	2967
	下沙副中心	1.2	3.4	2.5	3.5	4.78	4.62	45~50	25~30	304	759
	未来科技城副中心		1.5	2.5	3.5			50~55	20~25	500	1249
	临平副中心	1.6	3.5	3	4	38.46	39.29	45~50	25~30	335	1006
三级中心	城东新城次中心	0	3.5	2.5	3	23.29	24.60	60~65	15~20	733	1833
	九乔商贸城次中心		2.5	2	2.5			70~75	10~15	780	1560
	滨江次中心	2.1	3.5	2	2.5	21.78	17.51	60~65	15~20	376	752
	蒋村次中心		1.5	1.5	2			60~65	15~20	215	322
	之江次中心		1.5	1.5	2			50~55	25~30	753	1130
	国际会展次中心		1.5	1.5	2			70~75	10~15	135	202
	城北次中心		1.5	1.5	3			60~65	15~20	157	235
	新天地次中心		1.5	1.5	3			60~65	15~20	55	82
	黄龙次中心	1.6	2.5	2	2.5	72.63	17.85	70~75	10~15	97	193
	临浦次中心	1.4	1.5	2	3	73.04	11.17	60~65	15~20	125	251
	瓜沥次中心	1.2	1.5	2	3	30.15	17.59	60~65	15~20	188	376
	塘栖次中心	1.5	1.5	1.5	2	10.89	54.49	50~55	25~30	60	90
	瓶窑-良渚次中心	1.3	1.5	1.5	2	34.18	21.82	50~55	25~30	103	155
四级中心	和平广场中心		2.5	2.5	3			70~75	10~15	24	60
	临江新城中心		1	2	3			60~65	15~20	607	1214
	城站中心	2.1	4.5	3	4.5	42.17	16.02	70~75	10~15	45	136
	双浦中心		1.5	2	2.5			60~65	15~20	365	730

中心等级	中心名称	开发强度（容积率）				商住比例（容积率）(%)				用地面积（hm²）	建筑面积（hm²）
		现状		规划		现状		规划			
		综合	商业	综合	商业	公建	居住	公建	居住		
四级中心	转塘中心		1.5	2	2.5			60~65	15~20	168	335
	老余杭次中心（南湖新城中心）		1	1.5	2	35.70	47.52	70~75	10~15	154	230
	崇贤中心		1	1.5	2			60~65	15~20	105	157
	仁和中心		1	1.5	2			60~65	15~20	49	73
	庆春中心	2.3	3.5	3	4	53.74	26.99	50~55	25~30	119	358
	江东新城中心		1	2.5	3			60~65	15~20	432	1081
	空港新城中心		1	2.5	3			70~75	10~15	537	1343
	申花中心		2.5	2.5	3			50~55	25~30	31	77
	拱宸桥中心		3.5	3	4			50~55	25~30	16	48
	西城广场中心		1.5	2.5	3			50~55	25~30	6	15
	三化厂中心		3.5	2	3			70~75	10~15	99	197

第 10 章

多中心城市空间结构的多尺度优化策略

10.1　都市经济圈层面的策略：杭州都市经济圈为例

10.1.1　都市圈发展不均衡、强化与西部城市的功能联系

　　都市圈内区域发展不均衡，由中心城区向外，经济发展和空间开发呈现东强西弱、东快西慢的特点。杭州东部承载了城市新一轮的功能拓展，近期重点开发区域包括下沙副城、义蓬组团和钱江新城、钱江世纪城、临江新城、临平副城等各大功能区块。与此区域毗邻的绍兴地区经济发展速度很快，是杭州都市圈发展的重点区域。西部地区除了目前重点打造的城西科创产业集聚区、接近杭州市区的富阳、临安部分发展较好外，大部分地区受到杭州核心城市的辐射较小，且由于区位和自然环境的制约，经济发展水平相对滞后。而与此相连的江西、安徽地区，与浙江相比也相对发展水平较低，北部的海宁、德清则处于这两者之间。

　　因此要加强核心城市与西部的功能联系，通过交通基础设施网络能级的提升，强化西部目前较弱的发展轴，着力培育与主城紧密相连的两个辅城，疏解主城部分功能和人口，尤其是加快富阳和临安"郊县变郊区"的进程，凭借其区位优势与城镇基础，成为杭州的综合性功能辅城。将富阳和临安整合进杭州都市经济圈的紧密层，与下沙、江南和临平构成五大副中心，分工协作、各尽所能地分担杭州主城区的核心功能。东部三大副城（下沙、江南和临平）主要侧重都市产业经济发展的功能，而西部两大副城侧重生态旅游的功能，富阳副城承担都市旅游与人口扩散功能，临安副城发展生态旅游和居住功能，形成相对均衡的多中心都市区空间格局（图10-1）。

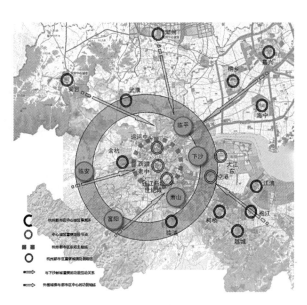

图10-1　杭州都市圈多中心结构示意

10.1.2　都市圈域功能整合，构建区域一体化的交通网络

　　都市区是一种以城市功能地区为主体的区域城市群组织方式，是经济发达地区随城市化推进而在地域上形成联系密切、功能互补、设施共享、社会联系密切的城乡一体化区域，其发达的快速交通网是其最重要的空间支撑系统。都市区可以超越行政区域，以经济区与社会联系为原则组织城市与产业布局、人口分布，在城市密集区及环杭州湾大型工业基地密集分布的背景下，以都市圈空间统筹城市与新产业基地可以解决实施与建设中诸多矛盾，达到行政区域服从经济区域，"大市"规划、"小市"开发，区域性共建等多种矛盾的协调解决。因此，对于杭州都市经济圈内部的多中心体系的功能定位，要从都市圈整体去考虑，如对于萧山、下沙的功能定位和空间组织要考虑周边绍兴、海宁和桐乡的关系。

　　同时，城市间的一体化交通网络是都市圈形成的关键。杭州都市圈中的跨区域重要交通干线已经形成，但大量分散的支路系统仍很不完善，还有车辆过境收费、公交落后等制约着了都市经济圈的融合发展进程。未来应以基础设施建设一体化为规划重点，通过实施运河通道工程、杭甬运河改造、杭甬沪杭高速公路拓宽等途径，加快完善城市经济圈内部的快速交通系统，并开通城际公交线路乃至快速城际轨道交通，在此基础上逐步形成跨区域公共交通系统，实现都市圈区域交通的一体化发展。

10.1.3　都市圈协同化发展，建立跨区域协调平台与机制

　　当前制约区域规划实施效果的表象体现在规划矛盾、难以落实、各自为政等现象上，其实质是地区的利益冲突。不同空间尺度、不同类型的政府开发行为反映了不同层级政府及其职能部门的利益诉求，在总体规划编制过程中应构建一个地区利益表达、沟通和协调的平台，推动各级主体伙伴关系的形成。不仅要充分吸纳各相关部门专项规划的成果，更要为各类规划提供一个交流、对话和整合的过程和平台，从中诊断规划间相互抵触和矛盾的地方，从而兼顾不同政府部门之间的利益（吴一洲 等，2009c）。同时，鉴于当前国内的决策机制特征，对于规划编制过程中的协调层面，必须跳出规划建设部门的局限，建议直接将各行政区域内最高一级的决策机构纳入到协调平台和行动机制中。

　　杭州都市经济圈的构建已实施多年，但与绍兴、嘉兴、湖州的合作方面仍未取得突破性进展。周边县市为寻求更高的发展平台，已将一些龙头企业的总部、研发、销售等部门迁往杭州。但阻碍经济要素流通的壁垒依旧存在，来自杭州和各个县市，来自政府和电信、金融等垄断部门。因此，这些障碍的消除必须要依靠各地政府和相关部门的协调和联合行动（胡杨 等，2009）。应建立都市经济圈的协作框架，建立合作领域，由政府搭建平台，促进企业跨区域投资，带动都市圈区域经济与功能空间一体化发展。

10.2　多中心都市区层面的策略：杭州主城区为例

10.2.1　融入区域经济主流向：强化"东西向"区内轴线，提升"南北向"区域轴线

　　从过去近10年的人口分布变化和城市空间拓展速度看，杭州东西向廊道内的功能节点（城西科创产业集聚区、大城西居住片区、东站改造区块、下沙新城、大江东新城等）发展速度明显快于南北向廊道的发展，但支撑其发展的快速交通建设却相对于南北向快速交通建设（中河高架、秋石高架等）显得滞后。东西向廊道的建设促进了人口的东西向迁移，城西居住区规模快速提升，环境品质得到显著改变；城东九堡、下沙人口集聚速度加快，功能不断完善；使得城市内部人口和产业得到疏解；但一方面，除了中河高架外，东西向交通仍一直是杭州交通问题的难点。东西向发展轴的快速增长有其客观原因：其一是地理条件原因，城西的环境优势有利于居住，城东的土地资源优势有利于产业生长；其二是体制原因，杭

州南北部的余杭和萧山区虽在行政区划上划归杭州，但行政体制和行动机制上仍与杭州主城有一定程度的分离，因此东西向空间作为市本级区域的主体，加快城西和城东是提升发展效率的首选。另一条东西向的轴线是沿钱塘江发展轴线，市政府在沿江规划了十大新城的重大项目，意将引导城市向跨江发展，促进钱塘江两岸的开发建设。

国内外多中心都市区经历了"单中心集聚→单个城市的多中心分化（PC）

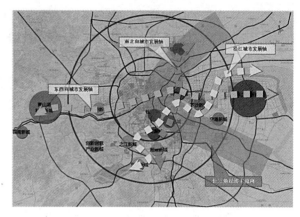

图10-2　杭州都市区主要发展轴线示意

→多个多中心城市的区域一体化（PUR）"的发展过程后，空间形态都会呈现"圈层+轴带"的结构，圈层是人口与产业的分布梯度，轴带则是在区域经济主流向和重大交通基础设施的影响下，在圈层内部的中心呈现不均衡的发展格局，位于区域经济主流上的城市中心会承担更多的经济发展职能，其规模和等级也会相应高于其他都市中心。目前，长三角的沪杭甬经济主流向十分明显，随着东湖路、沪杭甬高速二通道、九堡大桥和下沙大桥的建设，杭州三大副城将实现南北向的互通，因此可以判断未来10年，杭州南北向的轴线将会是发展的新重点。东西向和沿江发展轴将分别承担都市区内功能组织和生态廊道的职能，而南北向轴线则有条件承担区域经济联系和都市经济重心的职能（图10-2）。

10.2.2　形成垂直与水平分工相结合的带状多中心城市区域（PUR）结构

在快速规模扩展与剧烈的结构调整时期，及时引导杭州都市圈由目前"一主三副六主团"的核心圈层结构向以环杭州湾区域经济主流向为导向的带状多中心结构转变，必将对杭州都市圈的空间发展产生重大的战略意义。具体做法建议：①在发展方向与形态上，尝试借鉴巴黎大都市圈的线形"TOD"紧凑发展模式，使杭州城市发展沿长三角、环杭州湾等区域性大运量交通线路选择结构轴线和节点，通过密集的、高强度的开发和混合土地利用措施，重组交通系统，减少交通出行需求，引导整个区域可持续发展；②在圈域结构与功能组织上，应该广泛采用"相对集中的分散"策略，建立反磁力体系，加快培育外围次级中心，使其功能集中并与交通和发展走廊相连接，建立起垂直与水平分工相结合的中心网络及其功能体系；三是在空间模式组织和战略选择上，强调高层、高密度的再开发，倡导综合开发的新城和住区以及重组的公共空间，以缩短通勤距离，提高服务和设施的可达性（吴一洲 等，2009a）。

新一轮杭州都市区规划的核心概念是"激活外围中心、创造均衡多中心"，以建设"圈层+轴带的环杭州湾都市密集区"作为杭州都市区空间布局的基本立足点。一方面应将新城建设和近郊空间重组成为杭州都市圈空间调整的重点；另一方面应更强调不同层次城市极核在规模、功能和区位上的多样性及相互之间的联系与协作，以此作为加强区域整体性的重要手段（吴一洲 等，2009b）。从大都市区域层面看，杭州都市区将呈现垂直与水平分工相结合的体系：垂直分工指主中心（杭州主城）是最高端的都市综合服务中心（服务整个杭州都市经济圈），而临平、下沙、江南3个副城等是次一级的服务中心，在具备完善的基本服务功能体系的基础上，在服务的规模和档次上与主城将会有明显的差距；水平分工则指不同中心的专业化方向不同，如下沙新城主要为先进制造业主导的新城，而江南城则是高新技术产业主导的副城，而老余杭的城西科创产业集聚区则是科研创新孵化功能主导的西部新中心等。

10.2.3　培育东西部两翼新产业极核，建立各组团专业化"反磁力"体系

区域竞争力越来越表现为城市群或城市网络的竞争力，杭州都市区的三副和六组团作为都市核心区功能扩散的前沿接纳区，只有通过更大范围的产业结构调整、空间资源整合和发展形态的引导、融入完整的都市区经济流动和职能分工，才能实现从封闭有限发展走向区域竞合持续发展（吴一洲 等，2010a）。随着组团规模的不断成长与功能的不断完善，要逐步提升大江东新城作为制造业增长极，以及余杭组团作为科创产业增长极，这东西两大组团，其发展和规划理念应由"组团"转向"新城"，追求更高一级的发展目标。

未来的重点要从主城转向外围，促进"三副六组团"早日形成多个与中心城市引力相抗衡的反磁力中心，形成均衡的网络化"磁力体系"。目前临平、下沙和江南城已经形成规模，余杭组团和义蓬组团规模快速提升，但这些外围中心的土地利用形态呈空间跳跃式发展，作为大都市成长圈除发展专业化的产业功能外，还应注重社会型与消费型服务体系的完善，创造人才与人口集聚环境，作为"移民"新区，长期以来重生产、轻生活，外围中心活力受到影响，许多社会服务体系与设施规划，尤其是文化方面的服务设施建设呈陪衬性、补充性和边缘性发展（吴一洲 等，2010a）。此外，外围组团的人口构成特殊，年轻化、受教育和就业层次较低，且远离家乡、社交圈小、文化差异等因素使这些务工者与城市产生心理上的隔阂，且适应这些特殊人口的公共文化设施尚不完善，也导致其缺乏主动进行文化消费的动力（翟坤 等，2011）。因此，副城和外围组团应提高这两大与居民和企业工人密切相关的服务体系供应量、分布均衡性和服务水平，改善对中心城区的过度依赖，活化提升区域吸引力，使之真正发挥杭州大都市区"反磁力中心"的作用，共同形成对比均衡、梯度协调的功能和用地规模等级体系。在功能空间配置方面，可借鉴日本都市生活圈的层次体系配置业态，倡导"以人为中心"的公共服务供给模式（表10-1）。

都市生活圈划分及公共服务设施配套标准　　　　表10-1

划分尺度	居民点基本生活圈	一次生活圈	二次生活圈	都市生活圈
空间界限	最大半径1km 最佳半径500m	最大半径3km 最佳半径1.5km	最大半径4km 最佳半径3km	15~20km
界定依据	以幼儿、老人徒步时间10~15分钟为界限	以小学生徒步时间半小时为界限、低年级学生以4km为界限	以中学生以上徒步时间半小时、自行车30分钟为界限	以机动车行驶时间30分钟为界限
人口	500~1500人	4000~5000人	1万人以上	3万人以上

续表

划分尺度	居民点基本生活圈	一次生活圈	二次生活圈	都市生活圈
业态配置标准	儿童活动场、健身场地、文化活动室、老年活动室、居委会、小型运动场地、物业管理、家政服务、便利店、早餐供应点、回收站、其他街坊级服务业态等，尽量沿居住区周边或内部街道模式	设置初中、小学、幼儿园等基本教育机构，结合集中绿地布置基本的文化体育设施、管理设施和服务业态，如公共活动站、托老所、室外大型球场、文化广场、卫生服务点、商业餐饮业态包括菜市场、超市、餐饮（提供为老年人送餐上门的服务）等，尽量在小区中心的街坊成片组织或沿城市支路成街布置	中学、商场、大型超市、福利院、社区服务中心、公共医疗、康体服务中心、银行营业所、邮局、餐饮、专业商场、卫生服务中心、综合体育场、社区文化活动中心、综合健身馆、游泳池、证券营业所、保险营业所、行政管理、公交车首末站、其他服务业态，尽量在居住区中心的1~2个街坊内成片组织	融入城市整体功能体系，按照城市的标准进行配置

表格来源：作者根据《基于生活圈的城乡公共服务设施配置研究——以仙桃为例》（朱查松 等，2010）绘制

10.3　都市核心区层面的策略：杭州城市核心区为例

10.3.1　打造专业化复合型区块、改善商务办公环境品质

向"主导功能专业化，服务体系复合型"发展。根据区位熵的计算结果，杭州核心区内部目前已经出现了功能专业化的趋势，但仍处于初级阶段，当前从区域建设角度讲，需要向打造专业化复合型区块的目标进行发展。专业化是指不同的产业需要不同的发展环境，如科研创意产业需要靠近文教功能集中的区域，同时也要求有较好的自然环境品质，因而在城西和滨江区域是其集聚的最佳区域；同理，商务办公、批发零售等也都需要相应的合适的区位进行对应；因而，在区块的主导功能定位上要根据产业的不同需求，引导其专业化集聚。而复合型则是指每个区块在专业化功能以外，其余与生活与工作日程使用需求的配套服务要齐全，前者是指特色化服务，而后者则是指基础性服务，从两个方面全面提升商务办公环境品质（图10-3）。

构建多元需求的消费性和社会性服务业态。

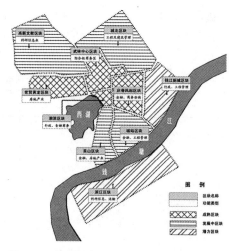

图10-3　杭州都市核心区专业化功能区块示意

为不同知识水平、不同消费能力和生活体验的人提供多元化的基础性服务，如为外籍居民提供国际社交场所、外国语小学、国际化医院等，这也是杭州都市功能国际化的必然要求。以马斯洛需求层次理论、年龄梯度和职业梯度特征为依据，细化杭州各区块中心的消费性和社会性服务模式（表10-2）（朱雁，2013）。

消费性和社会性服务业态提升导向　　　　　　　表10-2

地域划分	都市外圈层、副中心远郊区、各类新建开发区、外围组团郊区	都市中圈层、副中心近郊区、外围组团核心区	都市核心区、副中心核心区
批发零售	便利店、农贸市场、量贩中心	超市、商业街、大型商场	咖啡厅、酒吧、购物中心、大型超市、商业街、主题商店
旅馆住宿	宿舍、招待所	宾馆、公寓式酒店、连锁酒店	高档宾馆、融合的社区、公寓式酒店、连锁酒店
餐饮服务	饭店、食堂餐厅	特色餐馆	高档酒店、特色美食街
医疗健康	医院、卫生所等	综合性医院、社区卫生院	大型医院、专科医院、私人诊所、心理咨询所
教育培训	幼儿园、小学	小学、幼儿园、中学、培训学校、培训班	国际学校、初中、高中、社区学校、高校、专业培训中心
文化娱乐	报刊亭、网吧、棋牌	茶楼、电影院、图书馆	俱乐部、主题休闲吧、私人会所、社区活动室、老年活动室、文化中心
体育休闲	篮球场、街头绿地	户外健身场地、室内健身室、社区公园	开放式体育公园、专类公园、综合性公园、大学健身中心
业态需求等级	基本需求型	中等需求型	高档需求型

（业态类型为前7行左侧纵列分类）

10.3.2　加强土地混合开发利用、提升各级中心活力水平

加强各级中心的土地混合开放利用程度，促进区块整体活力提升。居住、办公以及服务的平衡和融合是集聚人口的主要途径之一，城市中心体系必须为实现这种融合创造条件。新城混合功能中心是多功能的重要区域，这些中心包括邻里、社区和片区的核心，它们是整个地方和区域的节点，它们把街区、社区联合起来成为城市甚至是区域的社会和经济构件。这些中心在功能上必然是混合的，如包括不同规模的住宅、商业设施、娱乐休闲设施、市政设施等。这个中心系统级别从小到大提供着从零售到工作等的多层次、不同规模的服务。中心区域是功能最复杂、布局最紧凑、密度最高的，更依赖于步行与公共交通。街区的经济结构越复杂，越能容纳就业、教育、休闲、购物等多种功能，就能创造更好的交流环境，这样可以使该区块安全而有活力，就越有可能创造一个社会氛围和谐和适于居住的环境（图10-4）。

通过邻里整合、商住混合、公共空间过渡，促进区块内部空间优化。邻里尺度上的微观视角和区域乃至广域尺度上的宏观视野的融合，有助于很多问题的解决，尤其从空间优化的角度在微观尺度上对问题予以破解。以社区空间为例，为消除各阶层之间的隔阂和冷漠，增

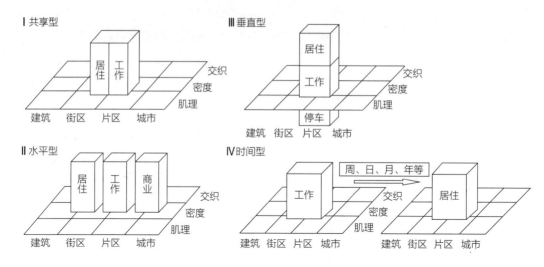

图10-4　土地混合利用类型的概念模型

加社会的和谐气氛，采用"商住混合"和"多阶层融合"的混合型空间优化模式，有助于营造出公平、融洽的生活氛围。所谓"商住混合"，即鼓励在商店上层开发住宅，以增加商业人气和生活便捷度；所谓"多阶层融合"，即将高密度住宅区块和中密度住宅区块结合布置，通过公共空间让毗邻的多阶层居民有相互交流的机会，增进彼此了解和沟通、消除社会隔离，促进社会公平与和谐发展。以街区空间为例，将公共活动空间作为交通和生活的过渡，使空间层次更为完整，通过融合的小尺度空间使可达性提高，尤其加入半私密与半开放空间，使生活空间更加舒适（图10-5）。

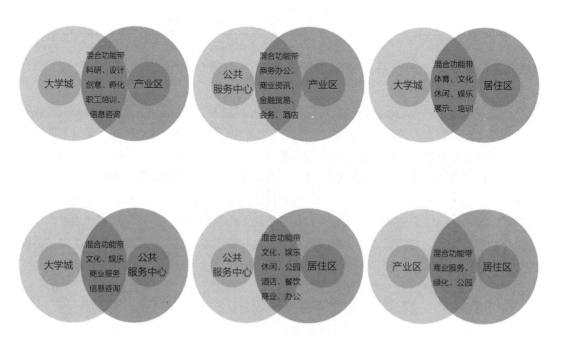

图10-5　土地混合用途开发策略的概念模型

10.3.3　配合快速交通组织空间、打造多层次网络化交通

杭州城市中心区是典型的"宽马路—稀路网—大街区"的等级路网体系，而这种路网体系并不适合生活和办公功能的发展，并容易造成交通拥堵。需要通过网络化的交通链接，在"高速路、城市快速路、一级主干路、二级主干路、次干路和支路"的六级结构框架体系下，随着区块更新和建设，适时规划开通相应的公交线路；而公交站点和班车线路还应结合地铁站点设置，以形成"地铁—公交—班车—自行车/电动车—步行"相结合的通勤网络，实现核心区内部运行效率的提升。未来的交通组织结构应由轨道交通和常规地面公交系统组成，除此之外则应以邻里范围内的非机动车交通（公共自行车/自行车、电动车）和慢行系统为主，将核心区各中心所在的功能区块结构与交通组织网络在层次上形成良好对应性，两种组织结构形成紧密的耦合关系。居住在邻里单元内的居民通过步行能够到达片区功能中心，在片区功能中心可以搭乘地铁或公交到达其余各中心，使功能中心和交通节点层次有序地组合在一起，以此通过提高到杭州都市区其他中心的时空可达性来提升新城运行效率，降低空间联系成本（图10-6）。

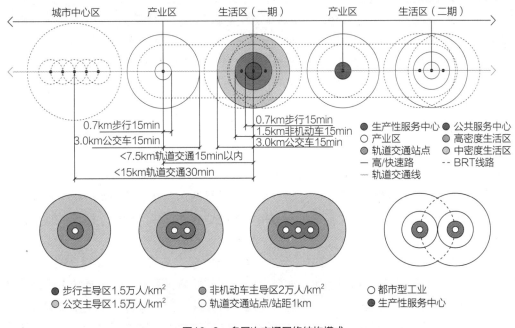

图10-6　多层次交通网络结构模式

10.4　城市新主中心功能优化策略：宁波东部新城为例

10.4.1　国内外城市中心的基本特征

（1）特色鲜明的产业集群。国内外先进案例表明，各地发展CBD都会结合实际，突出打造特色产业集群。如，巴黎德方斯主要发展以旅游为龙头、金融商务功能相配套的产业链条；芝加哥卢普区在商务办公的基础上，注重发展零售业和教育产业；北京CBD以金融业

为核心。总体上，国外城市的CBD建设更注重产业链的形成和发展，更突出特色产业的打造，在产业系统性等方面要优于国内。

（2）适度多样的功能体系。城市核心区的建设发展，大多是从商业功能发展到商业、办公、居住等功能的混合，进而实现整体功能的升级，并向综合化、生态化发展。如，纽约曼哈顿、巴黎德方斯和东京新宿，既是成熟的商务活动中心区，又是吸引游客的旅游区；芝加哥卢普区集居住、办公、零售、文教、医疗等功能于一体。核心区还需要有充分的产业支撑和群体辅助，住宅、办公、商业面积配比合理、配套完善。如，日本新宿的住宅、办公和商业结构配比为5∶5∶2，上海浦东新城为5∶7∶2，深圳福田新城为7∶6∶2。

（3）科学合理的开发时序。科学合理的开发时序在一定程度上影响着新城建设能否取得成功。从国内新城建设的成功经验来看，大多坚持基础设施先行，住宅建设在先期启动，配套市政和交通同步开发，大型商业、写字楼、酒店等在中后期开发，空间上从现状建成区向内扩展等。如，深圳福田新城的空间次序是"外围→内核"，功能次序是"居住→办公→商业"，并同步建设地铁和公交系统；广州珠江新城的空间次序是"CBD核心→四周"，功能次序是"居住办公→商业"。

（4）历史生态的环境建设。城市核心区作为展示城市形象的重要窗口，建设过程中都高度重视生态环境与历史文脉的融合，突出城市有机更新和历史轮廓保护，着力实现人文特色与自然生态环境和谐发展、传统与现代化建设融合发展，从而提升城区品质特色和综合竞争力。如，巴黎德方斯生态环境的成功运作造就了其国际性CBD的地位，绿化面积达到了25hm^2；深圳福田新城完整保留了20世纪80年代后期的一批老工业区，较好地延续了历史脉络和特色。

（5）便捷完善的交通设施。交通设施是新城至关重要的发展元素，国内外新城的发展壮大都依托发达的交通网络、便捷的公交系统和配套的停车位等静态交通，尤其是优先发展轨道交通，注重人车分流。如，巴黎德方斯的交通系统实行彻底的人车分离，并利用地下空间建成了欧洲最大的换乘中心；曼哈顿岛地铁系统四通八达，且24小时运行；东京新宿共有10条地铁线经过；香港大多通过走廊和地下通道将办公楼、酒店、商场以及地铁出口连接起来。

（6）合理开发的地下空间。由于核心区土地成本比较高，各地都十分重视合理、适度、有序推进地下空间资源开发利用。如，加拿大蒙特利尔建有世界最大、最具特色的地下商城；北京CBD开发了多层地下空间，由地下一层人行和地下二层车行两个子系统组成，并与街道层面的活动场所设计相结合；钱江新城专门制定了地下空间控制性规划，地下总建筑面积近260万m^2，形成了集商业、文化娱乐、交通疏散、停车、人防等设施和设备用房为一体的综合性开发区域，很多方面在全国领先。

（7）强力有效的政府行为。一个成功的新城建设，需要有效的政府行为和有效的市场机制相结合，通过有效的市场机制扩大政府行为的作用和影响，通过有效的政府行为使市场机制运行更加高效。政府行为主要体现在规划控制、政策倾斜、基础设施建设、服务保障等方面，以加速形成城市核心功能。如，伦敦多克兰通过政府加强控制，缓解了城市景观持续破坏、公共设施建设滞后等问题；韩国世宗市迁都有完备的、多层级的行政体系作支撑；杭州为推进钱江新城建设，先后出台了一系列专项性扶持政策。

10.4.2　宁波东部新城功能优化策略

（1）聚焦策略：整合力量资源形成新城集聚效应。要进一步提高对开发建设东部新城重要性的认识，真正汇集全市之力、集聚全市优势资源要素，加快东部新城建设发展，切实形成聚焦之势和强大合力。要强化东部新城建设的优先地位，充分发挥有效的政府行为和有效的市场行为两个作用，在政策扶持和优质资源要素集聚等方面首优考虑东部新城，对事关核心功能的一些重点企业和重要产业出台"排他性"的政策措施，全力打造都市核心区和区域经济增长极。要坚持速度、质量、效益并重，认真研究解决东部新城建设发展中的困难和问题，切实保护好各方利益。

（2）率先策略：坚持先行先试发挥引领带动作用。东部新城作为城市核心功能区，要率先形成高端服务业集聚效应，率先打造新兴产业发展平台，在辐射带动力等方面做到全市领先。加快推进人才、资金、企业、技术、政策等高端资源要素引入工作，在三大核心产业等方面形成绝对优势、打造特色亮点。可借鉴黄浦区等地应对上海自贸区设立的策略和经验，在产业发展、功能形成和政策扶持等方面，鼓励东部新城先行先试，形成一些可以在全市"先复制、先推广"的经验，全面提升新城的区域竞争力。

（3）链式策略：推动产城融合提升产业链竞争力。产业链竞争是当前区域竞争的主要模式。对外，要加快东部新城现代服务业与周边传统产业、创新要素的优质资源整合，依托自身在区位、定位、政策等方面的优势，引入高端产业、高端人才、龙头企业、总部经济，集聚一批以金融、航运、贸易会展、创新研发等产业为主的高能级服务机构，填补产业链上游的资源不足，推动城市经济发展向产业链模式转型。对内，要加强产业联动、产城融合，建立以金融为核心的产业联动发展机制，促进"三大中心"与产业链上下游功能协同发展，整体提升新城核心功能的集聚辐射效应。

（4）创新策略：强化创新驱动加快经济转型升级。深入推进创新驱动转型发展，始终坚持人才第一资源、科技第一生产力、创新第一驱动力，以产业创新为重点，以科技应用为关键，以人才智力为支撑，大力推进理念思路创新、体制机制创新、技术创新和经营模式创新等全方位创新，切实增强创新对转型发展的推动作用。抓住新材料城建设的契机，推进新材料城与东部新城之间的资源共享互补和产业互动，推动新城现代服务业提质增效。鼓励创新型企业和产业发展，建立科技研发创新平台，扶持新产品研发、孵化、投产及入市，促进创新要素向新城集聚，提高新城核心平台的创新能力。

（5）协同策略：加强区域统筹实现整体协同发展。坚持通盘考虑、统筹安排，以东部新城核心功能建设为重点，统筹推动功能区块发展，注重从各方利益的最佳结合点出发去考虑问题、部署工作，加快推进重点难点问题解决。建立健全市、区、指挥部之间的衔接沟通和协同机制，按照责、权、利对等和属地管理原则，明确各自职责和任务，强化有效沟通和密切协作，提高工作效能。尤其在招商选资方面，要加强联合协作，避免或减少内耗性竞争，通过联合引进知名大企业、大集团等优质资源，大力强化核心功能集聚，努力实现建设的形象进度与功能品质同步提升。

10.4.3　宁波东部新城功能优化路径

1．举全市之力加快东部新城建设发展

顶层设计和城市规划要重点突出东部新城。把东部新城作为推进转型升级、强化创新驱动的最大平台，作为全市促进服务经济发展的最大阵地，在宁波城市规划修编和新一轮城市建设中，予以重点倾斜和保障，推进城市建设真正从注重外延发展、量的扩张转变到内涵发展、质的提升上来。突破行政区划限制，强化区域统筹和规划引领，站在全市、全省乃至长三角范围明确大东部地区的功能定位、加快建设发展，在更大范围内确立东部新城核心地位、突出作用发挥。结合最新修订的《宁波城市总体规划（2004—2020年）》，统筹推进大东部地区的区域总规、产业布局、公共交通等专项规划修编。加强各区块的规划衔接，构建"北靠材料科技城、中依东部新城、南联东钱湖"的区域功能结构，建立以东部新城为核心、各板块联动发展的区域经济体系，形成由外向内、从低端转向高端的产业链和城市空间结构。探索推进区域内土地、产权、技术、资金与劳动力市场一体化发展，建立利益共享机制，更好地促进产业发展与区域合作。

市域统筹和区块发展要重点强调东部新城。进一步加大对东部新城建设的引导支持力度，通过标准化和差异化的定位强化核心功能，增强新城的辐射带动效应。一方面，利用标准化的产业准入门槛，如行业归属、规模大小、创新能力等，确保东部新城在做强"三大中心"平台、强化核心功能、集聚高端产业等方面的绝对优势，改变"摊大饼""撒胡椒粉"式发展思路。另一方面，强化各区块统筹协调发展，立足各区块实际优化市域资源配置，避免资源内耗和恶性竞争。业态定位上突出错位发展，既要与老三江片核心区错位，在国际化程度上保持领先，在建筑景观、商业商务及其功能培育等方面寻求差异化，又要与其他区块错位发展，切实突出东部新城的核心地位和作用。

政策扶持和资源要素要重点保障东部新城。注重发挥政府行为在东部新城建设中的重要作用，加大政策扶持力度，促进人才流、物流、资金流、信息流加速向东部新城集聚，提升新城的吸引力和竞争力。加快制定推进新城现代服务业发展的总体政策，出台行业准入、产业发展、财政税收、服务管理和人才培养引进等专项政策，提升东部新城的比较优势。如，实行有针对性的产业补贴补助政策，出台以三大核心产业、龙头企业和新兴产业为主的专项扶持政策，优化出口退税财政补贴机制，鼓励做大对外贸易规模等。优化封闭运行项目的财政支出比例，市财政在拨付给封闭运行平台的基础上，应将适当比例拨付所在地的区级政府，用于新城的运营管理和服务，减少区级政府在这方面的财政支出。

2．强化"三大中心"集聚辐射效应

做强金融服务功能。推进"三大中心"协调发展，以"强化中心互动、促进优势叠加"为主要方向，强化三大核心平台建设，建立以金融服务为核心的产业联动机制，进一步增强金融中心对航运中心、会展中心发展的服务功能。着力打造金融服务集群，抢抓宁波建设区域金融中心机遇，大力引进金融法人机构，重点引进非银行金融机构，不断做大金融资源总量，创新金融产品，优化金融服务，发展股权投资、保险公估等新金融，促进港口金融、航运金融、物流金融、会展金融、文化金融、科技金融等产业金融发展，努力建设全市资产管理、资本运营和金融专业服务中心，更好地发挥金融对经济社会发展的支撑和保障作用。

加快会展贸易发展。强化区域性国际会展中心建设，坚持"市场化、专业化、品牌化、国际化"发展方向，大力引进国际大型展会，着力培育一批外向关联度高、区域辐射较强的实效型品牌会展项目，加大招展引会力度，积极争取承办一批国际性、专业性的展览和会议；进一步创新会展业态和形式，重点发展展贸经济，创新发展节会经济，完善信息服务平台，提升会展现代化水平。加快国际贸易展览中心拓展区建设，加大对贸易企业的培育引进和贸易产品的宣传推介，着力培育一批集国际贸易、国内贸易于一体的综合性贸易企业，引导企业做大做强。着力提升贸易便利化水平，进一步提高通关、报检、退税等各环节的工作效率。

提升航运服务能级。依托国际航运服务中心，加快构建"三位一体"港航物流服务体系，着力推进港航服务业集聚区和"无水港"建设，大力发展航运交易、航运经纪、航运咨询与技术服务等高端航运服务企业，吸引高端航运要素集聚，延伸航运服务产业链，抢占海洋经济发展制高点。培育强化港口服务、港口联盟、港口技术、资源配置中心等功能，推动港口转型发展。加快宁波航运交易所建设，积极发展船舶修造、检验、交易、租赁、代理等配套服务，推动形成有影响力的航运信息、航运交易、航运服务平台。加强航运人才建设，打造国际化、专业化高级港航人才培训基地。引入大宗散货交易平台，做大做强针对矿石、液化品等大宗商品为重点的贸易物流体系。

3. 增强新城产业特色和发展动力

加快推进产业创新。在经济学理论中，区域生产效率的提升，主要取决于三大关键要素，即资本、劳动力和技术创新，因而作为未来宁波增长极的东部新城，只有持续的产业创新才能保证其长期发展的源源动力。主动抢抓新一轮以高端服务业为主要内容的国际及长三角区际产业转移的发展机遇，加大东部新城创新发展力度，积极向国际产业链分工的高端环节推进，加快制造业和服务业的国际化进程，培育形成一批具有国际竞争力的主导产业、新兴产业和优势企业项目。推动科技与产业结合，加快形成以现代服务业为引领的产业体系，推动现代服务业集群发展，以做强"三大中心"功能为重点，统筹推进文化创意和中介服务、商务服务等专业服务业集群发展，加快发展海洋科技、信息服务等新兴业态，努力打造新的经济增长点和支撑点。突出会展带动和商旅联动，有效提升东部新城酒店餐饮、百货超市、旅游娱乐、商贸批发等行业发展水平。优化产业组织形态，鼓励企业通过发展战略联盟、企业集团和社会网络等形式，更好地整合外部资源，提高资源配置效率，增强竞争优势。大力发展电子商务，重点发展大宗商品交易、跨境贸易等国际化的电商平台，加快培育引进一批商贸消费、配套服务等电商骨干企业，努力打造城市经济转型升级新引擎。

突出创新群体建设。积极引导创新资源向企业汇聚，加快形成以企业为主体、市场为导向、产学研用相结合的创新体系，将目前分散的企业研发部门、高校、科研院所和知名咨询机构整合起来，形成创新网络，最大限度地激发创新活力和创业激情。突出企业创新主体地位，增强企业创新意识，鼓励企业借助宁波新材料科技城等平台，主动链接全球创新资源，加大创新力度，促进人才、技术等创新要素向企业集聚，推动企业成为创新决策、研发投入、科研组织和成果转化应用的主体。大力培育和发展科技型企业，坚持选资与引智相结合，加大东部新城科技招商力度，建立科技型企业专业化服务平台，培育形成技术领先、竞争力强的创新型梯队企业群。着力提高企业创新能力，引导企业制定创新发展战略，明确创新转型的定位、方向和措施，鼓励企业通过引进先进技术等多种途径提高创新能力和水平。实施企业上市三年行动计划，鼎力扶持上市梯队，支持企业挂牌"新三板"，不断提升企业的素质和实力。

着力构筑创新平台。东部新城作为一个新的发展起点，发挥企业的创新主体作用是增强自主创新力的核心，而完善公共服务平台，建构优势互补的区域创新体系是关键（阮重晖 等，2006）。积极搭建面向企业的公共服务平台、产业创新平台和金融支撑平台，强化服务与对接功能，发挥市场在资源配置中的主导地位，更好地集聚创新要素、激活创新资源、转化创新成果（张绘薇 等，2013）。打造产业联盟创新平台，鼓励企业组建各类创新联盟、技术研发联盟、市场联盟和服务联盟，增强产业集群联动效应，提升产业核心竞争力。打造科技金融创新平台，强化科技金融支撑，推进科技、金融与产业结合，充分发挥金融推动创新的杠杆作用。打造公共服务创新平台，完善创新成果转化、产学研合作、展示交易和行业信息共享服务等平台，提升平台运营质量，进一步放大综合服务效应。打造文化创新平台，以宁波文化广场为支撑，着力打造集国际性、文化性、互动性于一体的文化创新平台，集聚发展一批广告制作、影视制作、平面媒体、网络媒体等优势文化企业，建设符合城市特色、富有时代气息、最具发展活力的文化产业示范区，成为具有国际影响力的宁波现代文化传播中心。

4. 多措并举激发新城人气商气

加快开发建设进度提升人气商气。激发人气商气，关键在于东部新城开发建设的全面提速和提升，营造环境优势。认真落实市委市政府经济社会转型升级三年行动计划和重大项目建设行动计划，切实加快东部新城开发建设进度，力争经过3年的开发，全面建成核心区，全面启动东片区。一方面，要切实加快重点功能性项目建设，按照"建成投产一批、加速推进一批、开工建设一批、有效储备一批"的要求，确保环球航运广场等项目建成投用、中国银行总部等项目加快推进、图书馆等项目开工建设，着力形成梯度培育、滚动开发的良好局面。另一方面，要抓紧实施公建项目，加快推进生态走廊二期、市民广场、中央广场等项目，开工建设中山东路延伸段等项目，着力提升新城综合环境、完善区域功能，促进人气提升和商气集聚。

优先导入公共服务集聚人气商气。人气集聚需要相应的载体，公共性越高，则需求群体的规模越大，要加强具有广泛公共性产品的供给规模，应认真学习借鉴广州、苏州等城市新区集聚人气的成功经验，强化新城优质公共服务资源引入，抓紧抓好教育、医疗、文化配套设施建设，加快建设B4地块配套小学、高级中学、特色医院、市图书馆等项目，进一步优化公共服务环境，加快集聚新城人气。同时，在市行政服务中心搬入的基础上，大力推动市级其他公共服务机构入驻，切实为群众提供高效、便捷的服务。优化新城居住和服务功能，适当增加新城居住用地比例，加快推进商品住房开发，同步考虑有关安置房和保障性住房建设，着力打造与新城相适应的精品社区和宜居环境，引导新老市民到新城居住，吸引人口向新城集聚。完善新城基础配套设施，进一步优化东部新城道路系统，对世纪大道、通途路进行快速化改造，畅通东部新城与周边区域的交通路网；提高轨道交通覆盖面，增加经过新城的轨道交通线，科学谋划站点布局；优先发展城市公共交通，健全公交系统与公共自行车系统，增加新城公交线路、延长运行时间，更好地满足市民出行。同时，提供更多日常和夜间的休闲选择，尽可能避免人们仅在节假日将此大型公共空间作为去处，增加其融入市民日常生活的程度，为24小时活力空间的营造和持续使用提供更多的机会，促使新城空间、功能与人气三者之间形成正面乘数效应。

做强楼宇经济和总部经济带动人气商气。发展楼宇经济、总部经济，对于东部新城集聚经济要素、提升内涵发展、强化核心功能、带动新城人气商气等具有十分重要的作用。深入实施楼宇经济、总部经济新一轮发展行动计划，健全工作机制、扶持政策和服务体系，努力打造全市楼宇经济发展引领区和总部经济集聚示范区。按照"用好增量、盘活存量、去化总量"的要求，加大东部新城商务楼宇推介力度，打造更多的精品楼宇、特色楼宇。加强对东部新城楼宇经济发展的规划指导和政策引导，重点加大对龙头企业、重点项目的规划指导力度，加快推进重点楼宇建设，着力打造一批绿色人性化的国际甲级写字楼，提高楼宇市场竞争力，更好地驱动总部经济发展。促进总部经济扩量提质，大力实施总部梯队培育、总部创新发展、总部载体打造、总部要素保障等工程，积极吸引跨国公司和国内知名大企业在东部新城设立区域性总部、职能性总部和分支机构，大力引进浙江乃至长三角大中型民营企业总部。

优化商业商务环境吸引人气商气。坚持把现代商贸业发展摆在突出位置，统筹推进门户区等大型城市综合体和特色街区建设，积极促进信息消费、健康消费等新型消费业态发展，大力发展连锁化经营、体验式购物等附加值高、集聚能力强的新型商业业态，积极打造现代商贸集群。完善东部新城商贸结构，以引入著名高端特色品牌、打造时尚精品仓为重点，以旅游、健身、电影等休闲娱乐和特色餐饮、文化等产业为配套，健全一站式的多元消费服务体系，着力打造区域性商业中心，有效吸引市民到东部新城购物消费。积极谋划东部新城地铁上盖物业的商业开发，商业规划应先于建筑规划，充分考虑东部新城商业定位和商业面积大等特点，切实把招商工作做早、做实、做好，避免出现恶性竞争的被动局面。通过旅游产品、品牌商务论坛、总部峰会、时尚产品发布、创意产品展会等形式，在这些领域中固定一两个特色展会，成为新城每年的特色，为新城内的企业和高端人士提供交流的平台，促进企业合作共赢，充分发挥会展、旅游对人气商气的集聚、吸附和辐射作用。

5. 提升新城区位价值和形象品牌

着力打造现代都市的形象窗口。加快推进门户区、城市之光等城市综合体建设，加强建筑的形象设计，及早谋划后期广告植入与标识设计等细节，建成一批具有时代感、标志性、独创性的新地标，提升新城形象品位。结合东部新城开发建设前期征地拆迁成本高、历时长等实际，有倾向性地先期引进一些开发周期短、出形象效益快的精品型特色型项目，促进东部新城早出形象、早出效益。结合东部新城水系和绿地空间比较丰富的实际，科学编制"蓝绿"专项规划，抓好"五水共治"，加强内河规划设计和沿岸景观改造提升，打造生态绿色长廊；结合明湖公园、中央商务公园、生态走廊等建设改造，因地制宜地打造一些可供市民进入并能进行休闲、娱乐、运动等活动的空间，避免设置单纯的观赏性景观绿地。加快推进东区开发与工业区块改造，促进这些区域在空间发展、功能定位、基础配套设施建设等方面与东部新城紧密衔接、融为一体。

着力打造城市管理的样板示范。以"东部当示范，全域创一流"为目标，全面提升东部新城的城市管理水平，全力打造城市管理的样板示范区域。突出重点区域保障，以"五横四纵"骨干路网和市行政中心周边区域为重点，全面推进精细化管理、精细化作业，创新常态化养护管理机制，提高保洁的动态化、机械化、市场化水平，努力打造全市最清洁区域。加强与市级机关和鄞州区、高新区相关部门的协调配合，进一步理顺城市管理体制机制，明确职责范围，强化联动保障。加强智慧城管应用，着力打造集数据管理、动态监控、行动指挥等功能于一体的信息平台，实现与公安、交警等相关平台共享互通，确保第一时间发现问题、反馈问题、处置问题。加强和创新东部新城社会治理，完善社会治理体系和参与式治理机制，充分激发社会组织活力，进一步完善社会治安动态防控体系，有效预防和化解矛盾纠纷，确保社会和谐安定。

着力打造优质高效的服务品牌。规范政府管理和服务，加强与市职能部门的联系沟通和区级层面各部门之间的协调互动，进一步创新服务方式、丰富服务内容，努力打造一流的政务环境和优质高效的服务环境。加强新城区域的经济服务管理，适时设立东部新城经济服务中心，突出强化楼宇经济综合服务功能，实行地税、工商、财政等部门和街道联动，打造高效便捷的服务平台，做到办事不出新城。优化企业服务，继续坚持区领导联系服务企业制度，积极搭建企业投资服务平台，与企业加强交流，即使解决其困难。提升行政服务效能，进一步精简审批程序，积极为企业和群众提供优质高效的一站式服务。强化人才服务保障，立足东部新城产业发展需求，完善人才引进培育政策，加大紧缺型人才引进培养力度，着力打造区域性人才高地。

10.4.4　宁波东部新城功能优化保障

加强组织领导。加快推进东部新城建设，离不开强有力的组织领导。建议：一是成立大东部地区发展领导小组，按照"协调各方、统筹利益、联动共创、相融共赢"原则，成立统筹大东部地区发展领导小组，由市主要领导任组长，成员由市相关部门和江东区、鄞州区、东部新城指挥部、高新区管委会、东钱湖管委会主要领导组成，下设办公室。领导小组主要负责审议大东部地区发展规划，对大东部地区建设管理提出意见建议，及时高效协调解决大东部地区建设中遇到的实际困难和问题。办公室主要负责制定大东部地区发展规划和年度计划，以及相关日常事务；二是成立新城"三大中心"发展领导小组，由市主要领导牵头，市相关职能部门和区主要负责人参与，专门负责实施核心功能优化提升的相关举措，强化金融、航运、会展等重点产业和业态发展等方面的相关政策统筹。

完善体制机制。坚持现有开发管理体制不动摇，建立完善相关工作机制，强化协调互动，切实形成全力以赴推进新城建设的强大合力。坚持新城行政区域属地管理原则不变，节约行政管理资源，规避过分独立对城市各功能区块协调发展的不利影响，指挥部只负责开发建设，不具有行政管理和社会职能，原有的行政区域范围也不动摇。坚持"开发一批、建成一批、移交一批"的原则和要求不变，加快开发节奏，缩短开发周期，努力形成"开发创形象、形象带动再开发"的良性循环。完善东部新城联合招商机制，充分发挥二次招商网络平台的载体作用，实行市、区、指挥部之间招商资源共享，强化项目策划包装和推介，整体提升招商选资的质量和水平；加强与国贸平台、文化广场、航运中心等开发单位的联系沟通，搭建互动平台，摸清招商资源，引导招商力量向新城聚焦，形成沟通顺畅、合作紧密、招商一体的联合机制。

营造良好氛围。培育与强化新城核心功能，需要良好的环境和氛围。加强宣传舆论引导，充分利用电视、电台、报纸和互联网络等主流媒体，以及微博、微信等多种途径，多角度、多层次、全方位报道新城建设的最新成果，凝聚社会各界关心、关注和参与新城建设的强大合力。加强活动宣传推介，把活动宣传与招商选资紧密结合起来，通过创办"东部新城商务论坛"等专业论坛、召开研讨会、举办宁波周活动等系列主题宣传活动，加大东部新城宣传推介和项目营销，进一步扩大影响力、引好金凤凰。加强新城文化建设，充分利用文化广场等一流的文化设施，精心策划系列文化活动，实现文化活动集聚效应，使东部新城成为展示文化建设成果、开展群众文化活动的重要阵地和深化文化交流合作的重要平台，进一步树立城市文化个性、提升城市文化品位。

10.5　城市副中心功能优化策略：杭州下沙副中心为例

10.5.1　杭州下沙副中心发展现状

在区域层面，应对杭州大都市区的空间重构，从"杭州副城"转向"都市东部新核心"。下沙的战略空间区位将从杭州的副中心地位，上升为杭州都市区东部区域的核心；同时，其部分功能也将逐步向江东新城等更加低等级和外围区域疏导。该过程也是下沙在杭州都市区的中心等级的升级过程。

在产业形态层面，产业结构正经历关键的转型升级，二、三产业从独立发展转向协调配合发展。下沙近几年经济增长速度总体上趋于稳定；第三产业增长速度高于第二产业，即正在经历城市产业结构转型的过程；二、三产业的发展也将逐步产生"化学反应"，即从独立发展转向协同配合发展。

在人口结构层面，人口结构多元化特征显著，更加关注综合服务功能的体系建设。下沙的劳动力总量丰富，且在未来其供给能力仍将进一步提高，而高校的在校人数逐步趋于稳定增长的通道；未来人口增长引致的生活性服务业等非基本产业部门的发展将成为新的经济增长点；人口结构的多元化引致多种档次的服务需求，因此要对下沙的服务功能建设进行更为细致的划分，以多元化、多层次、分品质的服务体系来应对不同阶层的社会群体；以服务功能的细分来缓解由服务功能类型、层次单一引致的区域交通出行问题，以服务功能的强化促进人气的进一步集聚。

在内部空间层面，功能的空间融合与沟通、生活品质的体现，以及景观休闲空间是需要强化的重点。

目前，下沙新城正处于新城开发中期阶段向成熟阶段演进的阶段，整体上要以创新为导向，进行产业创新、功能创新、服务创新和空间创新等优化方式，以功能优化升级和空间品质提升作为发展的重点（图10-7）。

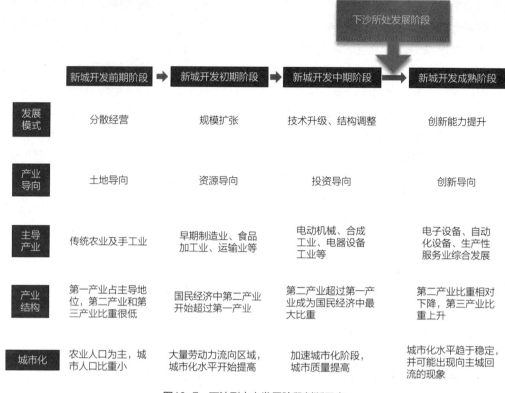

	新城开发前期阶段 →	新城开发初期阶段 →	新城开发中期阶段 →	新城开发成熟阶段
发展模式	分散经营	规模扩张	技术升级、结构调整	创新能力提升
产业导向	土地导向	资源导向	投资导向	创新导向
主导产业	传统农业及手工业	早期制造业、食品加工业、运输业等	电动机械、合成工业、电器设备工业等	电子设备、自动化设备、生产性服务业综合发展
产业结构	第一产业占主导地位，第二产业和第三产业比重很低	国民经济中第二产业开始超过第一产业	第二产业超过第一产业成为国民经济中最大比重	第二产业比重相对下降，第三产业比重上升
城市化	农业人口为主，城市人口比重小	大量劳动力流向区域，城市化水平开始提高	加速城市化阶段，城市质量提高	城市化水平趋于稳定，并可能出现向主城回流的现象

图10-7　下沙副中心发展阶段判断示意

10.5.2　基于SWOT的功能优化导向

1. 优势（strength）

城市功能东延的区位优势。城市东扩是杭州市委、市政府针对新一轮杭州城市空间与功能转型的重要战略举措。随着江东区块的启动，下沙新城已由杭州东部边缘副城变成了环杭州湾产业集聚群杭州段的地理中心，北连临平工业区，南接临江工业区和萧山经济开发区，东串江东工业区，起着承转南北、沟通东西的纽带作用，因此是杭州城市东扩的最佳承接地（图10-8）。为了接轨大上海、融入长三角、打造增长极、提高首位度，下沙制定并实施了《杭州经济开发区"主攻江东、决战江北"三年行动计划》。

区域交通联系的枢纽优势。下沙新城地处杭州城市东部对外交通走廊地带，沪杭高速公路、沪杭高速二通道、杭浦高速穿越本区，对外交通十分便捷。杭州九堡客运中心与新火车东站枢纽，将使下沙成为杭州的东部交通枢纽，这对于下沙的功能外联和物流功能提升都

图10-8　下沙区位示意

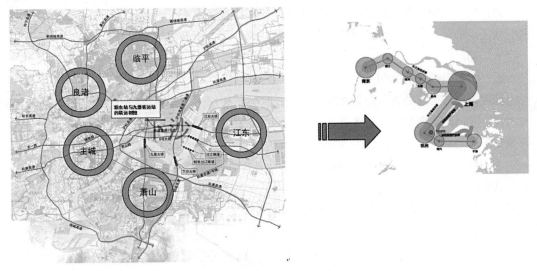

图10-9　下沙所在区域发展示意

将起到关键的作用。随着杭州地铁1号线、沪杭客运专线铁路九堡站的建设，京杭运河二通道的穿越，下沙新城已然是杭州中心城市接轨长三角的重要门户（图10-9）。

半岛岸线的生态功能优势。下沙新城位于杭州钱塘江的下游位置，沿岸有大片湿地和滩涂，其沿江岸线长达17km，占杭州市区钱塘江江北岸线的1/3，具有得天独厚的环境景观优势，是提升高品质居住和文化休闲功能的天然载体。

高校集聚的潜在支撑优势。下沙高教园区是浙江省规模最大的高教园区，现已建成包括杭州电子科技大学、浙江理工大学、杭州师范大学等14所省内知名综合类高等院校，在校学生规模近17万人，占杭州市的40%。凭借高教园区的人才和研发优势，开发区建立了各类产学研相结合的研发中心、孵化基地与中介组织，为提升自主创新能力和产业的转型升级奠定了基础。相继开设电子商务产业园、文化创意产业园、浙商大学生创业园及大学科创园、高科技孵化器、科技型中小企业等。另一方面，成立产学研合作联盟，引进中科院理化所南方中心，成立院士工作站，新培育市级以上高新技术企业55家，研发（技术）中心12家，完成技改投资20亿元，高新技术产业占比达到65.7%，科技创新成效明显（郭峰 等，2011）。

高新技术的外向型产业基础优势。杭州经济技术开发区从1993年建区以来，一直是杭州市乃至浙江省吸引外资的重要基地、进出口贸易的主战场、实施对外经济交流承接先进技术扩散的重要平台，2009年累计引进注册资金1000万美元以上的外资大项目34个、5000万元以上内资项目18个，工业项目合同外资同比增长60%以上，占比达到63.5%，市级以上高新技术企业突破200家，市级以上研发（技术）中心达到65家，高新技术产业产值比重达到65.6%，"国家知识产权试点园区"顺利获批，荣获"中国产学研合作创新示范基地"称号。引进服务外包、文化创意企业320余家，累计建成高校特色产业园10个。现代服务业快速发展，服务业增加值比重达到20%以上。

软环境改善为新城发展提供了基础。下沙大力实施"为民办实事"工程，着力建设"和谐开发区"，以及中小学、幼儿园，推进与杭州师范大学等名校合作办学。加快建设下沙医院，完善公共卫生服务体系。发展公共交通，建设慢行系统，投放公共自行车。广泛开展文体活动，精心组织系列文化活动。强化民生保障，促进就业帮扶，强化大学生创业与建设创业型社区，推动了就业规模的增加，等等。这些都为下沙新城的功能提升与人气集聚奠定了一定的基础。

2．劣势（weakness）

行政管理与资源要素整合要求不相适应。1999年经杭州市委、市政府批准，杭州市经济技术开发区行政管理范围已扩大到包括下沙街道、白杨街道、省军区农场、省武警农场和省劳改局所属的乔司农场等在内的整个东部地区，土地面积达104.7km²。但在现有的条块分割体制下，杭州经济技术开发区管委会除在上述范围内行使统一的规划权限外，在产业、用地、基础设施建设等方面的管辖、协调权限十分有限，对九堡、乔司和南苑街道连规划权限都没有。因而，难以在全区范围进行实质性的管理和协调，致使用地开发不合理，发展不均衡，配套设施不完善，土地利用效率低，行政管理成本长期居高不下。

产业集群的链接效应不足。虽然下沙不乏世界500强等实力强劲的企业进驻，但世界分工的"分厂式车间"并不能为下沙带来技术上的资源，代表其核心竞争力的高新技术无法与本地企业共享，导致产业集群仍处于"产业集聚"阶段，学习效应难以发挥。这也导致了跨国公司难以与本地民营企业基于产业链条的有效融合，加之开发区的500强分支企业目前仍以从事产业链中最低端的零部件生产与组装为主，缺乏核心竞争力，由此阻碍了杭州本地经济优势的发挥，产业的链接效应发挥不足。

社会配套服务设施滞后于人口集聚进程。下沙新城目前正面临着公共设施缺乏和人气不足矛盾。一方面，由于人口集聚度较低，无法超越公共服务设施建设投入与利润平衡的最低人口规模门槛，导致公共服务设施的建设量与服务覆盖面不足；另一方面，缺少良好的公共服务设施，反过来又阻碍了下沙新城的人气集聚效应。这种互为影响而形成的恶性循环，严重制约了城市功能完善的进程。

3．机遇（opportunity）

世界产业分工深化带来的功能提升机遇。随着WTO过渡期的结束、与东盟自由贸易区协议及内地与港澳CEPA的实施，国际经济合作步伐加快，国际产业重组和生产要素转移仍在不断加快，服务业外包和向新兴市场国家转移的趋势日益明显。从下沙新城外部环境来看，全球产业链在"大制造业"的组织框架下在环杭州湾产业带的外延、浙江制造的提升、国家经济增长空间从开发区逐步转向新城，这些都是下沙发展先进制造业和高附加值服务业的有利条件。

长三角区域优势营造了功能提升的良好平台。以上海为龙头的长江三角洲地区已成为我国承接国际产业转移的最主要区域。下沙地处长三角南翼，依靠其体制上的先发优势、良好的产业基础和优越的区位，加上长三角区域协同发展对环杭州湾城市群的发展提出了新的、更高的要求，以及杭州"城市东扩"空间战略的持续推进等等，使下沙有条件成为吸纳国外投资的重要载体、新一轮国际产业转移和服务外包的重要承接地。

杭州市功能空间调整和人口疏散的大趋势。杭州城市副中心的定位和开发区"造城"战略的实施，使下沙面临着突破原有单纯工业区向多功能综合新城发展的机遇。随着杭州经济开发区负责实施江东工业园开发建设，为下沙地区工业空间置换，实现从"建区"到"造城"的战略转变提供了难得的中观层面机遇；杭州客运中心站在九堡的建设、各种安居工程在下沙新城范围内的大力推进、地铁1号线在下沙境内破土动工，以及德胜快速通道的建成启用等，也都为下沙新城的快速发展启开了珍贵的微观契机。未来的下沙新城将发挥其国际化、现代化、人文化的综合优势，吸引更多资源并不断提升其综合竞争力。

4．挑战（threaten）

外部经济环境的不确定因素较多。国际区域合作逐渐加强和贸易保护主义的矛盾存续；入世过渡期结束后，中国面对贸易阻碍将持续一段时间。对于高度外向化的下沙来讲，由于对国外市场和资源的依赖程度较高，未来经济发展将更易受到世界经济周期性波动以及国家间政治关系变动等因素的冲击。此外，印度、越南、墨西哥等发展中国家以更为低廉的劳动力价格和土地成本参与到国际产业转移浪潮中，成为争夺跨国公司资本流入和技术扩散的重要势力，这无疑增加了中国沿海地区参与国际竞争的成本和风险。尤其是我国加入WTO后，由于平均关税的进一步降低和贸易自由化进程的加快，使得外商不得不在对我国进行直接投资还是展开贸易之间进行评估和选择，有可能出现"贸易替代投资"的威胁。

开发区发展的区域竞争日趋激烈。首先，一系列国家战略的实施使区域发展态势产生变化，特别是珠三角、渤海湾及中西部地区国家级开发区依托发展空间、环境容量的优势，大力发展重化工业、战略性新兴产业，城市之间、国家级开发区之间的竞争日趋激烈，"前有标兵，后有追兵"，争先进位的压力巨大。其次，长三角地区城市之间的竞争日益加剧，上海、苏州、宁波等周边城市已经对杭州造成巨大压力。而在引进外资、融入跨国公司为主体的全球体系进程中，杭州相对落后。随着杭州湾跨海大桥的建成，杭州作为杭州湾V字形交通节点的结构被打破，可能失去区域要素流动必经点的地位。再次，开发区产业趋同化竞争的挑战。在迎接全球产业转移、促进经济增长方式调整的努力中，杭州高新技术产业开发区、萧山经济技术开发区和杭州经济技术开发区之间在主导产业的发展方向上有趋同趋势。

资源环境约束日益加剧。土地、能源等要素瓶颈已影响到下沙的后续发展。必须依托自身资源优势，进一步找准产业发展战略定位、拓展产业发展空间、强化核心竞争优势，促进开发区快速健康发展。以低碳经济、绿色产业、绿色能源为主要导向的"绿色经济"赋予世界经济结构调整新的内涵，这也对下沙进一步扩大对外开放，推进科技进步和产业转型升级提出更高更严厉的要求。

新城的管理体制机制面临挑战。下沙正在加快实施由"建区"到"造城"的战略性调整。这一历史性新任务，对按照开发区模式建立起来、长期将注意力集中于工业发展的行政管理架构，提出了创新体制机制、转变政府职能、增强公共服务能力等方面的新要求。在转型过程中，管理主体难免出现缺乏应对新情况和新变化的经验。

5．下沙发展的战略区位分析

应用多专家讨论的特尔斐法，通过规划组专家的多次讨论以得到共识，并确定各要素以增强SWOT分析的科学性、客观性和全面性，并依据各要素的出现频率和重要性，赋予其权重，计算SWOT力度，确定战略类型和强度（袁牧 等，2007）。针对下沙新城，计算战略强度见表10-3所列。

下沙新城功能提升的战略强度　　　　　　　　　表10-3

维度	要素	分值	权重
优势（71）	区位优势	80	0.2
	交通优势	70	0.2
	生态优势	60	0.1
	智力优势	80	0.2
	产业优势	70	0.2
	软环境	50	0.1
劣势（73）	行政管理掣肘	60	0.2
	产业链接效应不足	80	0.5
	配套服务设施滞后	70	0.3
机遇（80）	世界产业分工深化	70	0.3
	长三角区域优势	90	0.3
	杭州城市功能结构调整	80	0.4
挑战（64）	外部经济环境的不确定	50	0.2
	区域竞争日趋激烈	70	0.3
	资源环境约束日益加剧	70	0.3
	管理体制机制面临挑战	60	0.2

对表10-3进行分析得出下沙的战略四边形如图10-10所示。

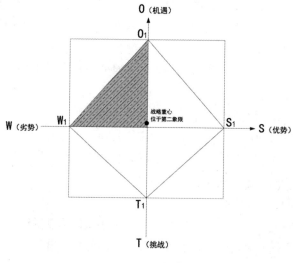

图10-10　战略四边形

战略类型方位域与战略类型的对应关系　　　　　　　　表10-4

第一象限		第二象限		第三象限		第四象限	
开拓型战略区		争取型战略区		保守型战略区		抗争型战略区	
类型	方位域	类型	方位域	类型	方位域	类型	方位域
实力型	（图）	进取型	（图）	退却型	（图）	调整型	（图）
机会型	（图）	调整型	（图）	回避型	（图）	进取型	（图）

图片来源：王欣 等，2010

计算出战略重心的位置位于第二象限，并且属于争取型战略区的进取型战略体系（表10-4），初步战略构建如下：

（1）SO交叉分析：

利用自身经济区位与长三角区域的快速发展态势，完善自身产业发展平台，接受杭州及上海相关产业的梯度转移；抓住杭州建设网络大都市的时机，利用自身区位优势，打造杭州东部高新产业基地和高品质人居新城，成为杭州大都市网络结构中的重要功能中心之一；适应大都市成长区快速变化，结合自身快速工业化、城市化的特点，利用现有产业基础和交通枢纽优势，积极发展以物流、商务等为代表的生产性服务业，加大对江东新城等周边区块的集聚力度；利用自然和人文环境的天然禀赋，完善文化、娱乐、休闲等相关人居服务配套设施。

（2）ST交叉分析：

综合考虑下沙自身特色与发展条件，实行产业链接与错位发展策略；突破原有的与周边区域同构竞争的格局，大力提升产业功能组合结构，从生产链组织出发，形成区域产业链的合理分工；以功能提升促进区域协同发展，互惠互利，积极探索适应新时期背景的管理模式和体制架构；提升资源利用效率，走低碳、低耗、低污染的新型工业化道路，以功能的适度混合和结构性置换促进空间开发效率的提升，破解资源环境的约束；坚持保护与发展并重，着重保护生态空间和沿江岸线等重要资源，合理开发利用。

（3）WO交叉分析：

利用杭州都市经济圈的发展机遇，从产业链竞争角度出发，继续做强现代制造业，着力发展现代服务业，脱离与相邻地域的同类恶性竞争；抓住杭州构建网络化大都市区的机遇，承接中心产业和人口的转移，打造功能完善的新城，避免边缘化危机。

（4）WT交叉分析：

协调新城内部功能结构，避免相互割裂的局面，采用空间融合活化策略，加强功能片区的交流与合作；延长产业链，从产业集聚走向产业集群，由产业链和产业网的弹性应对外部环境不确定性；从产业链的功能环节配比出发，与周边区域形成竞合分工关系；由产业升级转型带动区域空间开发效率的提高，缓解资源环境约束。

综上所述，下沙新城凭借良好的战略区位与产业基础优势，一方面面临着由长三角区域一体化、杭州大都市快速发展和与转型带来的发展机遇；另一方面，也面临内部结构调整和外部激烈竞争的双重挑战。其中的关键在于抓住区域产业转移升级和杭州大都市快速成长的发展机遇，协调内外部发展关系，融入杭州网络化大都市产业链分工，以实现个体与整体从混沌到秩序、由竞争到竞合的发展转型，从而提升下沙新城的整体竞争力。在此基本路径上，重点需要做好以下几个方面：第一，接受杭州及上海相关产业的梯度转移，成为杭州大都市网络结构中的重要功能中心之一；第二，积极发展以物流、商务等为代表的生产性服务业，加大对江东新城等周边区块的集聚力度；第三，完善文化、娱乐、休闲等相关人居服务配套设施，采用空间融合活化策略，加强功能片区的交流与合作；第四，提升资源利用效率，保护与合理利用生态空间、沿江岸线等重要资源；第五，强化产业链接，从产业集聚走向产业集群。

10.5.3　基于产业链的功能优化导向

从目前下沙的"四优四新"产业来看，除生物医药产业具有产品研发与设计的环节以外，其他主导产业仍主要位于产业价值链的中端环节，以生产制造为主，这样的产业链形态也使得下沙在发展过程中产业结构呈现出部分结构性问题（图10-11）：

生产性服务业发展不够。一般来说生产性服务业往往处于产品链的高端。虽然下沙属于制造业园区，制造业发展刺激生产性服务业发展，但生产性服务业整体发展仍然滞后于打造先进制造业基地要求，例如物流行业发展方面，表现为第三方物流企业整体发展水平较差，缺少高端物流服务产品，制造企业物流意识淡薄，缺少物流规划用地，物流基础设施薄弱，物流信息化、标准化程度低。

产业整合拉动能力不足。下沙已经形成包括电子信息、生物医药、机械制造、食品饮料在内的四大主导产业。日本东芝公司在下沙建立年产240万台笔记本电脑的全球生产基地；日本松下公司在此建立中国最大家电生产基地。同时，这里也是浙江省最大的食品饮料生产

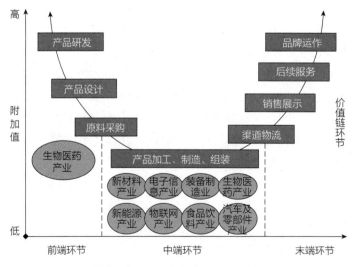

图10-11　下沙产业链微笑曲线示意

基地，集聚娃哈哈、康师傅、可口可乐和丘比四大品牌。但是，这些主导产业往往更多是横向集聚，缺乏对产业链上配套产业的纵向拉动，基于主导产业的产业内分工体系薄弱。

产业自主创新能力不高。目前下沙绝大部分企业以出口为主，而且较多仍还处在初级加工装配阶段，尚不具备核心技术研发能力，应对国际经济波动的抗风险能力低，没有建立起有效的技术创新机制。特别是部分外资企业仅仅是跨国公司的制造业基地，属于高附加值的研发环节往往放在跨国公司母国所在地，下沙内开展研发活动受到外方制约，到下沙投资仅仅看中的是廉价的人力资源、土地资源或优惠政策，如果下沙经营成本上升，这些制造业基地更可能转移到经营成本更便宜的地区，没有坚持长期自主创新的意识。同时，虽然下沙的高教园区集中了浙江省内的优秀高校，但产学研机制的效应仍未得到充分发挥，高校的智力支持对于下沙的产业转型升级支持较弱。

高端人力资源吸引力偏弱。下沙人才结构虽已达到国内先进开发区水平，但与领先经济开发区相比仍有差距，高端人才差距明显。如下沙硕士及博士占企业人才比例仅有3%，与其他领先开发区如上海漕河泾经济技术开发区15%以及上海张江高科技园区23%水平相比仍有差距。以高知识密度为特征的产业升级对高端人才（研发人员）的数量和质量提出很高的要求，目前下沙的高端人才不足以满足未来产业升级的需求。综合学术类高校与企业的人才与研发合作需要改善，企业切实加强企业研发和销售环节投入，切实改变高校认为"企业需要的只是工人"的现象。

生活服务功能发展滞后。三次产业结构由2007年0.66∶84.60∶14.74调为2008年0.68∶78.81∶20.51，虽然产业结构有所优化，但是第三产业比重还是偏低。目前大量已在下沙工作的人士住在市区，职住分离造成交通压力；现有人才配套生活设施及服务的供应远未满足需求，例如满足高级管理人才及研发人才对时尚生活的需求设施（包括高档住宅、高档餐厅、社交俱乐部、健身场所、高档私人诊所、高档购物的需求）以及满足孩子教育的需求设施（包括教学质量高、有品牌的中小学学校，国际双语/多语学校）等下沙现有配套明显滞后。满足产业工人基本生活的需求设施，例如蓝领公寓、公共交通、公共医疗服务、生活便利（大卖场等）以及对学习在职教育和社交网络、休闲需求设施等，下沙目前这些服务设施建设也略显滞后。

从对下沙产业链的分析得出，下沙产业链延长整合的方向见表10-5所列。就目前而言，下沙产业链策略的重点主要为：整合与提升现代物流产业、培育新兴的与制造业配套的技术服务和商务咨询服务、重点引进文化创意产业、依托高教平台和劳动力市场平台发展教育培训产业、结合制造业发展产品研发服务、为制造链延长和人才引进引进市场销售服务。

基于产业链视角的下沙新城功能提升引导体系　　　　　　　　　　　　　　表10-5

产业类别	产业链阶段	功能引导
电子信息产业	上游	研发
	下游	软件服务、销售渠道
机械制造产业	上游	研发设计、技术服务、原材料物流
	下游	金融、产品物流、营销、品牌

续表

产业类别	产业链阶段	功能引导
食品饮料产业	上游	农资物流仓储、技术研发、孵化创新、产品设计
	下游	商务、培训、物流仓储配送、质量检测、标准认证、文化会展、信息发布、营销咨询
生物医药产业	上游	临床试验、产品研发
	下游	销售、售后服务、品牌运作、物流运输
汽车及零部件产业	上游	原材料和零部件物流、产品研发设计
	下游	零售批发、商务咨询、物流、市场交易、金融、维护修理、文化展示、教育培训
新能源新材料产业	上游	测试、研发、原材料运输
	下游	教育培训、物流
物联网产业	上游	基础技术研发
	下游	软件服务、基础设施服务、管理咨询服务、测试认证服务和应用服务
现代物流产业	上游	原料质检、库存查询、库存补充、运输计划安排
	下游	市场调研与预测、产品回收、物流系统开发、商务咨询、教育培训

10.5.4　基于社会需求的功能优化导向

当前，我国规划正面临转型期，然而较单一的城市发展观和自身的局限性使得规划多以规划师和管理者的角度进行规划与策略制定，而忽略本地居民生活的个体需求。随着全球社会发展观以经济增长为核心转向社会全面综合发展，政府提出"和谐社会"科学发展观，反映在规划中则是以社会需求为规划出发点（刘佳燕，2006）。

在城市规划工作中，政府的核心职能在于对社会公共资源的空间配置。而教育设施、公共交通和医疗设施等公共属性决定了其所对应的社会需求拥有较低的弹性，由此导致规划中忽视其对于实际需求分布的回应度和适宜度，从而影响人们的基本生活质量（刘佳燕，2006）。相比之下，专业健身房、私人诊所等市场化的服务设施对需求的回应具有更大的弹性。随着市场机制不断介入公共服务领域，两类服务设施将同样面对具有市场属性的需求主体（刘佳燕，2006）。

另一方面，城市规划的制定虽然是由管理者和规划师等组成的"精英规划"模式，但其实施过程却是由公共主体自由选择的一个"自组织"过程，如果不能满足公共主体的实际需求，那么该地区的发展必将无法达到规划的预期。因而，借鉴后者的成功经验和方法，努力提升政府公共服务规划的需求满意度，具有重要的现实意义。

目前，下沙新城的三大功能为工业、高教与居住，因此我们分别选择了城市居民、高校学生和企业管理者三种微观主体作为社会需求分析的对象，并针对三种主体的不同个体特征，分别设计了相应的调查问卷。实地发放问卷调查共历时一周时间，采用当面发放当面填写回收的方式进行，共收集到城市居民问卷400份，高校学生问卷250份，企业问卷150

份（由于大规模的企业社会调研无法
实现，因此企业主体采用了座谈会的
形式进行，问卷也在座谈时进行发放
与回收）。具体的调研对象与调查的侧
重点如图10-12所示。

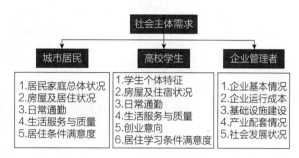

图10-12　社区需求调查框架

从社会调研的结果看：居民主体
迫切需要提升的包括房地产服务、交
通运输服务、零售业、餐饮、娱乐健
身、居民和个人服务、医疗卫生、文化艺术及培训等功能；高校主体迫切需要提升的包括信
息与咨询代理、科研与技术服务、交通运输服务、零售业、娱乐健身、居民和个人服务、医
疗卫生、文化艺术及培训、公共展示设施等功能；企业主体则迫切需要提升的包括信息与咨
询代理、计算机及其应用、科研与技术服务、商务服务、交通运输服务、物流服务、社会保
障与福利等功能。其中，值得注意的是其中交通运输服务、零售业、餐饮、娱乐健身、居民
和个人服务、文化艺术及培训、公共展示设施为三种主体需求中都存在的需要提升的重要功
能，这些也是下沙在其综合服务功能建设中需要重点加强的功能类型。

从数据定量研究与调研的需求分析，基于社会需求的下沙新城功能提升方向，主要为以
下几个方面：

（1）构建面向多层次多类型的生活型服务体系；

（2）利用多种方式消除工业对居住和教育的影响；

（3）提升跨区域交通联系网络的便利度；

（4）优化文化教育类和医疗卫生类资源的空间均衡性；

（5）增加多种类型的公共绿地和游憩空间；

（6）打造新城特色形象与提高空间环境品质；

（7）完善新城相关配套产业降低企业发展成本。

10.5.5　下沙副中心的功能优化策略

根据基于SWOT的功能提升战略区位分析、基于产业链视角的功能整合思路，以及基于社
会需求的功能提升目标分析，本书提出未来下沙功能提升的三大战略目标——"都市东扩新核
心""战略产业新高地"和"宜居江湾新副城"，并构建了相应的优化策略体系（图10-13）。

1. 优化策略一：都市东扩新核心

融入杭州都市圈功能体系，与杭州的主双中心（武林中心、钱江新城）形成综合服务的
垂直分工关系，与江东新城、临平副城、滨江新城等次级核心形成产业错位发展的水平分工
关系；逐步实现与主城功能的融合发展、与滨江功能的错位发展、与江东功能的互动发展、
与海宁功能的合作发展；下沙新城内部中心体系的建设则要适应产业转型升级的要求，构建
合理的多中心规模等级序列。

（1）融入都市圈功能体系，承担垂直与水平分工职能。

都市圈内外交通不断发展完善，目前已基本形成以杭州为中心、以高速公路为放射轴并

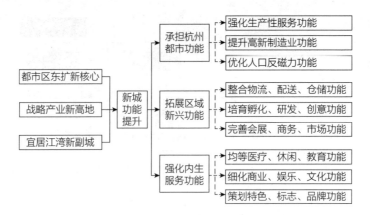

图10-13 杭州下沙副中心优化策略体系示意

通过绕城高速联系的交通网，在此基础上形成辐射杭州周边县市的核心圈层式的大都市空间形态（邵波 等，2010）。

当前杭州大都市区发展主要表现为两方面的变化：一是内部功能的整合提升，二是外部空间的发展与扩张，体现在城市核心功能向外围区域的疏散（邵波 等，2010）。前者是指杭州大都市圈核心区随着不适合中心发展和超量发展功能的向外扩散，核心区内部的功能结构日趋合理，区域发展趋于一体化，运行质态不断提升。后者是指杭州大都市圈的规模不断扩大，周边区域逐渐融合进入大都市圈功能腹地，内外部通联网络日益发达。

随着杭州大都市区空间的不断扩展与功能疏导，位于城市多中心体系中不同核心地位都发生了新的变化，下沙与其之间的竞争关系也更为复杂。城市功能的分工体系，有两方面组成，垂直分工与水平分工。垂直分工侧重于等级概念，下沙新城主要承担杭州都市圈的第二级综合服务中心，接受主城人口与产业的疏散；水平分工侧重于专业化概念，下沙新城主要承担杭州都市区生产性服务业、高等教育与先进制造业的功能。

（2）协调区域间组团功能，加强城市区块间有机联系。

针对杭州都市圈的相关研究表明，在杭州核心都市区层面，已经初步形成了以水平分工为主的多中心城市（PC）结构形态。而从区域层面看，杭州主城区中心（湖滨、武林以及未来的钱江新城）将会是杭州都市区的综合性服务中心，功能结构趋向高端化与复合化，而下沙、萧山和临平等副中心则形成专业化副中心，具有各自的专业化分工。未来杭州都市圈成长一方面将带动下沙新城的发展建设，都市功能体系空间重组将成为杭州城市空间调整的重点；另一方面应更强调不同层次城市功能组团在规模、功能和区位上的多样性及相互之间的关联与协作，以此作为加强区域整体性的重要手段（吴一洲，2011a）。

与主城功能的融合发展。下沙新城所处的主城区东部区域，是杭州市高等级公路最为密集的区域。随着九堡区块的快速发展、地铁1号线穿过下沙中心地带，与主城区的时距缩至约20分钟，很大程度上解决了交通障碍，且使下沙居民能更多地共享主城区的生活、休闲、娱乐等配套（郭晓雯，2005），下沙与主城正在逐步趋于空间一体化。当前，要充分发挥区位优势，强化融合发展，加强与钱江新城、城东新城的沟通对接，构建快捷便利的多层次、网络化综合交通体系。完善下沙新城的综合服务功能，加强人才人口集聚与宜居功能，加速融入主城发展。加强与江干、余杭的沟通对接，提高重大项目的投资效率，促进与九堡、乔司的互动发展。

与滨江功能的错位发展。滨江区以杭州国家高新技术产业开发区为主体，发展模式与下沙具有高度的相似性，但规模比下沙小，产业形态也具有较大差异性。下沙在发展过程中，应与滨江形成错位发展，滨江拥有通信设备制造、软件产业、集成电路设计制造业、数字电视产业、动漫网络游戏产业等优势产业，在产业链上能与下沙目前的装备制造业等优势产业形成链接，而软件产业、数字电视等产业则可为下沙的物联网等培育性产业提供服务，有利于加快下沙产业链的整合战略的实施，也有助于新兴产业的成长。其中，实现错位协同发展的主要条件是快捷的交通体系支撑，随着地铁1号线的即将开通，江湾的特殊地理优势使得下沙未来拥有5处过江通道，下沙与滨江将有条件实现空间上的高效沟通，以及产业上的协同发展。

与江东功能的互赢共生发展。坚持"规划共绘、设施共建、产业共兴、环境共保、品质共享"，注重江东市本级区块（前进工业园区）开发建设与大江东新城建设的统筹，发挥对前进街道的辐射带动作用，协同推进前进街道基础设施建设和农转居进程。

发挥下沙新城国家级开发区的辐射和创新功能，带动江东市本级区块开发，实施"工业兴市"战略，构建环杭州湾产业带，保持杭州工业经济"一高一领先"，为杭州在全省经济发展中领跑作用起到支撑作用。杭州市汽车工业应以发展乘用轿车为重点，近期加快推进东风杭汽改革重组，引入民营资本，坚持乘商结合，充分利用好整车公告资源，将其作为杭州市发展汽车工业的突破口。同时，积极争取与东风汽车集团等国内外知名企业进行战略合作，积极促成省内民营汽车企业（吉利、吉奥、青年、众泰等）到杭州设立整车生产基地、研发中心和运营总部。

在产业发展上，与江东新城形成互赢共生的分工关系。按照国家2004年颁发的《汽车产业发展政策》，要求零部件企业与整车企业分离，零部件生产向集中集成和系统化、规模化、模块化发展的要求，将发动机、底盘和整车总装放在江东工业园，将一些关键性的零部件（如汽车传动系统、制动系统、变速器、离合器、ABS、汽车电子等）放在下沙新城范围内。在空间上形成产业链接，下沙新城可以作为江东整车制造汽车基地的上游环节，起到生产性服务业配套范围的功能，为江东新城提供生产性和生活性的综合服务功能。

与建德功能的联动发展。充分利用下沙新城国家级开发区的产业集聚、管理服务、人才科技等优势，提升合作开发建设水平，与建德实现联动发展。下沙作为国家级开发区，近年来，通过发挥自身特色和产业优势，在加强城乡区域统筹，形成城乡区域发展一体化新格局，培育新的经济增长点方面，与建德已经建立了全面的协作关系，未来有条件形成紧密的战略伙伴关系。在产业协作方面，"杭州经济技术开发区建德（寿昌）园区"已经启动，下沙对建德园区提供规划建设、招商引资等方面的帮助。在就业协作方面，以"江干区、杭州经济技术开发区、建德市"三地城乡统筹就业为中心，开展三地就业协作工作，鼓励企业参与建德市人力资源的开发利用，吸纳农村富余劳动力、大学生就业，缓解现阶段"招工难"与"求职难"的矛盾，共建共享三地人力资源信息，搭建了就业协作平台；在教育协作方面，江干区教育局、杭州经济技术开发区社会发展局与建德市教育局，三方进行了教育协作的学校结对。此外，还在民生工程、农房改造、特色精品村和农业产业等方面确定协作关系。这些都标志着两地已经开始共同探索飞地开发、产业链合作、资源互补等联动发展的全新模式。未来，下沙可以在产业转型中的产业转移、教育资源共享、就业人才工作联动、技术输送、农村改造等多个领域展开全面合作，一方面给下沙提供新城转型所需的互补资源，另一方面给建德带来新的发展机会。

与海宁功能的合作发展。围绕实现"六个一体化",不断创新体制机制,实施整合提升计划,继续深化与海宁市等单位的合作开发,促进区域发展空间集约利用、生产要素优化配置。

（3）空间重组适应产业升级,产业服务与公共服务联动发展。

当前,杭州城市发展进入功能调整、结构剧变期,近年来以发展现代服务业为重心,加快产业结构的转型升级,获得了国内最具幸福感城市、最佳商业城市、福布斯中国最佳投资城市等城市品牌和荣誉。据最新统计数据显示,杭州城市服务业对全市GDP增长的贡献率已经超过工业多达10个百分点,逐渐成为经济发展的主引擎。近20年来,杭州城市中心沿着西湖—武林广场轴线不断变迁,服务行业也随之产生变迁。20世纪90年代杭州的服务行业不断增多,并且在西湖—武林广场轴线一带集聚。2000年之后,逐步向轴线周边乃至更大范围扩散,且呈现专业化集聚的趋势和特征（陈前虎 等,2008；邵波 等,2010）,当前在下沙新城范围内,也出现了部分服务业的集聚现象。

随着产业结构的高级化与经济活动的国际化,下沙新城将出现很多新的城市功能:首先,新城将出现相对集中的指挥控制中心,许多制造业企业可能将其总部办公基地或者华东地区分管中心设置在下沙,以便于更好地对制造环节进行管理；其次,新城功能的最大演变在于服务业比例逐渐接近制造业成为新城发展的另一支柱,尤其是金融、商务以及多样化的生活型服务业的发展将更为迅速；第三,新城成为创新基地,出现创意产业与高新研发产业空间集聚的趋势；第四,新城同时也将随着综合体的不断建成,成为国际化的消费中心、产品销售市场。

由于产业结构的升级,新的城市功能的涌现,下沙新城的形态逐渐形成:地域上相对集中的制造业和服务业中心控制广大的腹地资源,同时新城内部的现代服务业对城市的社会经济秩序产生决定性的影响（吴一洲,2011b）。

而作为现代服务业的最主要的空间载体的公共建筑,其功能特点与布局形态也正在进行空间重组,新城内部公共建筑中心的集聚化（生产性服务业）与分散化（生活性服务业）发展并存,规模等级体系逐步清晰。从国际经验中可以看出,当前下沙已经进入服务业快速提升发展轨道,新城功能与空间结构剧烈变动,此时,关键是要把握好新城的空间重组,特别是不同等级的公建中心布局与产业升级过程的适应,保证新城公共建筑与现代服务业的联动发展,以促进下沙新城功能的现代化、综合化和高端化进程（吴一洲,2011b）。

2．功能优化策略二：战略产业新高地

优化下沙新城的要素结构,加快产业形态更新促进转型,完善产业链发展平台,重点完善公共服务平台、提升科技创新平台、初步建立公共技术平台；以优势产业与新兴产业为基石,实现嵌链式全球（区域）价值链整合,提升新城产业链竞争力；强化物流等产业配套组织,为产业链整合提供平台；培育特色经济、总部经济和飞地经济功能,强化产学研基地与创意产业、建设总部基地与创新创业园,与区域其他节点形成产业链接发展。

（1）优化要素结构,完善产业链发展平台促进新城转型。

产业平台与产业发展阶段紧密相连。在不同阶段,产业发展所需平台的数量和内容也有所不同,产业平台的建设方式和运行机制也应与之相适应（薛玉明,2011）。下沙新城目前已经初步建立了如产学研、技术研发与转化等平台,但缺乏平台的系统建设与规划,将产业平台的主要类型包括公共服务平台、科技创新平台、公共技术平台。

　　首先，完善公共服务平台。该平台产生于产业发展的初级阶段，是政府为促进企业良好发展，针对企业需求为其提供保障性服务，如创业辅导、市场开拓、人才培训、融资担保、物流集散、信息管理咨询、政策法律保护等（薛玉明，2011）。下沙新城的公共服务平台完善方向如下：结合行政管理机构，建立企业服务子平台（如一站式服务中心、中小企业服务中心等）为企业的日常运作提供便捷的服务；在社区、企业集聚区、高校中，分别建立健全人力资源子平台，为下沙企业招纳工人以及高级人才提供空间与辅助服务；结合金融保险等设施布局，完善融资子平台促进新兴企业以及战略性引导产业的初期生存和壮大发展；依托物流园区与物流信息管理机构，建立物流服务子平台，在空间上合理安排物流用地，功能分类相互协调；依托各类科技园，建立知识产权保护子平台，为产学研合作、高新技术与信息软件等产业链高端的环节提供发展条件。

　　其次，提升科技创新平台。依托现有新加坡科技园、国家大学科技园等，建立新兴企业孵化平台，为企业创业提供孵化服务，为新生企业提供研发、生产、经营、通信等硬件设施和培训、咨询、投融资、法律、人才等服务（薛玉明，2011）；依托浙江工商大学、浙江理工大型等高校，建立科教平台，通过高校和科研机构的集聚，进行知识创新和技术研究并进行成果产业化；依托企业、科研机构和高校实验室、研发部门等，进一步做实产学研合作创新平台，以资源共享、优势互补为前提，共建研发，通过企业、高校与外部的人力、知识、技术、基础设施、资本、信息及政策等创新资源的互动，实现合作技术创新目标（马艳秋，2009）。

　　第三，初步建立公共技术平台。该平台主要服务于新兴产业，按其门类划分的不同可以形成汽车制造公共技术平台、物联网公共技术平台、新能源公共技术平台、新材料公共技术平台等，为中小企业提供分析、测评、加工、信息咨询、开发、试验、推广、培训等公共技术支持服务，推动企业发展，尤其是帮助中小企业成长，避免重复投入，降低研发成本（马艳秋，2009；薛玉明，2011）。

　　随着产业发展的演进，产业平台种类更加丰富以提供更多的服务。相同类型的平台建设在不同阶段也有不同的影响因素，因此，相同类型的平台在不同阶段是逐渐升级的（薛玉明，2011）。本书提出的平台全部属于服务功能平台，是对原平台布局的细化与补充，具体如图10-14所示。

　　（2）加快产业形态更新，保证新城健康人居环境。

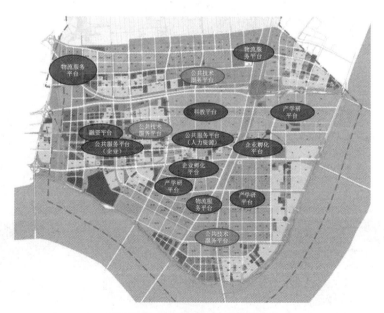

图10-14　产业链发展平台空间布局

　　根据下沙新城产业结构升级转型的加快"退二进三"进程，对技术水平和单位面积产出相对较低，以及对居住环境有一定影响的行业或企业，对工业空间布局进行调整优化。有计划有步骤地将化工、纺织、食品饮料、建材、造纸包装、橡胶及部分低端家用电器等传统制造业，逐步向周边的江干、乔司、南苑街道和江东工业园等工业区转移，重点引进、培育壮大符合产业发展定位的高技术产业和先进制造业的研发与制造，将电子信息、生物医药、光机电（仪）一体化、家电、关键性汽车零部件、专用及精密机械等高端产业作为新城的主导产业，大力发展现代服务业，大幅增加就业岗位，不断集聚人口。

　　"进"与"退"的动态平衡过程，也即是新城产业的过滤更新过程："退二"就是要两条腿同时"退"：一条腿从下沙新城未来的核心区，或是片区中心退，退出来是提升发展现代服务业的"黄金之地"；另一条腿是从沿江岸线中退，退出来是发展休闲旅游、生态观光的"翡翠之地"。"进三"是创造机遇，"退"赢得空间主动权，"进"抢得产业结构调整的制胜权。根据区域现代服务业发展战略，全力推动"退"与"进"的有效、快捷衔接，使新城功能提升、现代化形态提升实现"最低成本"（图10-15）。

　　（3）整合关联产业环节，提升新城产业链竞争力（表10-6）。

　　以优势产业与新兴产业为基石，实现嵌链式全球（区域）价值链整合。区域产业链从向前关联的IPD模式（Integrated Product Development，整合生产开发）和向后关联的ISC模式（Integrated Supply Chain，整合供应链），通过这两种策略模式，将自身的产业链进行高效整合，以加强自身的竞争力与对市场反应速度，实现产业的升级转型。不断提升下沙新城企业在产业价值链的地位，使之处于产业链的高端，一方面可以消化成本上升的制约；另一方面则可以通过（产业链高端可以表现为具有品牌、技术、销售网络等垄断权）成本上升对下游的制约将成本转嫁到产业链下游。产业链整合包括全球价值链（GVC）和本土（NVC）两个方面，全球价值链要求将产业嵌入式整合进跨区域（跨国）产业链中，本土价值链要求将本地企业按照产业链结构进行整合关联。与环杭州湾的其他开发区相比，下沙新城具有基础设施条件好、政府效率高、产业现状集聚效应和比较优势显著、主导产业具有明显的比较优势等优点，具备整合区域产业链的基础条件。

　　通过对现状建设情况的调研，结合规划调整设想，对相应功能区块采取不同类型的改造方式。其中采取改造方式1（拆除重建）的区块主要有滨江化工产业区和南部滨江产业区南部地块、九沙大道南侧工业区块以及东部居住带西侧区块。

　　采取改造方式2（调整局部用地）的区块主要有金沙湖区块和大学城北居住片区，在维持主体功能的基础上改造部分区段，使城市整体空间得到优化。

　　采取改造方式3（调整原有规划）的区块主要有省军区物流区块及江东大桥桥头区块。

　　采取改造方式4（调整建筑空间）的区块主要有滨江化工产业区和南部滨江产业区北部地块，使产业建筑在新的历史条件下焕发新的活力。

　　采取改造方式5（立面改造）的区块主要有九沙大道、艮山路以及23号路等主要道路，形成良好的街道界面景观。

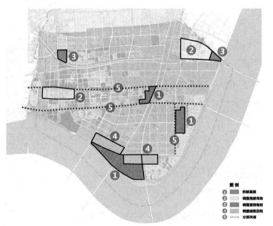

图10-15　下沙空间功能调整重点分布

下沙新城产业链整合战略重点　　　　　　　　　表10-6

核心产业链	当前产业形态	整合重点	功能选择
电子信息	劳动密集型+资本技术密集型	▲加强其软件和服务功能、研发和销售功能的提升与空间载体支撑 ▲实施产业集群化和分工协作化策略 ▲提升自主创新能力和核心竞争力	研发、软件服务、销售网络
机械制造	劳动密集型	▲大企业带动，加强重点产业产品类型发展 ▲强化研发创新功能，延伸完善主导产业链 ▲升级改造初级加工业，实现功能有机更新	研发设计、技术服务、原材料物流、金融、产品物流、营销、品牌
食品饮料	劳动密集型	▲强调交易展示、综合配套和产业转化之间的链接与延伸 ▲以物流流通功能为核心，打造完整的都市型食品饮料产业链 ▲以建立国家重要的食品饮料基地为目标，形成信息共享、紧密合作的合作网络	农资物流仓储、技术研发、孵化中试、产品设计、商务与培训、物流仓储配送、质量检测、标准认证、文化会展、信息发布、营销咨询
生物医药	劳动密集型+资本技术密集型	▲工艺流程升级，增进传输体系，引进先进工艺流程、重组生产网络 ▲加快建设高科技孵化器和新加坡科技园等研发中试孵化基地，打造特色"新药港" ▲坚持错位发展，重点培育发展医疗器械、疫苗及诊断试剂、生物医用材料、现代中药产业中试及产业化项目 ▲完善生物医药公共服务平台，引进培育科技中介机构，成立CRO联盟	临床试验、产品研发、销售网络、售后服务、品牌运作、物流运输
汽车及零部件	劳动密集型	▲整合上游环节，建立整车制造和零部件产业基础 ▲延伸下游环节，完善培育汽车销售贸易、文化展示、设计研发、物流运输等汽车产业配套服务功能 ▲强化核心环节，采取大企业带动方式，形成较为完整的汽车产业链	原材料和零部件物流、产品研发、零售批发、商务咨询、市场交易、金融、维护修理、文化展示、教育培训
新能源新材料	劳动密集型+资本技术密集型	▲建立"开发区新能源新材料产业园"，逐步形成以薄膜太阳能光伏电池及组件和光伏产品应用的产业链 ▲同步培育测试服务功能、研发服务功能、教育培训服务功能、物流服务功能，从完整产业链出发提升新材料新能源产业	测试、研发、物流、教育培训
物联网	资本技术密集型	▲积极开发物联网应用市场，将生产要素进行高效率整合，加速其他应用领域产业链的拓展及延伸 ▲引导和培育参与物联网的产、学、研、商相关机构建立协同攻关平台，注重吸收整合IT的中小企业	研发设计、软件服务、基础设施服务、管理咨询、测试认证、应用服务
现代物流	劳动密集型	▲提升供应链一体化功能，构筑现代物流平台，以"省级物流基地"为载体，把下沙打造为杭州市最大的非集中型物流园区，实现开发区现代服务业和现代制造业"两轮驱动"的产业格局 ▲延伸产业链，构建供应链集成式功能体系，将库存管理与控制、物流系统规划与设计增值服务纳入到物流产业链中，强化相对应的科研和商务咨询等功能	原料质检、库存管理、市场分析、产品回收、系统开发、商务咨询、教育培训

　　发挥产业集群的整体优势，嵌入全球价值链的核心环节。依托主导产业形成产业集群，发挥产业集聚的整体优势：建设国家级计算机及网络产品产业园区，重点发展以计算机、网络产品、集成电路等产业，形成电子信息产业集群；打造长三角区域食品饮料加工制造和供应的重要基地，以物流流通功能为核心，从生产加工，研发创意、商贸展示和综合配套功能的建设出发，打造完整的都市型食品饮料产业集群；建设国家生物产业高技术产业基地核心区，加快建设高科技孵化器和新加坡科技园等研发孵化器基地，以及北部医药园等中试和高端产业化基地，打造特色鲜明的"新药港"产业集群；建设国际先进装备制造基地，以中高发动机、友嘉机电、中能汽轮、神钢等大企业为核心，培育高新制造业产业集群。

　　强化物流等产业配套组织，为产业链整合提供平台。下沙新城目前的产业集群要逐步通过满足层次较低的国内市场来形成完整的产业链整合，由此形成系统的生产体系、较为丰富的产品种类以及相应完善的产业配套组织，为全球价值链核心企业进行产业转移和整合提供一个平台，并借此壮大新城其他企业，引导其进入全球市场，扩张和提升自己的网络和品牌运作能力。下沙新城强化物流产业，需要构建"3+1"物流体系，即仓储物流、专业物流、城市配送为三大主导物流，军需物流为特色物流。而物流配套产业则更需要商务服务的支撑，要求相应的楼宇经济与总部经济形态与其相匹配，建设物流企业总部经济、配套商务服务业及专业服务、物流信息服务、分拣加工包装服务以及物流中介服务等。改造提升省军区农场以仓储、运输为主的传统物流企业，融入现代物流理念、改造物流设施、创新服务手段，提升集约化、专业化、标准化水平，增强规模效应、提高经营效益；深入推进出口加工区功能拓展，完善保税物流服务，打造国际物流体系；大力提升物流信息化水平，推进物流公共信息服务平台及总部大楼建设，增强物流信息服务与综合功能。新城物流产业通过提供具有个性化、差异化和标准化的物流服务，将分散的装备制造、研发设计、市场需求等多个生产环节整合在一个运行体系内，同时也提高了产业链整体的价值增值。

　　（4）培育高附加值产业，增强新城创新发展动力。

　　根据产业周期理论，企业的物理空间在不同阶段具有不同需求。培育期主要在孵化器（创业中心）中进行，对空间的需求较小。创业初期一般需要200～1000㎡，而在成长期，企业的任务从中试、产品试制扩大为生产、销售，需要一个生产工厂来支撑。随着市场的开拓和发展，企业成为新城的核心企业，形成一个以核心企业为主的专业生产和配套企业群（图10-16）（陈家祥，2008a）。

　　培育特色经济功能，强化产学研基地与创意产业。促进企业间、与其他行为主体间的合作网络，使劳动力、资本、技术、信息等生产要素得以交换、扩散、增值（吴向鹏，2003）。

　　同时要提升下沙新城的一般功能和特殊功能的作用，促使新城的从基本功能到创新和创新网络的发展，新城一般功能的回归和提升则要从单体创新到区域持续创新体系的建立和作用发挥，以实现新城产业与人居环境的健康、持续的发展（图10-17）（陈家祥，2008b）。

　　发展以企业为核心的创新网络（包括正式与非正式的网络），其中包括3个阶段（图10-18），目前下沙新城尚处于第一阶段向第二阶段转型的过程，重点在于建设研发和生产混合的产业形态，吸引企业高价值环节入驻，完善中心体系布局和社区服务配套。发挥杭州区位和人文优势发展文化创意经济与设计展示中心，依托大学科创园、新加坡杭州科技园、高科技孵化器等园区，建设产学研结合的以国家重点实验室（中心）、工程技术研究中心、企业技

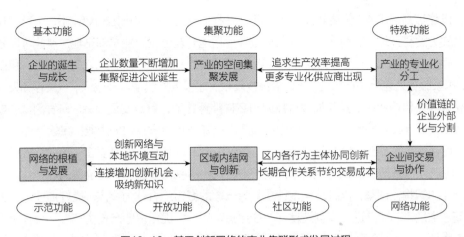

图10-16　基于创新网络的产业集群形成发展过程

图片来源：作者根据《产业集群：一个文献综述》（吴向鹏，2003）绘制

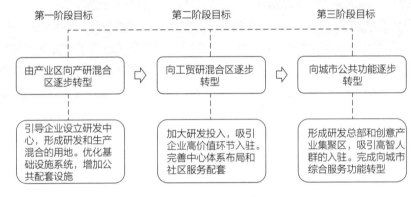

图10-17　新城功能转型过程

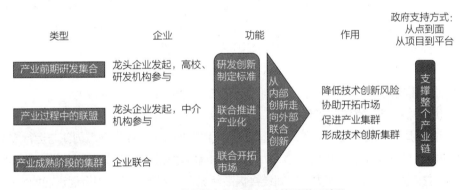

图10-18　发展以企业为核心的创新网络三阶段

术中心为核心的多层次技术创新支撑平台，加大开放式公共基础研究平台建设的力度。重点培育和发展开发区工业设计产业园、传媒文化创意产业园、电子商务园，重点发展研发设计创意、建筑设计创意、文化艺术创意、时尚消费创意、咨询策划创意和影视传媒产业。

培育总部经济功能，建设总部基地与创新创业园。在现有的主要产业集聚基地建设生产性企业总部基地，建成后政府委托开发区专业结构运营管理，主要以低价出租的方式提供给入驻企业和相关行业协会或机构；为高新技术科技园或软件园、创意产业园、大学科技园、专业从事研发设计等高端产业、为高新技术和先进制造业企业提供作为开发建设创新平台、研发基地；鼓励有实力的科技地产、商业地产企业通过商业用地开发建设企业总部基地，建成可以分割的大小不同的产权单位，对入驻企业可租可售，有利于吸纳各种不同类型与功能的总部；积极做大做强"国家服务外包示范园"，依托大学科技园和人才服务外包培训基地，重点发展研发设计、人力资源等外包产业；依托新加坡科技园和高科技孵化器，重点发展金融、研发测试、电子政务、软件服务等服务外包产业；依托生物医药产业基地重点发展CRO产业；在软件外包、流程外包、设计外包等方面建设专业实训中心、接单中心和分包中心，打造全国一流的金融后台外包平台、医药外包基地和测试外包特色高地；借助地铁等基础设施对区位价值的提升作用，注重房地产业的结构性调整，以打造集多种功能为一体的城市综合体为重点，抓好商业地产开发，并提高住宅地产品质，进一步创造良好的住房消费环境，优化房地产投资环境，合理引导房产开发和消费，促进市场稳定发展；坚持规划新建和更新改造相结合，积极推进商务楼宇、标准厂房等开发建设，大力发展楼宇（总部）经济，突出特色楼宇、亿元楼宇"两重点"，重点招引和鼓励区内大企业集团地区性总部以及研发、采购、财务、营销等功能性中心入驻。

培育飞地经济功能，与区域形成产业链接发展。产业转移是产业转型的必要组成部分，而飞地经济则是产业转移的空间模式。由于企业的某些产业链环节不适应本区域的发展而转移至附近区域，产业链在空间上近距离分离，使各环节在更合适的地方发展，各得所需。

①重点发展整车制造、新能源汽车，完善江东汽车产业园配套服务，培育汽车销售贸易、文化展示、设计研发、物流运输等汽车产业配套服务功能，形成较为完整的汽车产业链和长三角地区重要的汽车及零部件生产基地；②打造新能源产业基地，建设"国家低碳产业园"，大力发展太阳能光伏产业、光热整机，鼓励发展超白玻璃、硅锭硅片、风机零部件、智能电网设备等产业，重点培育龙焱科技、天裕光能、龙驰太阳能幕墙、东照能源等大企业，大力引进产业链配套项目，同步培育测试服务功能、研发服务功能、教育培训服务功能、物流服务功能；③打造长三角重要新材料基地产业，大力发展LED材料、先进储能及先进电池材料、太阳能电池材料等产业，辅助发展有机硅、半导体材料，积极扩大新材料产业规模；④打造物联网产业园区，通过扶持现有企业转型和新项目培育引进，重点发展无线通信、计算机控制、光通信、自动化等产业，推动物联网及其相关产品、服务的产业化，引导和培育参与物联网的产、学、研、商相关机构建立协同攻关平台，注重吸收整合IT的中小企业（图10-19）。

3. 优化策略三：宜居江湾新副城

完善社会型与消费型服务体系，创造人才与人口集聚环境，激发新城创新与运行效率；融合三大功能，建设新城混合功能中心，为促进功能融合提供接口；文化融合营造新城社会氛围、知识对接激发新城创新潜力、空间链接提高新城运行效率、邻里整合促进功能内部优化；引入多元化空间消费功能，细化多层级服务，提高新城生活品质；实现公共资源均等化，多层次网络化交通降低通勤成本；引导教育医疗布局均等化和绿色游憩空间同好性，提升生活圈公共服务绩效；打造标志性"特色意图区"，增强区域可识别性，策划新城品牌形象与特色名片，营造新城人文氛围，加强新城家园归属感（表10-7、表10-8，图10-20~图10-25）。

（1）完善社会与消费服务体系，提升新城综合服务功能。

完善社会型与消费型服务体系，创造人才与人口集聚环境。作为年轻的"移民"新城，下沙在文化底蕴不足，新城的发展主要依托于功能区的基础，长期以来重生产、轻生活，新城活力受到影响。目前新城的社会服务体系与设施规划，尤其是文化方面的服务设施建设的发展具有陪衬性、补充性和边缘性。此外，下沙新城的人口构成特殊，以产业工人和年轻人为主，且来源地多，教育程度差异大。而外来工作人员由于社交圈窄、文化隔膜等因素，难以建立归属感而被"边缘化"，缺乏主动进行文化消费的动力，而适应这种特殊人口结构的公共文化设施尚不完善（翟坤 等，2011）。

图10-19　下沙新城产业集群空间引导

因此，新城应提高这两大与居民和企业工人密切相关的服务体系供应量、分布均衡性和服务水平，改善对中心城区的过度依赖，通过全面的服务体系留住人才，活化提升新城吸引力，使其综合服务水平与新区功能定位、建设宜居、花园、生态型新城的目标相符合。

新城社会服务体系提升优化方向　　　　　　　　表10-7

社会服务功能体系	服务属性	满足需求	主要受益群体	下沙提升重点
医疗卫生功能	半公共产品	保证居民身心健康、改善跨区域通勤、降低新城居民生活成本	全体新城居民和工作者	形成高等级综合医院，街道医院、卫生院、专科医院、社区卫生服务中心相结合的多层级全覆盖医疗卫生服务网络
社会福利功能	公共产品	提供生活基本保障、改善企业从业人员生活水平、改善老幼病残等特殊群体的生存环境	弱势群体（企业外来打工者、初始创业人员等中低收入或缺乏经济基础的个体）、特殊群体（老年人、儿童、病人、残疾人等日常行动能力有一定障碍的个体）	社会保障房和廉租房建设、老年活动中心、家政服务中心，引导社区服务向专业化、规模化、品牌化、连锁化方向发展
体育服务功能	半公共产品	提升生活乐趣、改善新城社会氛围、加强邻里关系、营造归属感、集聚人气	全体新城居民和工作者	科技文化艺术中心（图书馆、科技馆、音乐大剧院、艺术馆等）、体育活动中心（乒乓球、羽毛球、篮球、网球、保龄球、壁球综合场、游泳馆等）、街道全民健身中心（室外游泳池、配套健身设施广场、灯光篮球场、塑胶网球场、门球场、健身步道）

续表

社会服务功能体系	服务属性	满足需求	主要受益群体	下沙提升重点
教育服务功能	半公共产品	提供子女教育服务，以及企业工人的技术培训、进修等，降低企业发展成本、居民家庭生活成本	全体新城居民的子女、企业需接受培训人员、高校学生	适龄青少年、儿童、幼儿园、成人教育类设施、先进制造业和服务业人才培养基地、特殊教育学校
广播影视功能	半公共产品	提供视听学习与娱乐服务，集聚新城人气，提升新城生活品质	全体新城居民和工作者	建设若干新城大型影院、文化广播站、地方性电视台
新闻出版功能	半公共产品	传播知识、音乐，集聚新城人气，增强新城文化氛围	全体新城居民和工作者	建设新城传媒中心，发布新城发展动态，促进新城对外形象策划与建设
文化艺术功能	半公共产品	满足居民艺术追求、提升新城空间品质内涵、营造新城特色文化	全体新城居民和工作者	群众艺术馆（培训中心、排演厅、展厅、多功能活动厅、文化活动广场）、街道文化站（图书报刊阅览室、电子阅览室、教育培训教室、综合展示室、体育健身室、多功能活动厅、休闲文化广场等）、社区文化活动中心（多功能活动室、文体娱乐室、图书阅览室和宣传橱窗，配置必备器材设备）
公共休闲功能	公共产品	提供休闲游憩空间、改善新城自然环境与宜居品质	全体新城居民和工作者	社区体育休闲公园（灯光篮球场、塑胶网球场、健身广场、小型儿童娱乐设施、公共卫生配套设施、草坪、树木等自然景观）
政府与社会组织	公共产品	提供公共管理、保证公共安全	全体新城居民和工作者	增设多个片区行政办公窗口和治安管理点、组织各类群众性或企业性社会团体，提升新城社会管理效能

新城消费型服务体系提升优化方向　　　　　表10-8

消费型服务功能体系	服务方式	下沙提升重点
零售商业功能	面对面、上门	积极培育引进大型综合商城、购物中心、连锁超市、专业市场等商贸服务项目
旅馆住宿功能	面对面	规范和提升现有住宿业业态、增加中高档宾馆数量
餐饮服务功能	面对面、上门	加强特色街区的建设，提升现有业态
娱乐与休闲功能	面对面	加强特色街区的建设，提升现有业态

续表

消费型服务功能体系	服务方式	下沙提升重点
旅游服务功能	面对面	引进大型旅游企业集团和休闲娱乐业，开发临江生态休闲旅游、北部乡村旅游（包括观光、体验与休闲旅游）、开发区工业旅游、高教园区文化旅游等
个人及居民服务功能	面对面	提升个人及居民日常服务类型、增加服务点分布，提升服务可达性与全面性

（2）建设新城混合功能中心，为促进功能融合提供接口。

居住、办公以及就业的平衡和融合是集聚人口的主要途径之一，新城的中心体系必须为实现这种融合创造条件。新城混合功能中心是多功能的重要区域，这些中心包括邻里、社区和片区的核心，它们是整个地方和区域的节点，它们把街区、社区联合起来成为城市甚至是区域的社会和经济构件。这些中心在功能上必然是混合的，如包括不同规模的住宅、商业设施、娱乐休闲设施、市政设施等。这个中心系统级别从小到大为居民和高校师生提供着从零售到工作等的多层次、不同规模的服务。中心区域是功能最复杂、布局最紧凑、密度最高的，更依赖于步行与公共交通。街区的经济结构越复杂，越能容纳就业、教育、休闲、购物等多种功能，就能创造更好的生活环境，这样可以使新城安全而有活力，新城的用地功能结构越完整，就越有可能创造一个内涵丰富和适于居住的环境。要逐步调整工业与生活二元分割的空间布局，对功能单一的工业集聚区要提供足量的公共建筑和休闲景观空间；根据产业

图10-20　下沙新城特色商业街引导

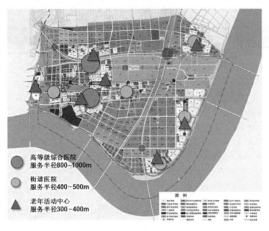

高等级综合医院
服务半径800~1000m

街道医院
服务半径400~500m

老年活动中心
服务半径300~400m

图10-21 下沙新城社会服务设施引导图一

科技文化中心
服务半径3000~5000m

街道健身中心
服务半径300~400m

小区级幼儿园
服务半径400~500m

图10-22 下沙新城社会服务设施引导图二

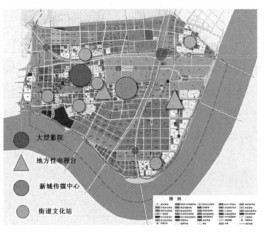

大型影院

地方性电视台

新城传媒中心

街道文化站

图10-23 下沙新城社会服务设施引导图三

社区体育休闲公园

行政办公和治安管理点

图10-24 下沙新城社会服务设施引导图四

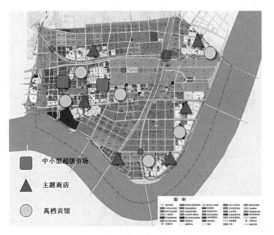

中小型超级市场

主题商店

高档宾馆

图10-25 下沙新城社会服务设施引导图五

功能提升的目标，实施腾笼换鸟，提档升级，更新改造等优化策略。对产业配套型生活区采取政策调节、经济诱导等手段，提升功能、改善环境，逐步为工业和生活在整体形态上的融合创造条件。通过混合活动中心的建设，促进高校与居住空间的融合与交流，并逐步形成新城的和谐社会和文化氛围（图10-26）。

（3）融合三大主导功能，激发新城创新与运行效率（图10-27）。

文化融合——融合居住和高校功能，营造新城社会氛围。打破大学城各校"围城"

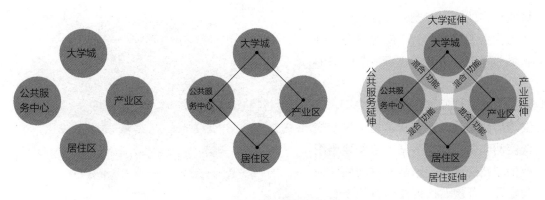

图10-26　功能混合策略示意

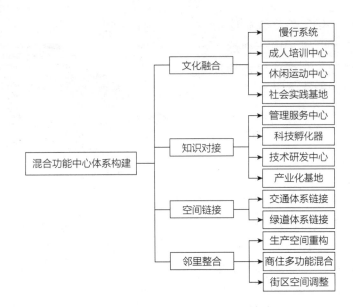

图10-27　功能融合的策略体系框架

局面，实现大学城和城市住区资源共享，打造城市特色社区，使大学城建设与下沙新城社区建设良性循环，互为补充。发挥大学城文化引领作用，将高校多彩的校园文化与创业文化结合，用文化凝聚人，用文化引导人，用文化激励人，形成下沙新城独具特色的校园——创业文化。在混合功能上重点关注户外运动、慢行休闲、娱乐活动、成人培训等，如在高校和居住区之间采用绿色慢行系统进行连接，并在节点上布置运动健身和娱乐活动场地，在高校内部则可以建立相关成人培训中心，在社区内建设大学生服务与社会实践基地等，通过空间上的联系与具体项目上的对接，促进两者的逐步融合。

知识对接——融合产业和高校功能，激发新城创新潜力。围绕高教园区布局集研发、孵化、中介等功能的各类科技园、研发与创业基地，拓展产、学、研合作渠道，推进科技孵化器的建设，积极发展信息咨询和中介服务业，推动产业链的完善和升级。大学、科技研发机构、孵化培育机构、产业化基地是必要的新城经济空间构成的要素，强化大学城在下沙新城发展中的作用，充分发挥大学城的智力优势和文化优势，使之成为下沙新城转型、提升的"创新源"（图10-28）。

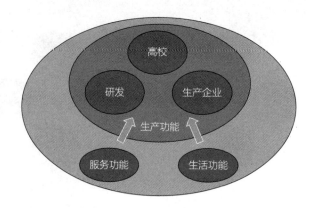

图10-28 产学研融合的新城经济空间要素

形成由管理与生产服务中心、研发与孵化基地、产业化基地、休闲交流空间和生态空间等基本空间要素组成的创新空间。特别是面对功能回归与提升，开展二次创业的背景下有必要从区域、城市和微观等不同尺度优化新城空间，以适应建设新城的发展转型。

空间链接——融合产业和居住功能，提高新城运行效率。由于制造业等第二产业空间单元与居住区差异较大，且其生产过程和工艺的特点，会对居住环境产生较大影响，虽然第二产业在空间上难以和居住区进行融合，但其可以通过交通链接和绿地链接达到融合的效果。

交通链接，即适应性和定制性公交达到提升融合效率的目的，在"高速路、城市快速路、一级主干路、二级主干路、次干路和支路"的六级结构框架体系下，随着居住区和企业的更新和建设，适时规划开通相应的公交线路；对于条件允许的企业则可以自设班车进行接送；而公交站点和班车线路还应结合

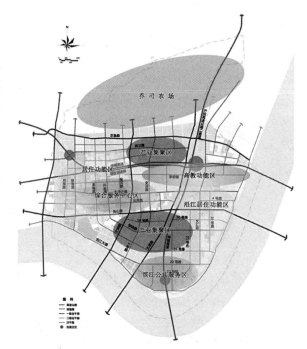

图10-29 道路交通体系与功能区链接分析

地铁站点设置，以形成"地铁—公交—班车—自行车/电动车—步行"相结合的通勤网络，实现新城内部运行效率的提升（图10-29）。

绿道链接，即在产业区和居住区的结合部，结合绿化隔离带设置公园或休闲绿道，并在其中布置日常工作和生活共同需要的服务功能，如商店、休闲吧等等，为居民和企业员工共同提供一个户外休闲、放松和交流的空间。

邻里整合——融合功能区内部分割单元，促进功能内部优化。邻里尺度是指功能组团内的工业小区（甚至企业内部）、居住小区、公园等微观尺度，这是空间发展战略规划所涉及的最小空间单元。邻里尺度上的微观视角和区域乃至广域尺度上的宏观视野的融合，有助于很多问题的解决，尤其从空间优化的角度在微观尺度上对问题予以破解。随着现代社会"多元化"趋势的深化，企业之间的收购、兼并现象日益普遍，现代企业生产组织呈现明显的

"融合"趋势，为此在邻里尺度上提出空间整合的应对策略。

以生产空间为例，"大小企业结合布置"的空间组织模式，不仅顺应了企业生产组织的"融合"趋势，巧妙化解企业近远期发展的矛盾，而且有助于将杭州市民营经济比较发达的优势和开发区外向型经济优势嫁接起来，促进内资小企业和外资大企业的生产融合，尽快促进外资企业的技术扩散，产生融合的创新效果，推动自主研发的快速成长。

以社区空间为例，为消除各阶层之间的隔阂和冷漠，增加社会的和谐气氛，采用"商住混合"和"多阶层融合"的混合型空间优化模式，有助于营造出公平、融洽的生活氛围。所谓"商住混合"，即鼓励在商店上层开发住宅，以增加商业人气和生活便捷度；所谓"多阶层融合"，即将高密度住宅区块和中密度住宅区块结合布置，通过公共空间让毗邻的多阶层居民有相互交流的机会，增进彼此了解和沟通、消除社会隔离，促进社会公平与和谐发展。

以街区空间为例，将公共活动空间作为交通和生活的过渡，使空间层次更为完整，通过融合的小尺度空间使可达性提高，尤其加入半私密与半开放空间，使生活空间更加舒适。

（4）引入多元化消费功能，提高新城生活品质。

引入多元化功能，提高新城生活品质。下沙新城的发展要从工业主导逐步向触媒发展转变，功能多元化仍然是下沙健康发展的基本条件，要构建多元化的城市功能，实现人口集聚，最终将下沙建设为职住平衡、多元发展的综合性新城。大城市的集聚对大众消费市场产生深刻影响，下沙新城内的消费主体多样性很高，不同的行为和心理特征、地理因素及人口统计特征等造成了不同的消费群体，形成消费文化。其中，以年轻就业者和学生为主的生活群体，其个人意识较强，自我关注度高，重视商品的符号象征意义，对某些商品的拥有成为个人地位、身份、荣誉的象征。这在很大程度上刺激了个性化消费，追求个性成为消费的主流，而个性化消费则需要多元化功能与服务细分的支撑（黄升民 等，2007）。

要紧密结合新城居住人口结构和素质变化，推进消费服务体系多元化、个性化发展。下沙新城的发展要强调多样化功能的引入，这是改善新城吸引力，降低跨区域通勤压力，促进本地消费的关键之一。以市场需求为引导，以公共财政为支撑，加强公益性文化设施建设，建成覆盖全域、功能健全、使用高效的文体设施网络。优化新城商贸网络布局，创新商贸服务方式、发展新型业态，有针对性地实施一批商业休闲娱乐建设项目，整合提升并引进一批新型城市休闲服务企业，加大核心商圈培育力度，推进特色商业街区建设，引导现代商贸服务业集聚发展，积极培育高端商贸服务集聚区块。

细化多层级服务，满足不同阶层的需求。细化下沙新城的消费服务模式，除衣食住行等基础消费外，应更关注文化、服务消费，以及网络消费、绿色消费、体验旅游消费等新的消费形式。根据马斯洛需求层次理论，细化服务功能的类型，丰富空间消费设施。

人的需要是消费服务产生和发展的根源，但人的需要是多方面的，根据马斯洛需求层次理论，人的需要可细分为5个层级，在这5个层级下，对应着不同的服务业类型（图10-30）。因此，下沙新城的功能提升也必须适应新城主体的不同层级需求，构建多元化的消费服务功能（表10-9）。

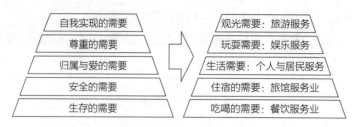

图10-30　人的需要层次对应的服务业类型

下沙新城消费功能提升方向　　　　　　　　　　　表10-9

消费型服务功能体系	类型细分	下沙建设重点
零售商业功能	社区商业（小店）、大中小型超级市场、大型购物中心、区域商业中心/商业街、时尚/专卖店、量贩中心/大卖场、主题/欢乐商店、直销中心	中小型超级市场、特色商业街、主题商店、直销中心
旅馆住宿功能	星级酒店、公寓式酒店、连锁酒店、度假村、家庭旅馆、青年旅舍、农家院、招待所、旅馆/旅社	规范和提升现有住宿业业态、增加中高档宾馆数量
餐饮服务功能	正式中餐、特色料理、西餐、小吃/快餐、火锅/砂锅、海鲜、面包/饮品、自助餐、烧烤、素食、茶餐厅、茶馆、咖啡厅、农家菜	加强特色街区的建设，提升现有业态
娱乐与休闲功能	酒吧、KTV、电影院、游艺厅、台球厅、网吧、桌游吧、DIY手工店、咖啡厅、茶馆、书店、剧场/音乐厅、文化艺术、按摩、桑拿/洗浴、足浴、景区/游乐、高级会所、健身中心、美容养生会所	加强特色街区的建设，提升现有业态
旅游服务功能	旅游接待中心、旅游集散中心、景点管理处、旅行社、自然旅游景点、人文旅游景点	引进大型旅游企业集团和休闲娱乐业，开发临江生态休闲旅游、北部乡村旅游（包括观光、体验与休闲旅游）、开发区工业旅游、高教园区文化旅游等
个人及居民服务功能	家政服务、教育/培训、摄影/摄像、旅行社、宠物、洗衣、装修、医院、银行/ATM、加油站、停车场、社区/居委会	提升个人及居民日常服务类型、增加服务点分布，提升服务可达性与全面性

（5）实现公共资源均等化，提升新城宜居品质。

连通交通多层次网络化，降低新城区域通勤成本。下沙新城未来的交通组织结构由轨道交通和常规地面公交系统组成，一般包括地铁与公交两种主要模式，除此之外则应以邻里范围内的慢行系统和非机动车交通（公共自行车/自行车、电动车）为主，将下沙各功能区块结构与交通组织网络在层次上形成良好对应性，两种组织结构形成紧密的耦合关系。居住在邻里单元内的居民通过步行能够到达片区功能中心，在片区功能中心可以搭乘地铁或公交到达其余新城功能区块中心，在各新城功能区块中心可以乘坐地铁和快速区域公交到达杭州主城区、次区域（各城区）中心和边缘（卫星镇）中心，使功能中心和交通节点层次有序地组合在一起，以此通过提高下沙新城到杭州都市区其他中心的时空可达性来提升新城运行效率，降低通勤成本。

　　引导教育医疗布局均等化，提升生活圈公共服务绩效。改变新城启动阶段的不均衡点状布局模式，倡导"以人为中心"的公共服务供给模式，重塑多样化、人性化和社区归属感的城市氛围，尊重历史与自然。按照生活圈的层次体系，借鉴新加坡TND（邻里中心）模式实现下沙教育医疗等公共服务设施布局的均等化（表10-10、图10-31、图10-32）。

新城生活圈划分及公共服务设施配套标准　　　　　　　　　　表10-10

公共服务设施配置	居民点基本生活圈	一次生活圈	二次生活圈	三次生活圈
空间界限	最大半径1km 最佳半径500m	最大半径3km 最佳半径1.5km	最大半径4km 最佳半径3km	15～20km
界定依据	以幼儿、老人徒步时间10～15分钟为界限	以小学生徒步时间半小时为界限、低年级学生以4km为界限	以中学生以上徒步时间半小时、自行车30分钟为界限	以机动车行驶时间30分钟为界限
人口	500～1500人	4000～5000人	1万人以上	3万人以上

表格来源：作者根据《基于生活圈的城乡公共服务设施配置研究——以仙桃为例》（朱查松 等，2010）绘制

　　实现绿色游憩空间同好性，提高新城宜居环境品质。新城绿地与游憩空间是构成下沙新城生态环境的重要元素，是实现新城可持续发展的重要空间保障，具有重要的生态、休憩、娱乐和社会文化等功能（尹海伟 等，2008）。要注重下沙生态环境，特别是临江岸线的开发维护，增强新城自然生态系统的"生态弹性"。同时，绿地的功能也要体现多元化和特色化，如临江沿岸则侧重于带状和楔形布局，形成休闲绿道和景观视廊；而企业集聚区块则形成点状小型休闲与健身公园，为企业员工提供日常放松，改善工业区环境美感；而居住区与高教园集聚区块则侧重于多级网络型布局模式，三次生活圈中布置中大型生态观光公园，二次和一次生活圈中布置小型综合性休闲娱乐公园，基本生活圈中结合体育休闲设施布置集中绿地，并用绿色慢行系统连接这些公园和绿地节点，形成网络化绿色游憩空间，保证下沙新城不同片区的同好性与适应性。此外，水域、岸线和绿地这些自然资源可以作为技术手段来控制下沙新城的低效率发展，使居民更接近大自然，也有可能成为邻里相互联系和交流的纽带，有助于归属感的营造。

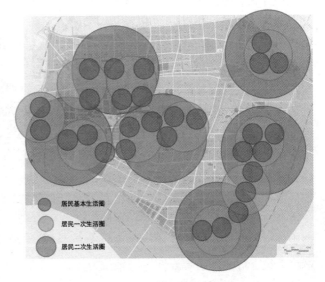

图10-31　下沙新城生活圈分布

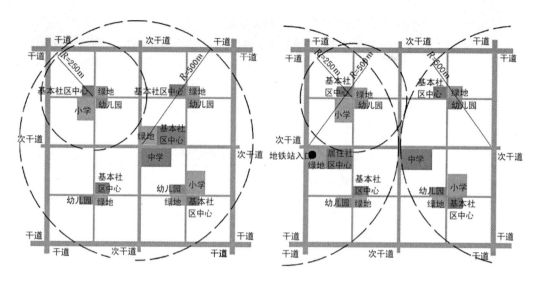

图10-32 下沙新城生活圈服务设施配置分析

（6）增强区域可识别性，树立新城品牌形象。

打造标志性"特色意图区"，增强新城可识别性。在下沙新城的空间规划中划定"特色意图区"，在此区域内充分展现新城空间特色。"特色意图区"包含"特色展现区""景观敏感区"和"认知路径（点）"（图10-33）。

从景观"三维"空间认知的角度，考虑下沙新城空间景观控制要求，结合现有建设条件，以周边道路、河流、用地功能等人工和自然地形、地物为界，依据点状、带状、面状不同的空间形态分别划定（沈俊超，2009）。在新城门户位置，以及各片区规划设置标志性建筑物，如已规划的9个城市综合体作为"点状特色区"，由国内外知名建筑事务所进行单体创意，力求体现新城个性；在绿道、特色商业街、沿江景观带等区域形成"带状特色区"，如新城总体格局的空间轴线、景观路和视线走廊、重要的边缘界面等，形成有一定尺度感、连绵度、高差、节奏韵律的自然与人工相结合的特色界面；在下沙高教园区、金沙湖中央办公商务区、工业遗产区等区域，形成特色功能空间和文化产业聚集区域，成为未来下沙新城标志性区域和文化区，从建筑群体、标识系统、灯光体系等方面进行系统设计，形成各个区域的环境特色，成

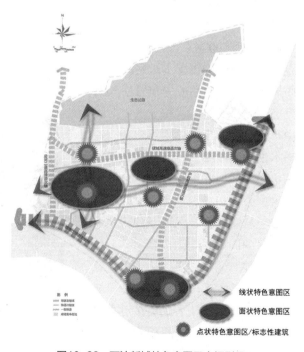

图10-33 下沙新城特色意图区空间引导

为引领下沙空间特色的主体，增强新城的可识别性。

结合下沙新城"一主三次、斑块集中、网络沟通"的绿道系统规划结构，选择关键性的空间节点打造点状特色意图区，结合区域性公园绿地和沿江优质景观资源打造面状特色意图区，结合新城综合服务功能带与沿江景观带，形成带状特色意图区，串联起前两者，在空间上形成新城特色意图网络，增强新城的空间可识别性。

城市形象如同商品品牌形象，应系统策划品牌形象，形成新城特色名片。没有城市形象就无法在激烈的竞争中被识别、认知，要改变当前人们对于下沙新城仅仅是"工业区"和"房价洼地"的认知，这就需要对下沙新城的品牌形象进行重塑。下沙新城应成立相应的文化传播公司，以研究新城特色文化为核心，开发利用文化资源以达到宣扬新城品牌的目的。且城市品牌形象必须从提出、形成到成熟都被广大新城居民理解、接受、认可和遵从，进而充分发挥其应有的凝聚力、导向力、激励力和规范力。新城品牌化是包括品牌战略规划、品牌战略建设、品牌战略传播和品牌战略维护与管理等在内的系统工程，需要一个长期的培育过程，投入长期的努力，加以持续的改进（孟宝 等，2011）（图10-34）。

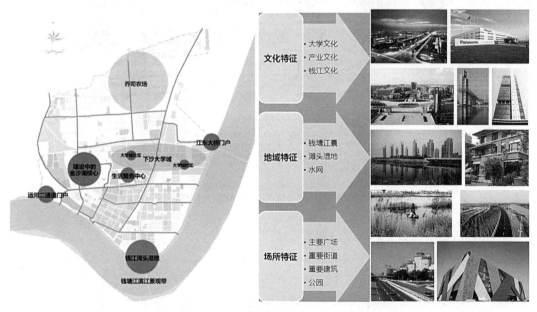

图10-34　下沙新城现状空间特色元素

（7）营造新城人文氛围，加强新城家园归属感。

城市规划能使城市建设面貌在短时间内得到大幅度的改变，但城市建设对城市文化的影响则需要长时间的积累才能逐渐显现。通过下沙的城市建设，用下沙新城文化引领区域内的社区文化、校园文化、工业文化和企业文化。城市建设融合带动新城文化氛围的形成有三种方式（何邕健 等，2006）：

第一种，利用地标建筑打造局部文化空间。空间是城市文化形成的物质载体，地标性建筑物涵盖着特定的文化意义，城市整体文化空间则体现在众多建筑物组成的群体空间中，引起人们感官和情感上的共鸣，以加深对新城的认知和理解。

第二种，城市建设更新历史空间发展新城文化。外部环境的日新月异使城市文化不断演变，以新形式和新元素赋予历史建筑新的文化内涵。下沙由于是较为纯粹的新城发展模式，因此缺乏历史文化的积淀，而相对来讲，工业作为下沙启动的标志，工业遗产将成为下沙历史文化的主要载体，通过对工业遗产的更新利用来纪念下沙的奋斗和成长过程，形成下沙独有的创业文化（图10-35、图10-36）。

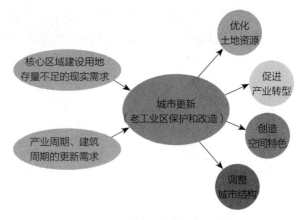

图10-35 城市更新的需求和对策

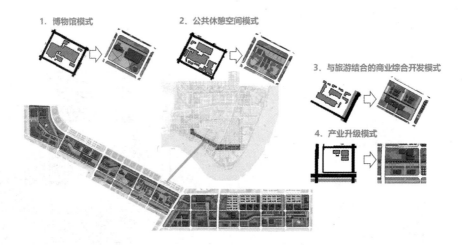

图10-36 工业遗产的特色化改造策略

第三种，微观层面上统一建设基调和城市文化氛围。城市建设基调是指在城市微观环境建设中对文化符号、颜色、体量等基本景观要素的控制原则。城市文化氛围的营造不仅是宏观层面的良好形象，更是协调城市文化与建设基调。下沙新城在建设中考虑城市文化氛围的营造，如运用颜色、形态、铺地等手法将文化符号植入开放空间中，形成有特色的城市微观环境，体现下沙新城特色和文化审美差异（图10-37）。

总之，下沙副中心的功能提升需要一个长期的过程，大事件驱动型发展思路，需要明确下沙新城未来功能提升的清晰战略、阶段划分、各阶段重点，在此基础上，策划每一阶段发展对应的"大事件"战略（表10-11、图10-38）。

图10-37 下沙新城特色文化空间引导

下沙新城功能提升的阶段性重点 表10-11

提升维度	提升理念	启动阶段 （功能优化）	完善阶段 （系统整合）	创新阶段 （形象塑造）
生产要素	提升	完善公共服务平台，初步建立科技创新平台和公共技术平台	完善科技创新平台和公共技术平台两大平台，初步整合三大平台	形成完善的产业链发展平台体系
	活化	补充缺失的社会型服务和消费型服务功能	逐步构建多层次的社会型服务和消费型服务功能	形成多元化多层次的社会型与消费性服务体系
	融合	建设标志性混合功能中心	实现知识对接和空间链接	实现邻里整合和文化融合
需求条件	多样化	实现新城消费功能的完整性	打造特色街区，形成完善的商业网点体系	引入主题商店、高级休闲会所等高档个性化消费服务
	均衡化	完善公交体系，提升教育、文化、生态休闲服务设施水平	形成多层次交通网络建设，达到公共服务全覆盖	形成完善的生活圈公共服务体系
	特色化	打造新城标志性建筑与景观核心	构建网络状景观意图区，新城空间品质明显提升	形成新城品牌形象与特色名片
产业关联	过滤	逐步搬迁不适合在下沙新城发展的企业	完成退二进三，现代服务业明显集聚	形成完善的产业体系与优质的新城发展环境
	整合	引入促进转型升级的产业环节	形成产业集群，产业之间关联度不断加强	打造完整的产业链，全面提升区域竞争力
	培育	培育特色经济功能，强化产学研基地与创意产业	培育总部经济功能，建设总部基地与创新创业园	培育飞地经济功能，与区域形成产业链接发展
外部战略	分工	强化优势产业，优化发展环境	承接核心区功能疏导，与其他功能组团联系加强	形成分工有序的都市圈功能体系
	协同	加强与周边区块的功能联系	形成与周边区块产业错位互补的发展格局	实现都市圈区域一体化协同发展
	创新	完成大事件策划并初步启动建设	实现工业推动向大事件触媒发展的转型	实现新城的整体战略目标

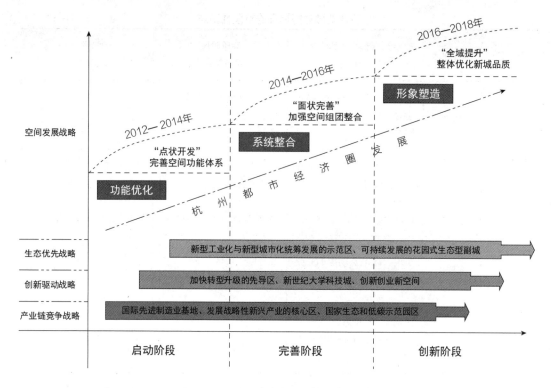

图10-38　下沙新城功能提升的战略路径

第 **11** 章

中心体系构建的行
动方案与体制机制
优化建议

11.1　中心体系构建的行动方案

11.1.1　都市圈中心联结行动

（1）构筑杭州都市经济圈轨道快线网络，建设杭州至富阳、临安、绍兴、海宁等相邻县市的都市区轨道快线项目，推进杭州都市经济圈公交一体化。

（2）连通外围中心，提升沟通效率。加快建设杭州都市圈绕城高速公路（杭州二绕），预留各中心内部公交线路的接口，推动杭州都市圈公路路网和公交线网的融合发展。

（3）开展都市圈重点交界区域内的交通基础设施对接规划，明确跨区域路网、轨道、公交衔接原则和办法，推进杭州市区临安协调区、杭州市区富阳协调区、余杭德清协调区、下沙余杭海宁桐乡协调区、瓜沥–杨汛桥–钱清协调区等区块的交通协调规划和建设。

（4）提升外围中心联系效率。明确杭州都市圈高速公路环线、杭州城市组团环线等重大区域性交通设施线位，增加杭州绕城高速公路与杭州都市圈高速公路环线之间的干线路网。

11.1.2　主中心品质提升行动

（1）加快钱江新城区块建设。钱江新城与钱江世纪城融合发展，形成杭州未来城市主中心，引导人口跨江疏散；通过限制机动车和优化静态交通组织，重点改善钱江新城交通环境，缓解大型公共服务中心带来的交通拥堵和停车问题。

（2）完善城市滨水休闲功能。结合中心体系的网络空间结构，重点改善沿河、沿湖和沿江的步行景观环境，引入多元化活动与商业元素，提升具有魅力、活力的城市品位，打造杭州水乡休闲品牌。

（3）通过主题鲜明的文化走廊串联核心区内部中心体系。进一步挖掘杭州历史文化名城的历史底蕴，整理文化遗产资源，打造文化景观体系，从功能区发展模式走向文化生活区发展模式；加强全市区域旅游服务功能，在各级主城中心之间以"钱塘运河文化走廊"相联系。

（4）建设开放式与传统式相结合的博物馆体系。围绕杭州"人物都会、文献之邦、文物之地、宗教圣地、东南诗国、书画之邦、丝绸之府、茶叶之乡"的独特文化主题，结合各级公共服务型城市中心规划完善城市博览展示体系，展示模式可以采用小型博物馆群落或结合城市公共空间形成"开放式博物馆"，发挥公益性文化服务功能。

11.1.3　副中心融合带动行动

（1）以融合带动下沙副城提升发展。通过下沙内部公共中心体系的构建，形成下沙新城产业区、大学城、居住区、公共服务核心之间的功能互动，在各级中心培植各类服务平台等衍生功能，给原功能区注入新的发展动力，推动产业的多样化发展和产业链的转型与提升。同时，将多样化的功能结合各级中心的空间塑造，形成多元的活动舞台，为打造多彩下沙、活力下沙提供载体。

（2）以南北中心融合带动临平副城发展。在临平山以北重构临平副城中心，与超山–丁山湖生态绿心形成双心结构，强化中心集聚，能更好地带动北部余杭开发区、钱江开发区、运河镇和西部的塘栖、崇贤的发展，完善功能布局，促进目前发展较为分散的功能片区得以整体融合发展。

（3）以双城中心互动带动江南副城发展。以江南副城工业中心功能区为空间衔接点，萧山城区中心作为杭州江南城和城市商务中心的主要组成部分，加快形成产、学、研协调发展的园林式、生态型宜居城区；滨江高新区中心作为另一个组成部分，加快发展高新产业相配套的生产性和生活性服务业，前者加快高新区产业转型升级，后者促进主城人口向跨江疏散，提升江南城生活品质。

（4）以产业升级带动城北副中心城乡空间优化。以产业集聚与城市融合发展的示范区，总部经济、商业金融、高新研发、文化创意的集聚高地，杭州城北配套齐全、功能完善、氛围最活跃的多元化城市中心区，成为一个集现代物流、电子商务、商贸会展、金融服务、总部经济、科技研发，宜居宜业、可持续发展的高端商务新城和繁荣的杭州城北城市副中心。

11.1.4　专业化中心提升行动

（1）提升枢纽型中心。提升以萧山机场为核心的空港新区配套服务功能建设，建设联系主城与机场的轨道交通线路；提升以铁路东站为核心的城东新城，依托对外交通枢纽功能，建设商务办公、商业娱乐等配套服务功能，优化城东新城支路网系统；提升以铁路城站为核心的精品车站功能区，梳理与整合现有"低、散、小"的旅游服务点，建设高品质高效率的旅游集散中心，增加中心内部停车容量。

（2）提升科创型中心。加快建设未来科技城副中心，启动高等教育、高层次人才创新孵化、电子商务和服务外包、文化创意、南湖总部金融区块、高端制造区块、创新公共服务中心、仓前配套服务等重要区块建设，通过公共服务能力的提升，加速居住和就业人口集聚速度；提升滨江三化厂中心，近期重点强化滨江高新区的生活型配套服务功能（商业、文化、娱乐等），加速人口集聚，中远期强化以研发和商务为主的生产性服务业功能；提升申花中心，围绕浙大创新核心，为周边大规模住区提供生活配套服务功能。

（3）提升市场会展型中心。梳理国际会展中心目前分散的展示空间，适度发展商务中介等生产性服务业，同时重点营造公共空间系统，提升整体环境品质；九乔商贸城次中心通过局部空间调整与道路系统优化，整合现状物流基地、专业市场群与商贸城，加强该中心与下沙金沙湖中心区块和临平的联系。

11.1.5　卫星城（组团）中心提升行动

（1）提升大运量公交服务效能。将目前的轨道线网规划线路延长至各组团：延长5号线或开辟7号线支线，延伸至瓜沥组团；延长2号线至临浦组团。通过大运量高效率的轨道交通线，缓解目前外围组团的高通勤成本。建立组团和副城之间的快速路系统，加强外围组团之间的横向联系，以缓解主城的高向心交通压力。

（2）推进公共服务空间均等化。以大运量公共交通作为联系纽带，邻里为基本发展单元，提倡三种模式的结合：TOD模式（公共交通导向的土地开发模式）、SOD（公共设施导向的土地开发模式）和TND模式（传统邻里开发模式），以城市公共服务中心为先导，引导居住空间与产业发展，坚持紧凑组团型的发展。加大对组团社会服务体系的投入，将主城区较高等级的优质教育、医疗等公共服务设施扩散到组团，使这些公共产品的受益面更广，缩小空间不平衡发展带来的"隐形鸿沟"，倡导"以人为中心"的公共服务供给模式，按照生活圈的层次体系配置社会服务型业态，实现公共服务设施布局的都市均等化。

（3）适度开发保障型住区。保障型住区作为人口集聚刚性较大、吸引力较强的居住空间，对外围组团的人口集聚将会起到正向作用，促进外围日常经营性服务业的发展，但其前提是组团拥有较低的交通成本和公共服务成本。

（4）强化组团中心的土地开发引导。鼓励城市组团中心区、商业与公共服务中心区、轨道站点服务范围、客运交通枢纽及重要的滨水区等区域的土地混合使用。在组团中心重点鼓励轨道交通（包括重要公交枢纽）、居住用地与商业用地混合使用，主要以混合开发模式为主，立体利用轨道交通上盖空间，建设商业、办公、住宅与配套设施等复合型综合体。城市组团内部各类用地功能应相对集约和均衡布局，促进居住、就业与公共服务设施的协调发展。组团用地规划与布局应与公共交通发展水平相适应，促进土地与交通一体化开发（TOD模式）。在中大运量的公共交通节点500m范围内开发多种用地功能。居住用地布局应综合考虑区位、周边环境和用地条件等因素，相对集中布局。组团居住用地布局应与公共交通相适应，轨道站点200m范围内的居住用地宜以混合功能设置，住宅宜以中小户型为主。

11.2　相关的体制机制优化建议

11.2.1　建立大都市区发展联席会议制度

在市级层面，建立大都市区发展联席会议制度。会议成员由市政府办公厅、市发改委、市经济和信息化委员会、市财政税务局、市人民政府发展研究中心、区（市、县）等单位的一把手组成。联席会议对大都市区战略利益判断、战略利益设计、战略空间区位选择、大都市区经济整合、同城化策略、空间结构调整、行政区划调整、土地收益分配、财政体制改革、大型基础设施建设、文化和生态重大工程建设等重大问题进行协商、协调和决策，以促进大都市区中心体系空间组织的有序化和运行效率的提升。

11.2.2　建立大都市区规划建设集权制度

城市空间是公共资源，理论上现代都市空间组织的模式应该是集权制。实践已经证明，相信城市规划建设可以民主化的台北，已经被拥有强大公权力的上海所淘汰。大量无效率的工作，使政府失去了在瞬息万变的市场上敏锐反应的机制，许多宝贵的发展机会在无效的争论中被丧失。福建漳州中心区规划方案的选择就是公众参与失败的一个典型例子，因为所有的公众，包括专家，都不需要直接为新区建设负责，也不是新区的实际使用者，他们主观臆断，选择了"最豪华"的方案，而在现实中城市根本没有这样的支付能力。所以，建立大都市区规划建设集权制度是必需的，但如何使这一制度更有操作性，也更符合社会建设的进程，以及如何协调集权和有限分权的关系，还需要做更深入细致的探索。

11.2.3　推进大都市区决策分析系统建设

近年来，"智慧城市"的发展战略在国内日益普遍，与建设智慧新加坡等比较，杭州的条件是否已完全成熟，还有待实践的进一步检验。但是，充分利用建设智慧城市的契机，推进城市决策分析系统建设，是必要和可行的。该系统可以采购美国巴尔的摩市的CitiStat框架，以现代大都市空间组织为导向，以调查统计数据为基础，以监测评估为核心，以政策仿真实验为手段，建立具有杭州特色的城市决策分析系统，供领导和城市发展联席会议使用，促进杭州大都市发展决策更科学和建设景观更美丽。

11.2.4　构筑扁平化的行政治理体制架构

杭州紧抓改革开放和市场经济发展的历史机遇，通过行政区划调整和简政分权，极大地调动了下级主体的活力，在短时期内迅速做大了城市产业与空间规模。但是，现行这种自下而上的多元发展模式，有利于个体做大，却不利于整体做强，特别是由此导致的空间无序化、碎片化，直接造成城市战略性空间资源的低效使用。上城、下城、江干等各个城区"一哄而上"，纷纷建设商务功能区块，基本上都是以发展企业总部、商贸服务为主，功能严重趋同。

政府层级结构"扁平化"成为一种政府结构发展的必然趋势。当前，杭州都市功能区块的建设缺乏一个拥有相应权力，统筹协调开发建设的机构，特别是跨区域功能区块。建议对于开发规模特别大、位于都市空间结构关键节点和跨区域的功能区块，采用垂直型的集权体制进行管理。在此集权体制中，各派驻机关的地位等同于市级行政主管部门内部机关处室，各区政府对派驻机关减少工作干预，应体现"市强区（县）弱"的特征。

未来应逐步形成"规划建设决策权上收，实施管理重心下移"的集权与分权相结合的管理态势。并建立政府投资项目供地、规划、立项、设计、招标、投资、建设相互合作、相互监督的城市建设管理新体制（卢道典 等，2012）。

11.2.5　实施跨区域多元化利益分配机制

区域要素的整合如同企业间的竞合，必须基于制度设计，通过多元化的利益分配机制，使得各方都能从区域合作中受益。实践一再证明，再好的区域规划，也不如一个好的利益分配方案。

通常认为影响利益分配有三方面的要素：可分配的收益、分配标准及分配方式。在未来的改革中，需要围绕可分配利益确定、分配原则及分配方式制定3个环节，并充分考虑信息不对称所导致的利益分配不公问题，按照动态合作中利益分配机制的特点进行制度设计。总体框架是：建立"存量不变，增量共享"的利益分配机制。所谓存量不变，就是指现行的行政权、财政权和土地使用权及其他各类原有资源进行自行管理。所谓增量共享，就是指在基础设施、环保、住房、娱乐、治安等方面，区域和城市之间实行合作，按比例出资，体现增量共建共享，实现空间资源互利互惠。如之前杭州公交城际客运有限公司与3县（市）以现金注入的方式，按各占51%与49%的股份比例成立杭州公共交通有限公司，开通城际公交线路。

11.2.6　监测评估从内部控制到公众参与

未来杭州大都市中心体系发展应建立常态化的监测评估制度，把监测评估引入现代都市空间组织的全过程，深入研究现代都市空间组织监测评估的组织管理体制和机制，推进监测评估能力建设，将监测评估作为现代都市空间组织实施的重要手段。

在都市建设管理过程中，监测评估过程应更强调公众参与。例如宁波镇海PX事件从政府促进地方经济发展视角来看完全是正确的，但在决策过程中却忽视了微观主体的利益，从而造成了负面的群体性事件，都市空间组织和资源利用中的许多问题都与此类似。因此，政府监测评估应以公民满意为政府绩效的根本标准，未来杭州应当建立参与式监测评估制度，参与方式包括"信息接受"（如接受公众满意度调查等）和"决策分享"（如共同选择要评估的部门或项目、共同确定评估的内容和侧重点等）两部分相辅相成的内容结构。

参考文献

［1］曹广忠，柴彦威. 大连市内部地域结构转型与郊区化［J］. 地理科学，1998，18（3）：234-241.

［2］曾刚，王琛. 巴黎地区的发展与规划［J］. 国外城市规划，2004，19（5）：44-49.

［3］曾峻. 公共管理新论——体系、价值与工具［M］. 北京：人民出版社，2006.

［4］常冬铭，孙晓明，李丽萍. 港口与港口城市的互动关系［J］. 中共济南市委党校学报，2007（3）：15-17.

［5］常冬铭. 宁波市港口与城市互动关系研究［D］. 北京：中国人民大学，2008.

［6］陈航. 大连市港城关系研究［D］. 大连：辽宁师范大学，2006.

［7］陈家祥. 特色产业基地规划的理论基础分析［J］. 江苏城市规划，2008a（5）：4-7.

［8］陈家祥. 国家高新区功能创新的内涵研究［J］. 科技与经济，2008b，21（4）：11-14.

［9］陈磊. 从伦敦，纽约和东京看世界城市形成的阶段，特征与规律［J］. 城市观察，2011（4）：84-93.

［10］陈明. 我国城镇密集地区聚集与扩散机制研究［R］. 北京：中国城市规划设计研究院，2008.

［11］陈前虎，徐鑫，帅慧敏. 杭州城市生产性服务业空间演化研究［J］. 城市规划，2008，32（8）：48-52.

［12］陈小卉. 都市圈发展阶段及其规划重点探讨［J］. 城市规划，2003，27（6）：55-57.

［13］陈越峰. 城市规划权的法律控制［D］. 上海：上海交通大学，2010.

［14］仇保兴. "生态城市"应遵循六大原则［C］//中国公园协会2011年论文集，2011.

［15］仇保兴. 城市转型与重构进程中的规划调控纲要［J］. 城市规划，2012，36（1）：13-21.

［16］崔功豪，武进. 中国城市边缘区空间结构特征及其发展——以南京等城市为例［J］. 地理学报，1990（4）：399-411.

［17］单峰. 行政中心外迁对城市空间结构的影响研究——以合肥市为例［D］. 北京：清华大学，2004.

［18］邓曼. 贵州民族地区推进新型工业化道路初探［J］. 贵州民族研究，2003，23（4）：122-128.

［19］丁成日，宋彦，张扬. 北京市总体规划修编的技术支持：方案规划应用实例［J］. 城市发展研究，2006（3）：117-126.

［20］丁成日. 芝加哥大都市区规划:方案规划的成功案例［J］. 国外城市规划，2005（4）：26-33.

［21］董超. 流空间形成与发展的信息导引研究［D］. 长春：东北师范大学，2012.

［22］董晓峰，史育龙，张志强，等. 都市圈理论发展研究［J］. 地球科学进展，2005，20（10）：1067-1074.

［23］段文婷，江光荣. 计划行为理论述评［J］. 心理科学进展，2008，16（2）：315-320.

［24］方远平，闫小培. 服务业区位论:概念、理论及研究框架［J］. 人文地理，2008a（5）：12-16.

［25］方远平，毕斗斗. 国内外服务业分类探讨［J］. 国际经贸探索，2008b，24（1）：72-76.

［26］冯健，周一星. 1990年代北京市人口空间分布的最新变化［J］. 城市规划，2004，27（5）：55-63.

［27］冯健，周一星. 北京都市区社会空间结构及其演化（1982—2000）［J］. 地理研究，2003，22（4）：465-483.

［28］冯健，周一星. 转型期北京社会空间分异重构［J］. 地理学报，2008，63（8）：829-844.

［29］冯健. 杭州城市工业的空间扩散与郊区化研究［J］. 城市规划汇刊，2002（2）：42-47.

［30］付恒杰. 日本城市化模式及其对中国的启示［J］. 日本问题研究，2004（4）：18-21.

［31］富田和晓. 美国大都市圈的空间结构研究及现阶段之诸问题［J］. 人文地理，1988，40（1）：40-61.

［32］高慧君，蒋波涛. 智慧的空间位置：智慧城市时代的GIS［M］. 北京：测绘出版社，2014.

［33］耿明斋. 现代空间结构理论回顾及区域空间结构的演变规律［J］. 企业活力，2006（11）：16-20.

［34］顾朝林，于涛方，刘志虹，等. 城市群规划的理论与方法［J］. 城市规划，2007，31（10）：40-43.

［35］管驰明，崔功豪. 中国城市新商业空间及其形成机制初探［J］. 城市规划学刊，2003（6）：33-36.

［36］郭峰，曾唯潇，糜利萍. 加快转型升级推进科学发展［N］. 杭州日报，2011-01-18.

［37］郭全中，钟志华，周金泉. 新型工业化道路的实现［J］. 科学. 经济. 社会，2005，23（4）：27-30.

［38］郭晓雯. 下沙，九堡：加速融入主城［J］. 楼市，2005（12）：20.

［39］国家发展改革委. 长江三角洲地区区域规划［EB/OL］. 2010-6-7［2015-3-14］. http://www.china.com.cn/policy/txt/2010-06/22/content_20320273.htm.

［40］过秀成，吕慎. 大城市快速轨道交通线网空间布局［J］. 城市发展研究，2001，8（1）：58-61.

［41］赫寿义，安虎森. 区域经济学［M］. 北京：经济科学出版社，1999.

［42］何春阳，陈晋，史培军，等. 大都市区城市扩展模型-以北京城市扩展模拟为例［J］. 地理学报，2003，58（2）：294-304.

［43］何芳. 城市土地集约利用及其潜力评价［M］. 上海：同济大学出版社，2003.

［44］何邕健，张秀芹，毛蒋兴. 城市文化与城市建设互动影响研究［J］. 规划师，2006，22（11）：73-76.

［45］胡宝哲. 经济高速发展期城市结构形态及其变容:东京都中心地城市构造试析［J］. 世界建筑，1994（1）：58-62.

［46］胡道生，宗跃光. 大城市都市区化与规划调控思路的转型［J］. 城市规划，2010，34（5）：18-22.

［47］胡娜. 东京大都市圈形成过程地理分析［D］. 长春：东北师范大学，2006.

［48］胡序威，周一星，顾朝林. 中国沿海城镇密集地区空间集聚与扩散研究［M］. 北京：科学出版社，2000.

［49］胡杨，姚飞，俞文耀，等. 杭州都市经济圈产业整合分析［J］. 现代农业科技，2009（13）：384-385.

［50］胡玉娇. 香港新市镇的"三代"变迁［J］. 开发研究，2009（1）：53-59.

［51］胡运权. 运筹学教程［M］. 北京：清华大学出版社，2003.

［52］黄华芝. 基于计划行为理论的酒店员工离职意向研究［D］. 长沙：湖南师范大学，2010.

［53］黄升民，杨雪睿. 在多元分化过程中重新聚合——城市居民消费行为研究的另一视角［J］. 国际新闻界，2007（9）：11-16.

［54］黄亚平. 城市空间理论与空间分析［M］. 南京：东南大学出版社，2002.

［55］黄毅. 城市混合功能建设研究［D］. 上海：同济大学，2008.

［56］黄泽民. 我国多中心城市空间自组织过程分析——克鲁格曼模型借鉴与泉州地区城市演化例证［J］. 经济研究，2005（1）：85-94.

［57］霍华德. 明日的田园城市［M］. 金经元，译. 北京：商务印书馆，2000.

［58］季松. 消费时代城市空间的体验式消费［J］. 建筑与文化，2009（5）：68-70.

［59］江曼琦. 城市空间结构优化的经济分析［M］. 北京：人民出版社，2001.

［60］蒋达强. 新市镇开发的香港经验［N］. 经济观察报，2003-09-01（5）.

［61］蒋丽，吴缚龙. 广州市就业次中心和多中心城市研究［J］. 城市规划学刊，2009（3）：75-81.

［62］金华. 兵团工业化阶段的基本判断［J］. 新疆农垦经济，2005（8）：15-18.

［63］金世胜. 大都市区公共游憩空间的建构与解构［D］. 上海：华东师范大学，2009.

［64］维恩. 大伦敦交通策略与城市发展［J］. 沈璐编译. 上海城市规划，2012（2）：55-58.

［65］昆斯曼. 多中心与空间规划［J］. 唐燕，译. 国际城市规划，2008（1）：89-92.

［66］孔凡兵，王永仓，张志永. 产业集聚效应与企业成长发展［J］. 经济研究导刊，2011（2）：27-28.

［67］黎夏，杨青生，小平. 基于CA的城市演变的知识挖掘及规划情景模拟［J］. 中国科学（D辑：地球科学），2007，7（9）：1242-1251.

［68］李蓓蓓. 香港的新市镇建设论析［J］. 华东师范大学学报（哲学社会科学版），1996（3）：43-47.

［69］李华敏. 乡村旅游行为意向形成机制研究［D］. 杭州：浙江大学，2007.

［70］李建，吴祝平. 我国农村产业结构的基本特征及其战略性调整［J］. 黄冈职业技术学院学报，2003（2）：58-64.

［71］李建波. 长沙中心城区轨道站点周边区域建设开发容量研究［D］. 长沙：中南大学，2012.

［72］李铁立. 北京市居民居住选址行为分析［J］. 人文地理，1997（2）：42-46.

［73］李王鸣，潘蓉，余碧波. 杭州城市外资企业空间分布研究［J］. 经济地理，2003，23（6）：756-761.

［74］李云，唐子来. 1982～2000年上海市郊区社会空间结构及其演化［J］. 城市规划学刊，2005（6）：27-36.

［75］李占雷，杨金廷，李少波. 邯郸市经济发展阶段的分析与判断［J］. 河北工程大学学报：社会科学版，2003，20（3）：84-86.

［76］李志刚，吴缚龙，高向东. "全球城市"极化与上海社会空间分异研究［J］. 地理科学，2007，27（3）：304-311.

［77］梁慧娟. 居民废旧家电回收行为影响因素分析及实证研究［D］. 杭州：杭州电子科技大学，2011.

［78］廖天佑. 互联网经济对大都市区内部空间结构的影响［D］. 广州：暨南大学，2006.

［79］林巧，戴维奇. 宁波市旅游饭店空间布局研究［J］. 宁波经济：三江论坛，2005（10）：12-15.

［80］刘贵利. 城市规划决策学［M］. 南京：东南大学出版社，2010.

［81］刘国宏. 基于产业视角的深圳城市空间发展［J］. 开放导报，2014（3）：65-68.

［82］刘海龙，李迪华，韩西丽. 生态基础设施概念及其研究进展综述［J］. 城市规划，2005，29（9）：70-75.

［83］刘佳燕. 面向当前社会需求发展趋势的规划方法［J］. 城市规划学刊，2006（4）：35-40.

［84］刘健. 巴黎地区区域规划研究［J］. 北京规划建设，2002（1）：67-71.

［85］刘莉萍. 新疆走新型工业化道路的分析与思考［J］. 新疆社会科学，2003（6）：38-42.

［86］刘盛和，吴传钧，沈洪泉. 基于GIS的北京城市土地利用扩展模式［J］. 地理学报，2000，55（4）：407-416.

［87］刘欣葵. 北京城市规划建设管理60年反思［J］. 当代北京研究，2010（2）：7-11.

［88］刘欣葵，邢亚平，吴庆玲. 新城规划实施的思考［J］. 北京规划建设，2009（s1）：183-187.

［89］刘泽文，宋照礼，刘华山，等. 计划行为理论在求职领域的应用与评价（综述）［J］. 中国心理卫生杂志，2006，20（2）：118-120.

［90］龙瀛，沈振江，毛其智等. 基于约束性CA方法的北京城市形态情景分析［J］. 地理学报，2010，65（6）：643-655.

［91］卢道典，蔡喆. 基于分权视角的城市规划管理体制模式及改革建议［J］. 城市观察，2012（2）：110-118.

［92］卢济威，刘捷. 整合与活力：深圳地铁天虹站城市设计［J］. 时代建筑，2000（4）：14-17.

［93］卢小丽. 生态旅游社区居民旅游影响感知与参与行为研究［D］. 大连：大连理工大学，2006.

［94］鲁晓勋. 区域一体化视野下大西安都市圈空间结构发展问题研究［D］. 西安：西安建筑科技大学，2006.

［95］罗海明，张媛明. 借鉴与思考：新加坡新市镇规划，建设，管理研究［C］//转型与重构——2011中国城市规划年会论文集，2011.

［96］罗震东，朱查松. 解读多中心：形态、功能与治理［J］. 国际城市规划，2008，23（1）：85-88.

［97］骆祎. 杭州城市中心区功能等级分布研究［D］. 杭州：浙江大学，2005.

［98］吕晓明. 中国特大城市空间结构演变与重构［D］. 长春：东北师范大学，2013.

［99］马静武，邱枫. 宁波商务办公楼分布的发展历程及影响因素［J］. 农村经济与科技，2009，20（12）：82-84.

［100］马静武. 宁波生产者服务业空间结构研究［D］. 宁波：宁波大学，2010.

［101］马喜臣. 基于消费者学习理论的企业促销效果分析［D］. 太原：山西财经大学，2014.

［102］马艳秋. 校企共建创新平台的运行机制研究［D］. 长春：吉林大学，2009.

［103］毛新雅，翟振武. 人口城市化空间路径的理论与研究及其启示［J］. 西北人口，2012，33（3）：1-5.

［104］茅欢元. 经济圈内中心城市客运枢纽选址布局方法研究［D］. 南京：东南大学，2009.

［105］冒亚龙，何镜堂. 数字技术视野下的网络复合性城市空间［J］. 新建筑，2010（3）：112-115.

[106] 孟宝, 周陶. 城市标志性形象的升级策略——以四川省宜宾市为例 [J]. 安徽农业科学, 2011 (1): 320-322.

[107] 宁波规划建设管理局. 宁波规划建设管理局生态·休闲·现代——宁波杭州湾新区总体规划解读 [R]. 2010.

[108] 宁越敏. 世界城市的崛起和上海的发展 [J]. 城市问题, 1994 (6): 16-21.

[109] 钮心毅, 宋小冬, 高晓昱. 土地使用情景: 一种城市总体规划方案生成与评价的方法 [J]. 城市规划学刊, 2008, 176 (4): 64-69.

[110] 潘海啸, 任春洋. 轨道交通与城市公共活动中心体系的空间耦合关系——以上海市为例 [J]. 城市规划学刊, 2005 (4): 76-82.

[111] 彭际作. 大都市圈人口空间格局与区域经济发展——以长江三角洲大都市圈为例 [D]. 上海: 华东师范大学, 2006.

[112] 彭震, 毛蒋兴. 南宁CBD (中心商务区) 范围界定研究 [C] //和谐城市规划——2007中国城市规划年会论文集, 2007.

[113] 乔森. 特大城市空间疏解与新城发展战略研究 [D]. 上海: 华东师范大学, 2010.

[114] 曲凌雁. 大巴黎地区的形成与其整体规划发展 [J]. 世界地理研究, 2000, 9 (4): 69-75.

[115] 阮重晖, 张俊华, 沈剑. 台湾工业技术研究院模式对杭州建设行业公共研发平台的借鉴 [J]. 中共杭州市委党校学报, 2006 (3): 8-11.

[116] 邵波, 潘强, 洪明. 杭州大都市区新城建设的若干思考 [J]. 城市规划, 2010, 34 (10): 44-47.

[117] 沈磊. 快速城市化时期浙江沿海城市空间发展若干问题研究 [D]. 北京: 清华大学, 2004.

[118] 沈俊超. 转型期传承城市空间特色的规划对策——以南京市"特色意图区"规划研究为例 [J]. 江苏城市规划, 2009 (10): 19-22.

[119] 施鸣炜. 居民住宅区位决策行为实证研究 [D]. 杭州: 浙江工业大学, 2006.

[120] 石楠. 试论城市规划中的公共利益 [J]. 城市规划, 2004, 28 (6): 20-31.

[121] 石忆邵, 谭文垦. 从近域郊区化到远域郊区化: 上海大都市郊区化发展的新课题 [J]. 城市规划学刊, 2007 (4): 103-107.

[122] 石忆邵. 对上海郊区新城建设的反思 [J]. 中国城市经济, 2010a (11): 249-250.

[123] 石忆邵. 国际大都市建设用地规模与结构比较研究 [M]. 中国建筑工业出版社, 2010b.

[124] 水亚佑. 新加坡1992年旧龙东部开发区指导性规划 [J]. 国外城市规划, 1994, 9 (1): 31-34.

[125] 宋博, 赵民. 论城市规模与交通拥堵的关联性及其政策意义 [J]. 城市规划, 2011, 35 (6): 21-27.

[126] 宋洪远, 庞丽华, 赵长保. 统筹城乡, 加快农村经济社会发展——当前的农村问题和未来的政策选择 [J]. 管理世界, 2003 (11): 71-77.

[127] 宋培臣. 上海中心城区多中心空间结构的成长 [D]. 上海: 上海师范大学, 2010.

[128] 宋志刚, 韩峰, 赵玉奇. 生产性服务业的集聚效应与经济增长——基于中国地级城市面板VAR分析 [J]. 技术与创新管理, 2012, 33 (1): 57-60.

[129] 苏瑞福. 新加坡人口的增长及分布 [J]. 王艳, 译. 南洋资料译丛, 2008 (4): 25-38.

[130] 孙斌栋，潘鑫. 城市空间结构对交通出行影响研究的进展 [J]. 城市问题，2008（1）：19-22.

[131] 孙斌栋，石巍，宁越敏. 上海市多中心城市结构的实证检验与战略思考 [J]. 城市规划学刊，2010（1）：58-63.

[132] 孙丽杰. 大连市技术创新体系研究 [D]. 哈尔滨：哈尔滨工程大学，2007.

[133] 孙逸敏. 利用SPSS软件分析变量间的相关性 [J]. 新疆教育学院学报，2007，23（2）：120-123.

[134] 田英. 人口经济压力空间格局及其演变的定量研究 [D]. 兰州：西北师范大学，2009.

[135] 童丹丹. 功能性睡枕压力舒适性的测试与研究 [D]. 重庆：西南大学，2008.

[136] 王健康，张筱峰，胡跃红，等. 湖南产业发展动态分析与结构调整策略 [J]. 经济地理，2005，25（3）：338-342.

[137] 王芃. 探索城市转型和可持续发展的新路径——《深圳市城市总体规划（2010-2020）》综述 [J]. 城市规划，2011，35（8）：66-71.

[138] 王世豪. 区域经济空间结构的机制与模式 [M]. 科学出版社，2009.

[139] 王伟武，金建伟，肖作鹏，等. 近18年来杭州城市用地扩展特征及其驱动机制 [J]. 地理研究，2009（3）：685-695.

[140] 王旭辉，孙斌栋. 特大城市多中心空间结构的经济绩效——基于城市经济模型的理论探讨 [J]. 城市规划学刊，2012（6）：20-27.

[141] 王燕茹. 基于科学发展观的商业网点建设与优化——以无锡市商业网点为例 [J]. 江苏商论，2011（11）：3-6.

[142] 王聿丽. 宁波城市空间演变的反思 [J]. 规划师，2003，19（8）：83-87.

[143] 王战和. 高新技术产业开发区建设发展与城市空间结构演变研究 [D]. 长春：东北师范大学，2006.

[144] 韦亚平，赵民. 都市区空间结构与绩效——多中心网络结构的解释与应用分析 [J]. 城市规划，2006b，30（4）：9-16.

[145] 韦亚平，赵民，肖莹光. 广州市多中心有序的紧凑型空间系统 [J]. 城市规划学刊，2006b（4）：41-46.

[146] 温静. 宁波都市圈空间结构演化研究 [D]. 上海：华东理工大学，2010.

[147] 吴启钱. 从洛杉矶"多核心的都市架构"看宁波东部新城开发建设 [J]. 宁波通讯，2004（5）：42-44.

[148] 吴向鹏. 产业集群：一个文献综述 [J]. 当代财经，2003（9）：105-108.

[149] 吴向鹏. 宁波市域经济空间结构发展模式探讨 [J]. 经济论坛，2006（21）：40-41.

[150] 吴一洲，陈前虎，韩昊英，等. 都市成长区城镇空间多元组织模式研究 [J]. 地理科学进展，2009a（1）：103-110.

[151] 吴一洲，陈前虎，吴次芳. 城市商务经济空间区位格局及其机理研究——以杭州主城区为例 [J]. 城市规划，2009b，32（7）：33-38.

[152] 吴一洲，吴次芳，罗文斌. 公共管理视阈下的县市域总体规划理念革新 [J]. 浙江大学学报（人文社会科学版），2009c（3）：46-54.

［153］吴一洲，陈前虎，邵波，等. 大都市成长区空间特征及其城镇发展模式研究——以杭州市余杭区为例［J］. 城市规划，2010a，34（10）：36-42.

［154］吴一洲，陈前虎，吴次芳，等. 基于GIS-SCENARIO的城市写字楼容量空间布局研究——以杭州主城区为例［J］. 规划师，2010b，26（3）：88-94.

［155］吴一洲，吴次芳，贝涵璐. 转型期杭州城市写字楼空间分布特征及其机制［J］. 地理学报，2010c，65（8）：973-982.

［156］吴一洲. 产业区位视角的大都市空间结构优化策略研究——以杭州市为例［C］//中国城市规划年会论文集，2011a.

［157］吴一洲. 转型背景下城市土地资源利用的空间重构效应［D］. 杭州：浙江大学，2011b.

［158］吴一洲，吴次芳，李波，等. 城市规划控制绩效的时空演化及其机理探析——以北京1958—2004年间五次总体规划为例［J］. 城市规划，2013，37（7）：33-41.

［159］吴一洲，陈前虎. 大数据时代城乡规划决策理念及应用途径［J］. 规划师，2014a（8）：12-18.

［160］吴一洲，游和远，陈前虎，等. 基于多维GIS情景分析的战略规划技术研究［J］. 城市规划，2014b，38（10）：35-43.

［161］吴一洲，赖世刚，吴次芳. 多中心城市的概念内涵与空间特征解析［J］. 城市规划，2016，40（6）：23-31.

［162］吴志强，李华. 1990年代北京市外商投资空间分布动态特征研究［J］. 城市规划学刊，2006（3）：1-8.

［163］仵宗卿，柴彦威. 论城市商业活动空间结构研究的几个问题［J］. 经济地理，2000，20（1）：115-120.

［164］肖金成，刘保奎. 首都经济圈规划与京津冀经济一体化［J］. 全球化，2013（3）：72-81.

［165］肖亦卓. 国际城市空间扩展模式——以东京和巴黎为例［J］. 城市问题，2003（3）：30-33.

［166］谢鹏飞. 伦敦新城规划建设的经验教训和对北京的启示［J］. 经济地理，2010（1）：47-52.

［167］谢守红. 大都市区空间组织的形成演变研究［D］. 上海：华东师范大学，2003.

［168］熊国平. 90年代以来我国城市形态演变的特征［J］. 新建筑，2006（3）：18-21.

［169］徐建. 社会排斥视角的城市更新与弱势群体［D］. 上海：复旦大学，2008.

［170］徐姣姣，陈波，高庆宁. 信息分析方法——因子分析［J］. 科技创业月刊，2012（4）：21-22.

［171］许学强，周素红，林耿. 广州市大型零售商店布局分析［J］. 城市规划，2002（7）：23-28.

［172］薛俊菲，顾朝林，孙加凤. 都市圈空间成长的过程及其动力因素［J］. 城市规划，2006，30（3）：53-56.

［173］薛玉明. 苏州工业园区产业平台演进路径研究［D］. 苏州：苏州科技学院，2011.

［174］王欣，陈丽珍. 基于AHP方法的SWOT定量模型的构建及应用［J］. 科技管理研究，2010，30（1）：242-245.

［175］阳建强，吴明伟. 现代城市更新［M］. 南京：东南大学出版社，1999.

［176］杨桦. 因子分析在评判我国上市公司经营状况中的应用［J］. 内江科技，2006，27（9）：117-118.

［177］杨俊宴，吕传廷，杨明，等. 广州城市中心体系规划研究［J］. 城市规划，2011a，35（10）：
　　　23-31.

［178］杨俊宴，章飙，史宜. 城市中心体系发展的理论框架初探［C］//转型与重构——2011中国城
　　　市规划年会论文集，2011b.

［179］杨俊宴，史北祥. 城市中心区圈核结构模式的空间增长过程研究——对南京中心区30年演替的
　　　定量分析［J］. 城市规划，2012（9）：29-38.

［180］杨茜. 基于Logistic回归模型的航运业上市公司投资价值评价［J］. 科技创业月刊，2010（8）：
　　　99-101.

［181］杨廷忠，裴晓明，马彦等.合理行动理论及其扩展理论——计划行为理论在健康行为认识和改变
　　　中的应用［J］. 中国健康教育，2002，18（12）：782-784.

［182］姚士谋，顾朝林. 南京大都市空间演化与地域结构发展策略［J］. 地理与地理信息科学，
　　　2001，17（3）：7-11.

［183］叶琳. 湖滨空间与杭州城市生活［D］. 杭州：浙江大学，2004.

［184］叶晓霞. 企业总部迁移与城市化关系的机理研究［D］. 杭州：浙江工商大学，2008.

［185］尹海伟，孔繁花，宗跃光. 城市绿地可达性与公平性评价［J］. 生态学报，2008，28（7）：
　　　3375-3383.

［186］于琛琛. 合作研发知识创新管理关键因素分析［D］. 西安：西北工业大学，2005.

［187］虞刚. 基于精明增长理念的宁波市中心城区发展研究［D］. 上海：同济大学，2009.

［188］俞斯佳，骆悰. 上海郊区新城的规划与思考［J］. 城市规划学刊，2009（3）：13-19.

［189］虞震. 日本东京"多中心"城市发展模式的形成，特点与趋势［J］. 地域研究与开发，2007，
　　　26（5）：75-78.

［190］袁牧，张晓光，杨明. SWOT分析在城市战略规划中的应用和创新［J］. 城市规划，2007，
　　　31（4）：53-58.

［191］岳珍，赖茂生. 国外"情景分析"方法的进展［J］. 情报杂志，2006（7）：59-60.

［192］翟坤，谭春晓，徐苋.滨海新区公共服务设施规划探索——以公共文化设施为例［J］. 城市，
　　　2011（7）：42-46.

［193］张海微. 基于计划行为理论对大学生性行为意向的研究［D］. 重庆：西南大学，2008.

［194］张绘薇，杨磊，徐欣. 创新强区激活核心城区建设"源动力"［N］. 宁波日报，2013-09-18.

［195］张京祥，邹军，吴启焰，等. 论都市圈地域空间的组织［J］. 城市规划，2001，25（5）：
　　　19-23.

［196］张京祥，崔功豪. 试论城镇群体空间的组织调控［J］. 人文地理，2002，17（3）：5-8.

［197］张京祥，罗小龙，殷洁. 长江三角洲多中心城市区域与多层次管治［J］. 国际城市规划，2008
　　　（1）：65-69.

［198］张强. 全球五大都市圈的特点、做法及经验［J］. 城市观察，2009，1（1）：26-40

［199］张庭伟. 从"向权力讲授真理"到"参与决策权力"——当前美国规划理论界的一个动向："联
　　　络性规划"［J］. 城市规划，1999，23（6）：14-17.

［200］张衍春，王旭，吴成鹏. 浅议低碳城市建构下的城市空间结构优化［J］. 华中建筑，2011
　　　（11）：90-93.

［201］张缨. 贵阳市金阳新区发展研究［D］. 贵阳：贵州大学，2007.

［202］赵兵.《资本论》社会资本再生产理论与区域产业结构变动导向问题［J］. 西南民族大学学报（哲学社会科学版），2003，24（6）：95-99.

［203］赵浩兴，李文秀. 浙江省服务业空间布局及集聚化发展研究［J］. 经济地理，2011，31（5）：793-798.

［204］赵萍. 日本东京都市圈与旅游业互动发展研究［D］. 上海：华东师范大学，2007.

［205］赵群毅，周一星. 北京都市区生产者服务业的空间结构——兼与西方主流观点的比较［J］. 城市规划，2007，233（5）：24-31.

［206］赵祥. 产业集聚效应与企业成长——基于广东省城市面板数据的实证研究［J］. 南方经济，2009（8）：26-38.

［207］赵莹. 大城市空间结构层次与绩效［D］. 上海：同济大学，2007.

［208］甄峰，刘慧，郑俊. 城市生产性服务业空间分布研究:以南京为例［J］. 世界地理研究，2008，17（1）：24-31.

［209］郑国. 城市发展阶段理论研究进展与展望［J］. 城市发展研究，2010（2）：83-87.

［210］朱查松，王德，马力. 基于生活圈的城乡公共服务设施配置研究——以仙桃为例［C］//规划创新:2010中国城市规划年会论文集，2010.

［211］朱雁. 写字楼分布与利用特征及其与服务业发展的联动关系［D］. 杭州：浙江大学，2013.

［212］邹东涛. 经济起飞理论与中国的理性崛起［J］. 理论前沿，2008（10）：17-19.

［213］托夫勒. 未来的冲击［M］. 北京：中信出版社，2006.

［214］霍尔，佩因. 从大都市到多中心都市［J］. 罗震东，等，译. 国际城市规划，2008，23（1）：15-27.

［215］钱纳里，鲁宾逊，等. 工业化和经济增长的比较研究［M］. 吴奇，王松宝，等 译. 上海：格致出版社，2015.

［216］纳普，施米特，丹尼斯基. 莱茵鲁尔：走向兼容?——针对多中心形态的空间战略政策［J］. 曾悦 译. 国际城市规划，2008，23（1）：46-51.

［217］Amy Z. Alternative Futures：Scenario Planning in Transportation[J]. HSR，2005，2（1）：1-9.

［218］AndersonJ E. Public Policy-making［M］. Hlot，Rinehart and Winston，1979.

［219］Armitage C J，Conner M. Efficacy of the theory of planned behaviour：A meta - analytic review[J]. British journal of social psychology，2001，40（4）：471-499.

［220］BattenD. Network Cities:Creative Urban Agglomerations for the 21st Century[J]. Urban Studies，1995，32（2）：313-327.

［221］Becker M. Understanding attitudes and predicting social behavior [M]. PRENTICE-HALL，1980.

［222］Bertaud A. The Spatial Organization of Cities:Deliberate Outcome or Unforeseen Consequence[J]. Infection，Immunity，2004，74（7）：4357-60.

［223］BOARNET M G. RANDALL C. Travel by Design：The Influence of Urban Form on Travel[M]. New York：Oxford University Press，2001.

[224] Bourne L S. Urban Spatial Structure: An Introductory Essay On Concepts And Criteria[M]. New York: Oxford University Press, 1982:28-45.

[225] Cervero R, Landis J. Suburbanization Of Jobs And The Journey To Work[J]. 1991.

[226] Cervero R, Wu K L.Polycentrism, Commuting, And Residential Location In The San Francisco Bay Area[J]. Environment And Planning A, 1997, 29 (5): 865-886.

[227] Champion A G.A Changing Demographic Regime and Evolving Polycentric Urban Regions: Consequences for the Size, Composition and Distribution of City Populations[J]. Urban Studies, 2001, 38:657-677.

[228] Chermack T J, Lynham S A, Ruona W E A. A review of scenario planning literature [J], Futures Research Quarterly, 2001, 17(2): 7-31.

[229] Chermack T J. Studying scenario planning: Theory, research suggestions, and hypotheses [J]. Technological Forecasting & Social Change, 2005 (72): 59-73.

[230] Christaller W. Central Places In Southern Germany[M]. Translated By Baskin C W. Englewood Cliffs. NJ: Prentice Hall, 1966.

[231] Coffey W J, Shearmur R G. Intramet Ropolitan Employment Distribution In Montreal, 1981-1996[J]. Urban Geography, 2001, 22:106-129.

[232] Dickinson R E. The City Region In Western Europe[J]. London: Routledge & Kegan Paul, 1967.

[233] Friedmann J. Regional Development Policy: A Case of Venezuela[J]. Cambridge, Mass, 1966.

[234] Frey H. Designing the city: towards a more sustainable urban form [M]. Taylor & Francis, 2000.

[235] Garreau, J. Edge City Life On The New Frontier[M]. New York, NY: Anchor Books, 1991.

[236] Giuliano G, Small K A. Is The Journey To Work Explained By Urban Structure?[J]. Urban Studies, 1993, 30 (9): 1485-1500.

[237] Giuliano G, Small K A. Sub-Centers In The Los Angeles Region[J]. Regional Science And Urban Economics, 1991, 21 (2): 163-182.

[238] Gordon P,Richardson H W. Beyond Polycentricity: The Dispersed Metropolis. Los Angeles, 970-1990[J]. Journal of the American Planning Association, 1996, 62 (3): 161-173.

[239] Hall P. Modeling the Industrial City [J]. Futures, 1997, 29: 311-322.

[240] Han H, Lai S K, Dang A, et al. Effectiveness of urban construction boundaries in Beijing: an assessment[J]. Journal of Zhejiang University SCIENCEA, 2009, 10 (9): 1285-1295.

[241] Hartshorn T A, Muller P O. Suburban Downtowns and The Transformation of Metropolitan Atlanta's Business Landscape[J]. Urban Geography, 1989, 10:375-395.

[242] Hopkins L D. Urban Development: The Logic Of Making Plans[M]. Washington D. C:

Island Press, 2001.

[243] Hsing Y. Land and Territorial Politics in Urban China[J]. The China Quarterly, 2006, 187: 575-591.

[244] Huang S L, Wang S H, William W B. Sprawl in Taipei's Peri-Urban Zone: Responses to Spatial Planning and Implications for Adapting Global Environmental Change [J]. Landscape and Urban Planning, 2009, 90 (1): 20-32.

[245] Huang Y. The Road to Homeownership: a longitudinal analysis of tenure transition in Urban China (1949-1994) [J]. International Journal of Urban and Regional Research, 2004, 28 (4): 774-795.

[246] Ipenburg D, Lambregts B. Polynuclear Urban Regions In North West Europe: A Survey of Key Actor Views[M]. Delft: Delft University Press, 2001.

[247] Kahn H, Wiener A J. The Year 2000: A framework for speculation on the next thirty-three years [M]. New York: MacMillan, 1967.

[248] Klaassen L H, Molle W T M, Paelinnck J H P. The Dynamics of Urban Development[M]. New York: St. Martin's Press, 1981.

[249] Kloosterman R C, Musterd S. The Polycentric Urban Region: Towards a Research Agenda[J]. Urban Studies, 2001, 38 (4): 623-633.

[250] Li Y F, Zhu X D, Sun X, et al. Landscape Effects of Environmental Impact on Bay-Area Wetlands under Rapid Urban Expansion and Development Policy: A Case Study of Lianyungang, China[J]. Landscape and Urban Planning, 2010, 94: 218-227.

[251] Luo X, Shen J. Why city-region planning does not work well in China: the case of Suzhou-Wuxi-Changzhou[J]. Cities, 2008, 25 (4): 207-217.

[252] Ma L. Urban transformation in China, 1949-2000: a review and research agenda[J]. Environment and planning A, 2001, 34 (9): 1545-1569.

[253] Mahmud J. City foresight and development planning case study: Implementation of scenario planning in formulation of the Bulungan development plan [J]. Futures, 2011 (43): 697-706.

[254] Mcdonald J F. The Identification of Urban Employment Subcenters[J]. Journal Of Urban Economics, 1987, 21:242-258.

[255] Mcmillen D P, Mcdonald J F. Suburban subcenters and employment density in metropolitan Chicago[J]. Journal of Urban Economics. 1998, 43: 157-180.

[256] Mcmillen D P, Smith S C. The number of subcentem in large urban areas[J]. Journal of Urban Economics. 2003, 53: 321-338.

[257] Meijers E J. Polycentric Urban Regions and the Quest for Synergy: Is a Network of Cities More than the Sum of the Parts?[J]. Urban Studies, 2005, 42: 765-781.

[258] Millward H. Urban Containment Strategies: a Casestudy Appraisal of Plans and Policy in Japanese, British, and Canadian Cities[J]. Land Use Policy, 2006, 23 (4): 473-485.

[259] Huallacháin B Ó, Leslie T F. Producer Services in The Urban Core and Suburbs of

Phoenix, Arizona[J]. Urban Studies, 2007, 44（8）: 1581-1601.

[260] Parr J. The Polycentric Urban Region: A Closer Inspection[J]. Regional Studies, 2004, 38（3）: 231-240.

[261] Qian H F. Talent, Creativity and Regional Economic Performance: the case of China[J]. Annals of Regional Science, 2010, 45（1）: 133-156.

[262] Robbins S P, CoulterM. Management [M]. 10th Edition. Prentice Hall, 2008.

[263] Schwanen T, Dieleman F M, Dijst M. Travel behaviour in Dutch monocentric and policentric urban systems[J]. Journal of Transport Geography, 2001, 9（3）: 173-186.

[264] Schwartz P. The Art of the Long View, Planning for the Future in an Uncertain World [M]. West Sussex: John Wiley & Sons Ltd., 1998.

[265] Seto K C, Fragkias M. Quantifying spatiotemporal patterns of urban land-use change in four cities of China with time series landscape metrics[J]. Landscape Ecology, 2005（20）: 871-888.

[266] Spiekermann K, Wegener M. How To Measure Polycentricity?[C]. Warsaw:ESPON 113 Project Meeting, 2004.

[267] Stanback T M. The New Suburbanization[M]. Boulder, Co: Westview, 1991.

[268] Tang B, Wong S, Lee A. Green belt in a compact city: a zone for conservation or transition[J]. Landscape and Urban Planning, 2007, 79（3）: 358-373.

[269] Turner M A. A simple theory of smart growth and sprawl[J]. Journal of Urban Economics, 2007, 61（1）: 21-44.

[270] Wang F H, Meng Y C. Analyzing Urban Population Change Patterns in Shenyang, China 1982-1990: Density Function and Spatial Association Approaches[J]. Geographic Information Sciences, 1999, 5（2）: 121-130

[271] Wang D G, Li S M. Socio-Economic differentials and stated housing preferences in Guangzhou,China[J]. Habitat international,2006,30: 305-326.

[272] Wassmer R W. The influence of local urban containment Policies and state wide growth Management on the size of United States urban areas[J]. Regional science, 2006, 46（1）: 25-65.

[273] Wei Y P, Zhao M. Urban spill over vs. local urban sprawl: Entangling land-use regulations in the urban growth of China's megacities[J]. Land Use Policy, 2009, 26（4）: 1031-1045.

[274] Weitz J, Moore T. Development inside urban growth boundaries: Oregon's empirical evidence of contiguous urban form[J]. Journal of the American Planning Association, 1998, 64（4）: 425-440.

[275] WU F L. Polycentric urban development and land-use change in a transitional economy: the case of Guangzhou[J]. Environment and Planning A. 1998a, 80: 1077-1100.

[276] WU F L. The new structure of building provision and the transformation of the urban landscape in metropolitan Guangzhou, China[J]. Urban Studies, 1998b, 35（2）: 259-283.

[277] Yeates M. The North American City[M]. Harper Collins Publisher, 1989.

［278］Yu X J, Ng C N. Spatial and Temporal Dynamics of Urban Sprawl along Two Urban-Rural Transects: A Case Study of Guangzhou, China[J]. Landscape and Urban Planning, 2007, 79: 96-109.

［279］Zhao M X, Wang S F, Li L Y. Spatial Strategy for the Information Society: Rethinking Smart City[J]. China City Planning Review, 2014, 23（2）: 58-64.

［280］Zhu J M. A transitional institution for the emerging land market in Urban China[J]. Urban Studies, 2005, 42（8）: 1369-1390.